SAMMLUNG GÖSCHEN BAND 832/832a

ALLGEMEINE PSYCHOLOGIE

von

PROF. DR. THEODOR ERISMANN
em. o. Prof. für Philosophie u. Psychologie
a. d. Universität Innsbruck

II

GRUNDARTEN DES PSYCHISCHEN GESCHEHENS

Zweite, neubearbeitete Auflage

WALTER DE GRUYTER & CO.
vormals G. J. Göschen'sche Verlagshandlung · J. Guttentag,
Verlagsbuchhandlung · Georg Reimer · Karl J. Trübner · Veit & Comp.
BERLIN 1959

Die Gesamtdarstellung umfaßt folgende Bände:

I. Grundprobleme (Slg. Göschen Band 831)

II. Grundarten des psychischen Geschehens (Slg. Göschen Band 832/832 a)

III. Experimentelle Psychologie. (Slg. Göschen Band 833)

 — Archiv-Nr. 110832. — Satz und Druck: Saladruck, Berlin N 65. — Printed in Germany.

INHALT

1. Der Mensch und die Zeit

(Gegenwartserleben, Gedächtnis, Voraussicht)

‚Unsere ganze Vergangenheit
lebt in uns fort!'

Gedächtnis und Erinnerung

‚Gedächtnis' im weitesten Sinne dieses Wortes besitzen alle Naturgegenstände außer den ‚absolut unveränderlichen Elementarpartikelchen'! Denn alle übrigen Körper sind Einflüssen und Änderungen unterworfen, welche ihnen auf ihrem Schicksalsweg von der Umwelt aufgeprägt werden. Sie *tragen die Spuren ihrer Vergangenheit an sich,* mittels deren der Kundige ihr vergangenes Schicksal an ihrem Gegenwartszustand ablesen kann, wie dies z. B. der Geologe an der Beschaffenheit der Erdkruste, ihren Schichtungen, Gletschermoränen, Findlingen, Tierresten usw. tut. Im gleichen Sinne kann man auch von Spuren der Vergangenheit sprechen, welche in unserem Gehirn durch frühere Vorgänge und Eindrücke zurückgelassen werden, und sie als ‚physiologisches Gedächtnis' des zentralen Nervensystems bezeichnen. Infolge dieser Spuren muß im Laufe der Zeit die Reaktion des Gehirnes auf die späteren Eindrücke anders werden, als sie es sonst gewesen wäre. Die Vergangenheit greift in die Gegenwart unseres zentralen Nervensystems ein, sie ändernd und damit auch gestaltend. Diesem physiologischen Geschehen geht, wie wir wissen, ein psychisches Geschehen parallel; und auch dieses weist im Lauf der Zeit Änderungen auf, welche durch vorangehende Prozesse mitverursacht werden. So wenn z. B. eine Geruchsempfindung zuerst stark auftritt, bei längerer Einwirkung der riechenden Substanz auf unser Sensorium aber immer schwächer und schließlich überhaupt nicht mehr wahrnehmbar wird; wenn nach längerem Tragen eines schweren Rucksackes sein Abheben so erlebt wird, als ob wir von einer Kraft nach vorwärts getrieben würden; wenn nach längerem Betrachten einer beliebigen Farbe uns (auf farblosem Grunde) deren Komplementärfarbe erscheint u. dgl. mehr.

Aber darüber hinaus findet sich in unserem ‚bewußten Verhältnis zur Vergangenheit' noch etwas vor, was sich keineswegs als bloßes, wenn auch noch so weitgehendes Bestimmtsein des Gegenwartszustandes durch die Vergangenheit zeigt, sondern als etwas grundsätzlich darüber Hinausgehendes bietet: Wir *‚denken an die Vergangenheit'* und *‚fassen sie als vergangen auf'*, — und dies ist in der Tat etwas ganz anderes als das bloße Fortbestehen der durch Vergangenes in uns zurückgelassenen Spuren der obigen Beispiele! Nicht allein lebt die Vergangenheit in ihren Spuren in uns fort, sondern: auch *wir leben in der Vergangenheit, indem wir sie als solche wiedererleben.*

Unmittelbares Wahrnehmen des in der Zeit Aufeinanderfolgenden

Und dieses Wiedererleben wird immer mehr zu einem *unmittelbaren Erleben zeitlichen Geschehens,* je näher uns die Vergangenheit steht: Klopft man in rascher Folge mit dem Bleistift dreimal auf die Tischplatte, so stehen die drei Klopftöne in unserer Wahrnehmung gleichwertig anschaulich nebeneinander, obwohl physikalisch genommen der erste Ton schon geraume Zeit vorbei ist, wenn der dritte ertönt. Unsere Wahrnehmung zeigt hierbei einen ganz eigenen Befund: Wir hören die drei Klopftöne zweifellos nicht als *einen* Klopfton von der Stärke aller drei zusammengenommenen Töne (wie dies der Fall wäre, wenn wir die *drei Töne auf einmal* erklingen ließen), sondern wir nehmen sie mit vollkommener Deutlichkeit als *drei Einzeltöne* wahr. Aber noch mehr: Wir nehmen sie *mit einem sie ‚überschauenden' Hören als ‚drei in der Zeit aufeinanderfolgende Töne'* wahr, die uns in dieser ihrer zeitlichen Eigenschaft — und dennoch *alle drei als gleichwertig anschaulich Gegebenes* (nicht: der eine Ton als ‚nur erinnert', der andere als ‚gegenwärtig wahrgenommen') — *entgegentreten.* Man bezeichnet die kurze Zeit, während der dieser eigenartige und bedeutsame Eindruck entsteht und fortbesteht, als ‚*Präsenzzeit*'.

In ihr zeigt sich mit anschaulicher Deutlichkeit das Hineinragen der *Übermomentaneität unseres Seins,* — die wir in Bd. I, Kap. 8: „Bewußtsein und Bewußtseinsträger" behandelt hatten, — *in unser Wahrnehmungsgeschehen:* Nur sofern der Wahrnehmende selbst als derselbe in diesen drei aufeinanderfolgenden Augenblicken fortbesteht, kann in ihm die Überschau der drei Töne *als ein aufeinanderfolgender* und *dennoch in allen seinen Teilen gleichwertig im Bewußtsein gegebener Eindruck* entstehen. Ein solches Bewußtsein kann nur ein *übermomentan bestehendes Wesen, vor dessen innerem Auge die Einzelereignisse abrollen,* sein eigen nennen.

Und eben hier liegt die *Grundlage unseres psychischen Gedächtnisses* und unserer ‚Erinnerungsfähigkeit'. Nur daß wir es hier mit einem *unmittelbaren Wahrnehmungsauffassen des Aufeinanderfolgenden* (und so *überall, wo wir den Vollzug zeitlicher Änderungen unmittelbar wahrnehmen!)* und nicht mit dem *bloßen Vorstellen* des früher einmal Wahrgenommenen zu tun haben.

Lassen wir die Frage, ob ‚Momentanwesen', d. h. Wesen, die nur während eines unendlich kurzen Augenblickes bestehen, überhaupt denkbar sind, auf sich beruhen. Jedenfalls ist der Mensch das Gegenteil eines solchen Wesens! Denn das *ihm eigentümliche Gedächtnis ist nichts anderes als die Prolongation dieser Fähigkeit, aufeinanderfolgende Ereignisse bewußt in ihrer zeitlichen Aufeinanderfolge zu erleben,* nur daß mit der Vergrößerung der die Eindrücke auseinanderziehenden Zeitstrecke die sinnliche Deutlichkeit, die sinnliche Fortdauer der älteren Eindrücke (im allgemeinen) immer mehr abnimmt. Ja, daß weitaus die meisten Eindrücke mit der Zeit allmählich (oder jäh) aus dem unmittelbaren Bewußtseinsbezirk überhaupt ausscheiden, ohne jedoch ihre Beziehung zu ihm zu verlieren: Treten Kräfte auf, welche sie wieder ins klare Bewußtsein zu ziehen trachten, so stellen sie sich in der Regel auch wieder ein! — Man nennt diesen Vorgang des Wiederauftauchens aus den unterbewußten Partien: *Reproduktion.* — Gerade die Reproduktion fehlte jedoch im oben besprochenen Beispiel: weil der erste Ton aus dem Bewußtsein gar nicht erst geschwunden war, als der zweite und dritte kam, sondern er bestand auch da noch fort, aber in seiner Eigenschaft als ‚vergangener' oder noch besser ‚als den anderen beiden Tönen *vorausgegangener* Ton'!

Reproduktion und Erinnerung

Das Wiedererwachen des Vergangenen in der Gegenwart kann in recht verschiedener Art vor sich gehen. So kann eine Melodie, ein Vers, die wir einmal gehört hatten, in unser Bewußtsein wieder eintreten, unter Umständen sich darin sogar lästig festsetzen, ohne daß sie ‚in den Abfluß unseres vergangenen Lebens eingefügt' und daselbst lokalisiert erscheinen: d. h. wir denken dabei gar nicht daran, ob, wann und unter welchen Umständen wir diese Eindrücke einmal schon empfangen hatten; sie sind jetzt einfach in unserem Bewußtsein, ohne eine *bestimmte bewußte Beziehung zur Vergangenheit zu besitzen.* Dies ist der Fall einer ‚reinen Reproduktion'. Zweifellos ist auch sie eine Gedächtnisleistung, nicht aber ist sie im eigentlichen und höheren Sinne eine *Erinnerung.* Zu dieser gehört: die *Einfügung des einst Erlebten in den Abfluß unseres Lebens;* gehört jenes *Wiedererleben der Vergangenheit,* wie wir es bei den drei Klopftönen für die kurze Zeit einiger Sekunden erlebten, — nun aber auf große Zeitstrecken ausgedehnt. — Allerdings vermögen wir den Zeitraum von drei Jahren oder von drei während dieser langen Zeit eingetretenen Ereignissen in ihrer zeitlichen Beziehung nicht mit gleicher sinnlicher Anschaulichkeit zu erleben, wie die drei kurz aufeinander folgenden Klopftöne. Und je größere Zeiten ins Auge gefaßt werden, desto weniger wahrnehmungsmäßig anschaulich wird im allgemeinen auch ihr zeitlicher Charakter, — wie denn auch das erinnerte Erlebnis selbst dabei an Anschaulichkeit gewöhnlich verliert. Aber im Prinzip steht der gleiche oben erwähnte ontische Tatbestand hinter unserer Erinnerungsfähigkeit und unserem Zeitbewußtsein, mag er kurze oder lange Zeiträume betreffen: *Nur weil wir selbst in der Dauer der Zeit als identische Wesen fortbestehen, rollen die einzelnen Erlebnisse in ihrer zeitlichen Aufeinanderfolge vor uns ab* und können auch retrospektiv von uns überblickt, d. h. in der Erinnerung als aufeinanderfolgende Bestandteile unseres Lebens wiedererlebt werden. Nur weil die Aufeinanderfolge der Zeit, Vergangenheit, Gegenwart, Zukunft, vor uns vorbeizieht, wie ein Strom vor einem Felsen vorbeifließt, der Fels aber unverrückt über ihm besteht, können wir überhaupt Vergangenheit, Gegenwart und Zukunft erleben und denken!

Unser ganzes verflossenes Leben schlummert in uns fort. Dieser Schlummer kann aber sehr verschiedene Tiefe haben. Große Ereignisse, welche uns zutiefst getroffen haben und unser Ich mitzubilden bestimmt waren, schwinden kaum je vollständig aus unserem Bewußtsein, mögen auch andere Inhalte ins Zentrum unserer Aufmerksamkeit treten. Im unmittelbaren zeitlichen Anschluß an das Ereignis (z. B. an den Tod eines geliebten Menschen, an den Zusammenbruch einer seit lange gehegten Hoffnung oder an das Erreichen eines innigst angestrebten Zieles, an die Geburt eines Kindes od. dgl.) bleibt das Ereignis schlechthin in unserem Bewußtsein fortbestehen, wird von anderen Eindrücken höchstens mehr oder weniger zurückgedrängt, nie eigentlich aus dem Bewußtsein ganz verdrängt. — Und der Urtatbestand des Gedächtnisses ist eben dieses Fortbestehen der Erlebnisse in der Zeit, wenn auch in einer mit der Zunahme der Zeitdauer immer mehr abnehmenden Kraft und anschaulichen Lebendigkeit. Und auch der ‚die Wunden heilende Einfluß der Zeit' äußert sich im fortschreitenden Verblassen (u. Verarbeitetwerden!) der Erlebnisse im Laufe der Zeit.[1])

[1]) Als wesentlich gesellt sich ihm allerdings noch der Unterschied zwischen dem ‚ursprünglichen Erleben eines Ereignisses' und seinem späteren ‚objektivierten Vorstellen' (s. ‚Erinnerte Gefühle' Kap. 7): Im Erleben liegt auch die gefühls- und willensmäßige *Stellungnahme des Erlebenden zum erlebten Ereignis.* Hat sich aber in der Zwischenzeit das Ich des Erlebenden geändert, ist seine Stellungnahme zum Ereignis eine andere geworden, so kann er an das Ereignis zurückdenken, es sich ‚als in der Vergangenheit aktuell gewesen'

Kräfte, welche die psychischen Inhalte aus dem Unbewußten ins Bewußtsein zurückführen und sie daselbst fixieren

Und hier tritt jene oben erwähnte, erstaunliche Eigenart unserer Psyche hinzu: *Die aus dem Bewußtsein schon gewichenen Eindrücke sind damit nicht auch aus unserem geistigen Besitz geschwunden!* Sie können jederzeit, oder doch oft, wieder ins Bewußtsein zurückgerufen werden oder sie treten von selbst ins Bewußtsein wieder ein. Unter ‚*Wiedererinnerung* an Etwas' versteht man eben dieses *erneute Wiederauftauchen des zeitweise aus dem Bewußtsein als sein Objekt schon Geschwundenen.* — Mein *Wissensbesitz* ist unvergleichlich viel größer als der jeweilige Inhalt meines klaren Bewußtseinsumfanges. ‚Wissen' heißt, das Gewußte ‚zur Verfügung haben', d. h. es jederzeit aus dem nur latenten Zustand (der aber nicht schlechthin Bewußtsein = 0 bedeutet!) in den aktual bewußten Zustand überführen können. Denn nur wenn ich dies vermag, kann ich das Gewußte auch verwenden: Wir hatten ja in Bd. I, Kap. 12 schon erfahren, daß die eigentliche Auseinandersetzung mit dem Inhalt unseres Erlebens und Wissens sowie seine volle Nutznießung in der Regel erst innerhalb des Bewußtseins stattfindet. Und sicherlich wäre es kein ‚Wissen' um ‚Geschichtsdaten, Formeln oder Namen', wenn sie im Bedarfsfall nicht ins klare Bewußtsein gehoben werden könnten.

Welche Kräfte sind es nun, durch deren Einfluß das potentiell Existierende in den aktuellen Bewußtseinszu-

---

vorstellen, ohne daß es in der Gegenwart emotionell *ebenso* wiedererlebt wird, wie es seinerzeit in der Vergangenheit erlebt worden war: Nicht als ob es seine emotionalen Eigenschaften einfach verloren hätte (es wäre ja dann nicht mehr ‚jenes bestimmte Erlebnis', zu dem auch die emotionelle Komponente als wesentlich hinzugehört!), — sondern: es ist nun nicht mehr das ‚ursprüngliche Erlebnis', sondern ein ‚vorgestelltes', ‚Betrachtungsobjekt gewordenes Erlebnis'. — So stellen wir uns auch das Erleben anderer Menschen vor, indem auch deren Schmerzen und Freuden lebendig mitvorgestellt, *aber nicht als meine Schmerzen und Freuden erlebt,* sondern ‚als Gefühle meiner Mitmenschen' vorgestellt werden, an denen ‚ich teilnehme'. Erst meine eigene gefühlsmäßige Reaktion auf die vorgestellten Gefühle meiner Mitmenschen wird, als *Mitleiden* oder *Mitfreude, ‚zu meinem unmittelbaren Erleben meinen Mitmenschen gegenüber'* (vergl. Kap. 4 ‚Erleben und Betrachten').

stand gehoben werden kann? Gefühl und *Wille* spielen dabei eine zweifellos überragende Rolle. Wie wir oben sahen, verharrt das ‚Bedeutsame' beharrlich im Bewußtsein; das Bedeutsame ist aber im allgemeinen auch das Gefühlsbetonte (Leid- oder Freudvolle), und zwar ist es in der Regel bedeutsam, *weil* es gefühlsbetont ist (bei „absoluten Werten" ist es jedoch, genau genommen, gerade umgekehrt, s. Kap. 7 „Gefühl" u. Bd. I Psychologie u. Ethik). — Dieses wird also im allgemeinen die Tendenz haben von selbst immer wieder ins Bewußtsein zurückzukehren, auch wenn es für bestimmte Zeiten durch andere Eindrücke aus dem Bewußtsein verdrängt worden ist, es sei denn, daß der *Wille* — dem hier eine weitgehende Befugnis zusteht, den Eintritt bestimmter Inhalte ins Bewußtsein zu fördern oder zu hemmen —, sich dagegen sperrt. Im Falle starker Gefühlsbetonung geht also die *Tendenz zur ‚Verbewußtung' von den Erlebnisinhalten selbst aus.* — Statt ‚gefühlsbetont und bedeutsam' können wir, im weiten Sinne dieses Wortes, auch ‚interessant' sagen, denn was mein Interesse erregt, ist mir nicht gleichgültig, ist also mehr oder weniger mir auch bedeutsam und also auch gefühlsbetont.

Ebenso ‚vom Inhalt selbst ausgehend', aber doch von ganz anderer, viel mehr *äußerer Art,* ist die *Perseverations-* und *Reproduktionstendenz* derjenigen Inhalte, welche sich durch vielfache, langdauernde Wiederholung so sehr dem Bewußtsein eingeprägt haben, daß ihre Fortdauer oder Wiederholung im Bewußtsein sich ‚von selbst' einstellt. Hat man z. B. längere Zeit Ablesungen mit Fernrohr und Skala gemacht, so können den Beobachter die vielfach wiederholten Eindrücke auch nach Abschluß der Beobachtungen eine Zeitlang als Vorstellungen verfolgen. — Beide genannten Ursachen wirken im folgenden Fall zusammen: Ein Bergsteiger berichtet — nachdem er durch Absturz in einen Felsspalt geraten war, in dem er längere Zeit in Lebensgefahr (wegen oben sich loslösender an ihm vorbeisausender Steine) verbringen mußte —, daß er auch nach seiner Rettung immer wieder Steine an sich vorbeisausen sah, sobald er nur die Augen schloß. Bei offenen Augen wurden die Erinnerungsbilder durch neue Wahrnehmungen verdrängt; sie schoben sich aber sofort wieder ins Bewußtsein vor, sobald die Wahrnehmungen aufhörten, und freier Bewußtseinsraum Gelegenheit bot zum Wiederauftreten von Erinnerungsbildern.

Recht anders liegen die Verhältnisse dort, wo die aktualisierenden Kräfte *nicht in den Vorstellungsbildern* selbst, sondern *in den im Bewußtsein schon vorhandenen Erlebnissen und jenen Zusammenhängen liegen, welche die einen mit den anderen verbinden.* — Diese Zusammenhänge können von verschiedenster Art sein, wie schon Platon und Aristoteles bekannt war. Schon die Alten hatten den Begriff der *Assoziation* geschaffen und unterschieden zwischen der Assoziation durch *Ähnlichkeit,* durch *Kontrast,* durch *räumliche* und durch *zeitliche Berührung.* Wir wissen jetzt (besonders dank den Forschungen der Gestaltpsychologen), daß auch diese Kategorien noch lange nicht ausreichen, um alle Beziehungen, in denen Vorstellungen zueinander stehen können, zu erfassen. Von um so größerem Interesse ist es, daß in den Anfangsstadien der neuen Wissenschaft, welche sich ‚experimentelle Psychologie' nannte, die Zahl der als wirklich anerkannten Beziehungen nicht vergrößert, sondern im Gegenteil auf *eine einzige* reduziert wurde. In ihr erblickte man jene Kraft, deren Bedeutung im Gebiet des Geistigen mit derjenigen der *Gravitationskraft* in der Physik verglichen werden könnte: Die *‚zwischen den einzelnen psychischen Vorgängen durch ihre zeitliche Berührung sich bildende Assoziation'* sollte diese zentrale Kraft sein! Zwei psychische Vorgänge erfahren durch die Tatsache ihrer zeitlichen Berührung in Gleichzeitigkeit oder Aufeinanderfolge eine Bindung (sie kleben gleichsam von da an aneinander), so daß, *wenn nun die eine Vorstellung (allgemein: der eine psychische Vorgang oder ein ihm ähnlicher) sich im Bewußtsein einfindet, auch der andere die Tendenz aufweist, mit ins Bewußtsein zu treten.* Dies ist das allgewaltige *Assoziationsgesetz,* über dessen genauere Fassung und Differenzierung wir noch zu sprechen haben werden, denn seine Bedeutung hat es auch in der Folgezeit nicht verloren, wenn auch seine Alleinherrschaft längst gebrochen ist. Eine Zeitlang aber galt es tatsächlich als das schlechthin zentrale Prinzip im Gebiet des Psychischen. Man versuchte aus ihm nicht allein die einzelnen Regeln des Gedächtnisses abzuleiten, sondern man meinte, selbst unser *produktives Denken* darauf zurückführen zu können. Unzählige Arbeiten sind ihm gewidmet und seine Wirkung unter den verschiedensten Bedingungen genau erforscht und festgelegt worden. Jene Richtung der Psychologie, welche ihm die schlechthin zentrale Rolle im Geistigen zusprach, trägt bis heute den Namen ‚*Assoziationspsychologie*'.

Die Bedeutung des Assoziationsgesetzes im Gebiet des Gedächtnisses ist in der Tat außerordentlich groß. Streng genommen sind es aber doch nur *Reproduktionen des schon einmal im Bewußtsein Zusammengewesenen* und *dessen Abwandlungen durch gleichzeitiges Zusammenwirken verschiedener assoziativer Bindungen*, welche durch das Assoziationsgesetz hervorgebracht und erklärt werden können. Es stößt überall dort auf seine natürlichen Grenzen, wo wesentlich Neues im Ablauf des geistigen Geschehens auftritt. Dies gilt für das ganze Gebiet des *Schöpferischen*, mag es als Leistung der *Phantasie* oder des *Erkennens* auftreten.

Schon unter der Wirkung des *Wunsches* entstehen nicht selten in unserer Phantasie ‚spanische Schlösser', Tages- oder auch Nacht-Wunschträume, d. h. neue Vorstellungskombinationen, die nicht durch die aus der Vergangenheit stammende Bindung, sondern *durch das auf die Zukunft gerichtete Wünschen und Wollen bedingt* sind und von da aus erklärt werden müssen. Wenn sich der kleine Bub als Tramschaffner, als Besitzer eines Fahrrades oder eines Autos vorstellt, so tut er dies nicht, weil die beiden Begriffe (des ‚Autos' und des ‚eigenen Ich als dessen Besitzers') in der Vergangenheit schon einmal in zeitlicher Berührung gestanden hätten, sondern er bringt sie in seiner Phantasie selbst *erstmalig* zusammen, weil diese Kombination in der Richtung seines Wunsches liegt und ihn dementsprechend erfreut. — Und *Lionardo da Vinci* erfand den ‚Weißen Schwan', sein erstes Flugzeug, weil ihn der Wunsch, zu fliegen wie ein Vogel, ebenso beherrschte wie Goethes *Faust* auf seinem ‚Spaziergang vor dem Tor'. „Doch ist es jedem eingeboren, daß sein Gefühl hinauf und vorwärts dringt..."

Wünsche und Gefühle halten nicht allein schon vorhandene, ihnen entsprechende Bewußtseinsinhalte *fest* oder reproduzieren sie, sondern sie *schaffen* auch *neue, sie befriedigende Kombinationen:* zunächst in der Phantasie und nicht selten nachher auch in der Wirklichkeit; und vermöchten sie dies nicht, so gäbe es auch kein Vorwärtsschreiten im Besitz der menschlichen Kulturgüter. Und gar töricht wäre es anzunehmen, daß die *einzige* zwischen psychischen Vorgängen vorhandene Bindung diejenige sei, die erst durch zeitliche Berührung entsteht: Denn danach müßten sich auch Gefühle und Triebe mit ihren Objekten erst auf Grund früheren zeitlichen Zusammenseins verbunden haben! — was allen Tatsachen der biologischen Entwicklung und unserer Selbstbeobachtung so evident widerspricht, daß eine besondere Kritik dieser Auffassung sich erübrigt.

Endlich lassen sich durch Jahre bestehende starke assoziative Bindungen durch die *Einsicht ihrer Unzweckmäßigkeit auflösen* und *durch andere Bindungen ersetzen:* An den Anblick eines Hundertmarkscheines schlossen sich vor dem ersten Weltkrieg (auch rein *assoziativ,* nicht allein im Sinne *‚berechtigter Wertdeutung'!)* ganz bestimmte Wertgefühle an, die sich durch Jahrzehnte des Friedens und unerschütterlichen Geldwertes ausgebildet hatten. Dem Kundigen warf die einsetzende Inflation diese Geldauffassung über Nacht um: Derselbe Sinneseindruck eines Hundertmarkscheines löste sich von den sonst ihm anhaftenden Vorstellungen seines Wertes völlig ab und wurde zu einem wertlosen Papierschein. (Nicht für alle! Viele vermochten den assoziativen Zwang des gewohnten Geldwertes nicht zu überwinden — trotz ‚besserem Wissen'! — und verkauften ihren Besitz zum Spottpreise, weil ihnen das entwertete Geld durch assoziativen Zwang immer noch den alten Wert vortäuschte.) — Und ähnlich assoziations-stiftend oder schon bestehende Assoziationsbindungen *vernichtend wirkt der beharrliche Wille:* Es ist der Wille, an das assoziativ angeschlossene (y), *nicht zu denken oder eine entsprechende Bewegung nicht auszuführen,* — auch wenn das die Assoziation sonst auslösende (x) sich einstellt. — Eine *Änderung der ‚Gesamteinstellung‘* zieht nach sich eine vollkommene Änderung der Assoziationsauswirkung: Will ich ein französisches Gespräch führen, so verbinden sich die mitzuteilenden Gedanken und Vorstellungen mit ganz anderen Wortbildern als gewöhnlich.

In den höheren Gebieten der *Kunst* sind es nun nicht mehr die einfachste Wünsche befriedigenden Vorstellungskombinationen, welche neue Beziehungen entstehen lassen, es ist das Streben nach ästhetischen Werten, aus dem das Reich der Kunst und Schönheit geboren wird. Für die Kunst wie für das Bereich der *ethischen Werte* gilt das Wort Goethes: ‚Der gute Mensch in seinem dunklen Drange ist sich des rechten Weges wohl bewußt‘. Der Künstler weiß nicht im voraus, was ihn befriedigen wird; er sucht danach und wird sich dessen erst im Prozeß des Schaffens selbst bewußt. Und je stärker sein Genie, desto urtümlicher, desto *neuer,* also desto ferner jeder auf äußeren Assoziationen beruhenden Reproduktion des schon Dagewesenen und Übernommenen ist seine Kunst, desto unmittelbarer sein Gefühl für *neue Werte.* — Und dasselbe Streben und Gefühl, welches im produktiven Menschen die neuen Werte entstehen läßt, klingt im Betrachter seiner Werke an; und erst im Zeichen dieses „Form-Gefühles“ prägen sich die Werke des Meisters in die Auffassung und ins Gedächtnis jedes verständnisvollen Betrachters ein und erfährt auch das Ganze seine (früher als „rein assoziativ“ betrachtete) Neubelebung von dem nur teilweise Gebotenen aus: Die Anfangsnoten einer Melodie lassen in unserer Vorstellung die folgenden aufleben, und es ist unvergleichlich leichter ein gut gebautes Gedicht auswendig zu lernen, als eine aus ebensoviel sinnlosen Silben bestehende Reihe. Die einzelnen Teile eines zu einer höheren Einheit zusammengeschlossenen Ganzen fordern geradezu ihre Ergänzung durch die anderen dazugehörenden Teile, damit ein organisch durchstrukturiertes Ganzes entsteht oder wiederentsteht.

Die *Beziehung des Einzelteiles zum organischen Ganzen* ist hier also diejenige Kraft, die nicht nur im Schöpfer selbst das Kunstwerk entstehen, sondern die es auch bei seiner Reproduktion aus dem Gedächtnisschatz wiedererstehen läßt. Nicht als ob das ‚rein mechanische' Gedächtnis, dessen genauere Wiedergabe im Rahmen der Assoziationspsychologie uns noch bevorsteht, hier gar nicht mehr wirksam und überflüssig wäre, wohl aber wirkt hier entscheidend auch noch die genannte Kraft mit, deren Einfluß die Gedächtnisleistung außerordentlich stark erhöht. Und die in den meisten Fällen den eigentlichen *Anlaß zum Wiederauftauchen* des ganzen Kunstwerkes bietet, denn das vom Kunstliebhaber Angestrebte ist nicht das Wiedererleben der einzelnen Töne oder Worte, sondern der Melodie, des Gedichtes, des Gesamtkunstwerkes selbst. Und bestünde die zwischen den Einzelvorstellungen vorhandene Bindung nur im rein äußerlichen, zeitberührungsbedingten assoziativen Zusammenschluß psychischer Inhalte, so gäbe es überhaupt keine Kunst.

Es gäbe aber nicht allein keine Kunst, sondern auch alles jenes nicht, was mit der ‚Gestalt' in Beziehung steht und in der *Gestaltpsychologie* ihrerseits zur Grundlage allen psychischen Geschehens erhoben wird. Zweifellos mit Recht in vielen Gebieten des Psychischen, wie wir es bei der genaueren Besprechung der Gestaltpsychologie noch sehen werden. Doch ist auch hier die Alleinherrschaft nur dadurch zu erreichen, daß man den Begriff ‚Gestalt' so weit faßt, daß er über seine gute alte Bedeutung im Gebiet der Anschauung hinauswächst und dadurch an Präzision verliert. Wir werden daher diesem Sprachgebrauch nicht folgen, sowie auch nicht der unter Gestaltpsychologen oft anzutreffenden Auffassung, daß Gestalten nicht ‚erkannt', sondern nur von unserer Gestaltungskraft hervorgebracht und in die uns umgebende Welt hineingesehen werden.

Eine solche Tendenz der Gestalt-Projektion besteht zweifellos, oft aber erst auf Grund der Spuren früher in der Erfahrung *kennengelernter*, uns *durch die Umwelt objektiv gebotener oder in der reinen Erkenntnis aufgefaßter Gestalten*. Doch davon später.

‚*Beziehungen*' sind in aller Gestaltung unumgänglich: denn in jeder Gestalt finden sich die sie konstituierenden anschaulichen Beziehungen (Verhältnisse). Aber der Begriff ‚Beziehung' ist umfassender als ‚Gestalt' und gilt fraglos auch für das Gebiet des theoretischen, abstrakten Denkens. — Wenn Gestalten nicht selten von uns in unsere Wahrnehmungs- und Vorstellungswelt *hineingetragen* werden, so müssen Beziehungen oft genug im strengen, erkennenden Denken, als daselbst vorhanden, *vorgefunden* werden. Der Logiker und Mathematiker (und ein jeder Mensch hat etwas davon in sich, sofern er nur überhaupt *denkt)* ist ein solcher Sucher und Finder. Der von Haus aus logisch Eingestellte geht darauf aus, letzte logische Zusammenhänge zu finden und sich klar zu machen, wie sie schon in den Denkaxiomen und in den Grundformen der Denkschlüsse enthalten sind. Er schafft die logischen Disziplinen unserer Wissenschaften, aber nicht in reiner Phantasie, sondern in Erkenntnis. — Und, analog wie beim Künstler im Gebiet des Ästhetischen die ‚Form', wirkt sich seine ‚*Einsicht in logische Zusammenhänge*' nicht allein im Schöpferischen, sondern auch *in der Förderung seiner Gedächtnisleistungen* aus: Was er einmal klar abgeleitet hat, hält nicht durch die bloße Tatsache vorübergehender zeitlicher Berührung, sondern durch logische Beziehungen aneinander. Und taucht der eine Teil (z. B. eines ‚schlüssig' aufgebauten, ‚verstandenen' Beweises) in seinem Bewußtsein wieder auf, so führt dieser die übrigen Teile durch die Kraft der logischen Beziehungen mit größter Leichtigkeit nach sich, so wie er ja schon beim erstmaligen schöpferischen Denken der Ausgangspunkt war, dem die mit ihm verbundenen Folgerungen entsprungen waren.

2. Die Assoziationspsychologie

Außer rein ‚zeitlicher Assoziationsbindung' kann also eine ganze Reihe anderer (Wille, Gefühl), uns ihrem inneren Wesen nach unmittelbarer zugänglichen und in diesem Sinne ‚verständlicher' psychischer Kräfte den im dunkelbewußten und unbewußten Gedächtnisreservoir verstaut liegenden Wissensbesitz zum Bewußtsein erheben. Und doch spielte die *Assoziationskraft* unter ihnen allen in der Geschichte der Psychologie eine ganz besondere, ja eine ‚alleindastehende' Rolle. Dazu wird in jenen Jahren rein naturwissenschaftlich orientierter Psychologieentwicklung das Bestreben beigetragen haben, die Anzahl der in der Natur wirksamen *letzten Kräfte* möglichst zu reduzieren. Erst dadurch gelang es ja der modernen Naturwissenschaft jenes geschlossene Weltbild zu schaffen, das im Energieprinzip mit seiner Wandlungsmöglichkeit aller Energiearten ineinander seine Krone erhielt. Die scheinbare Unerfaßbarkeit des Assoziationsprinzipes ‚von innen', dessen äußere Auswirkung man als das ‚Aneinanderkleben zeitlich zusammen gewesener psychischer Vorgänge' konstatieren zu können glaubte, konnte den naturwissenschaftlich eingestellten Forscher nicht von der Erhebung der Assoziation zur zentralen psychischen Kraft abschrecken. Denn von der Physik und Chemie, als den beiden das naturwissenschaftliche Weltbild beherrschenden Disziplinen her, war die Wissenschaft daran gewöhnt, gerade die allgemeinsten Gesetze *als letzte, schlechthin vorgefundene Tatsachengegebenheiten* zu betrachten, in *deren inneres Wesen einzudringen und deren ‚Sinn' zu verstehen vergebliches Bemühen wäre:* ‚Schlechthin', d. h. ohne daß man einen ‚Sinn' darin erkennen könnte, ziehen sich z. B. die massenbegabten Körper durch Gravitationskraft gegenseitig an. Eine letzte undiskutable Tatsache. Hat man sie aber einmal festgestellt und ihre Allgemeingeltung erkannt, so kann man mit deren Hilfe vieles ableiten und erklären, was ohne sie unerklärlich blieb: Nicht allein das Fallen des Wassers in Form von Regentropfen zur Erde, sondern auch das Aufsteigen desselben Wassers in Dampfform zur Höhe, das Steigen der Quecksilbersäule im Barometer und des gasgefüllten Ballons in freier Luft, die Lage der Planeten zum Zentralkörper, um den sie rotieren und von dem sie ohne Gravitationskraft durch Zentrifugalkraft abgetrieben werden müßten und vieles andere mehr.

Als eine solche letzte undiskutable Gegebenheit erschien dem naturwissenschaftlich eingestellten Psychologen im Gebiet des Psychischen die *Assoziationskraft*, mit deren Hilfe man unendlich viele Erscheinungen des psychischen Geschehens erklären kann, wenn auch sie selbst nur als ein ‚schlechthin Letztgegebenes' vorgefunden und anerkannt, und nicht irgendwie ‚auf ihren Sinn oder ihre innere Wesensbeschaffenheit hin verstanden' werden kann.

Ihr Vorhandensein war in Form der ‚*Gewohnheit*' von jeher bekannt. Denn was ist Gewohnheit anderes, als ein Zusammenhalten psychischer (und psychophysischer) Vorgänge, welche mehrmals oder häufig aufeinanderfolgten und nun in *der* Verbundenheit zueinander stehen, daß auf das Vorhandensein der Anfangssituation sich die gewöhnlich darauffolgenden Bewegungen oder Vorstellungen auch dann einfinden, wenn die sie sonst bedingenden Reize oder Willensantriebe ausbleiben? Stimme und Gestalt eines bestimmten Menschen treten in unserer Wahrnehmung ‚gewöhnlich' zusammen auf; nun höre ich die bekannte Stimme aus dem Nebenzimmer, sehe den Sprecher nicht, aber schon stellt sich in mir auch die visuelle Vorstellung des Besitzers der Stimme ein. Die beiden Eindrücke haben sich durch häufiges Zusammenauftreten oder Aufeinanderfolgen miteinander assoziativ verknüpft, — das Auftreten des einen zieht die Vorstellung des andern nach sich. Bewegungen, welche man oft in bestimmter Aufeinanderfolge ausgeführt hat, werden zu gewohnten Aufeinanderfolgen, und ist eine bestimmte Bewegung angesetzt, so schließt sich die gewohnte Fortsetzung von selbst an. Ich bin gewohnt, beim Eintreten in meine Wohnung zuerst den Hut rechts und dann den Mantel links aufzuhängen; und ‚gewohnheitsmäßig' treten diese Bewegungen in dieser Aufeinanderfolge auf, sobald ich die Wohnungstür hinter mir geschlossen habe. Werden die entsprechenden Haken vertauscht, so dauert es eine längere Zeit, bis ich mich ‚umgewöhnt' habe. Und immer wieder werden sich die altgewohnten Bewegungsfolgen ‚von selbst einstellen', bis die neue Reihenfolge der Bewegungen durch häufige Wiederholung zu einer *neuen Assoziationsfolge* führt.

Bei der Gewohnheit ist die Bedeutung der zeitlichen Aufeinanderfolge oder Berührung als der den Zusammenhalt der psychischen Vorgänge bedingende Faktor unbezweifelbar. Und der Gedanke lag nahe: daß zwar keineswegs alle zeitliche Berührung auch eine räumliche sein muß (z. B. nicht in jenen Gebieten des Psychischen — abstraktes Denken, Wollen und z. T. auch Fühlen, ja selbst das Hören des Einohrigen —, wo der Raum überhaupt keine Rolle spielt), wohl aber *die räumliche Berührung nie ohne zeitliche sein kann.* Warum also soll man neben der zeitlichen Assoziationsbindung auch noch eine besondere durch die räumliche Berührung bedingte annehmen? Man strich also die räumliche Berührung als assoziationsbildenden Faktor und beschränkte sich auf zeitliches Folgen oder Zugleichsein. — Befinden sich aber nicht auch die Beziehungen der Gleichheit und des Kontrastes im selben Fall? Man meinte auch darauf positiv antworten zu müssen: Gleiches, das nicht auch zeitlich zusammen geboten wird, verbindet sich um so weniger miteinander, je größer die dazwischenliegende Zeitspanne ist; gleiche Eindrücke zu gleicher Zeit dagegen assoziieren sich besonders leicht und um so fester, je häufiger sie zusammen auftreten. Gleiche Eindrücke gibt auch das uns besonders oft *zur selben Zeit Dargebotene:* Grüne Blätter überall im Sommer, weißer Schnee überall im Winter, gleiche (oder ähnliche!) Häuser in einer Siedlung, gleiche Schafe in einer Herde usw. — alle diese Eindrücke sind nicht allein aus gleichen Teileindrücken, sondern auch aus *gleichzeitig* gebotenen Eindrücken zusammengesetzt. Und auf seiner Suche nach einer und derselben Grundkraft, die alles Psychische bestimmt und leitet, sah der Assoziationspsychologe diese Kraft auch hier nicht im ‚Gleichheitseindruck' als solchem, sondern in der *gleichzeitigen Gegebenheit* der gleichen Einzeleindrücke: diese *Gleichzeitigkeit sollte die die Einzeleindrücke verbindende Kraft sein!* — Und nicht weniger gilt das für den *Kontrast:* Wo das grellste Licht ist, ist auch der dunkelste Schatten, wo die höchsten Berge, dort auch die tiefsten Täler, wo Männer, dort auch Frauen, wo Kinder, dort auch Erwachsene, wo ein Vater, dort in der Regel (in der Familie) auch eine Mutter, und oft wo ein Bruder, dort auch eine Schwester. Was soll man sich da darüber wundern, sagte sich der Assoziationspsychologe, daß im Assoziationsexperiment auf das Wort Licht besonders oft mit dem Wort Schatten reagiert wird, auf das Wort Berg mit Tal, auf das Wort Mann mit Frau, Mutter — Kind oder Vater, Bruder — Schwester usw.? Kommen doch diese kontrastierenden Eindrücke besonders oft gleichzeitig zusammen vor, und ihre Bindung stammt nicht von ihrem Kontrast, sondern von ihrer zeitlichen Assoziationsgebundenheit her!

Das alte, schon von *Platon* herstammende Beispiel einer solchen assoziativen Bindung gleichzeitig Wahrgenommenen bietet die Beziehung des Gesehenen und gleichzeitig Gehörten: der Stimme und des Gesichtsbildes ihres Inhabers. Es ist besonders glücklich gewählt, denn es ist *reiner* als mancher psychologische Versuch, durch den man das Auftreten der assoziativen Bindung nachzuweisen suchte: ‚Im Versuch' steht die Vp. in der Regel vor einer *Aufgabe.* Sie *soll* sich z. B. die ihr dargebotene sinnlose Silbenreihe merken. Diese Aufgabe bewältigt sie normalerweise bis zu einer Silbenreihenlänge von etwa fünf, sechs Silben. War es nur reine Assoziationskraft, die hier am Werke war? Aber es war ja auch zugleich der *Wille* da, sich die Silbenreihe zu merken; vielleicht war also am Merken der Wille als Mitursache und vielleicht sogar als Hauptursache beteiligt? Wir hörten ja, daß der Wille ganz allgemein auf den Vorstellungsverlauf großen Einfluß hat. Und vielleicht würde sich diese Silbenreihe gar nicht so aneinandergeschlossen haben, wenn nicht der Wille den Zusammenschluß herbeigeführt hätte?![1]) Die assoziative Verbindungstendenz soll aber nach der Ansicht der Assoziationspsychologie selbst eine *letzte Kraft* sein, so, wie es z. B. auch die Gravitation ist: Sobald zwei Körper überhaupt da sind, ziehen sie sich auch schon an. So müssen zwei psychische Gegebenheiten, die ein- oder mehrmals zusammen- oder aufeinanderfolgend aufgetreten waren, durch diese Tatsache allein schon eine gegenseitige Bindung, eben die Assoziationsbindung, erhalten haben, so daß beim Auftreten des einen Gliedes eine (wenn auch eine vielleicht zunächst nur schwache) Tendenz im anderen Glied hervorgerufen wird, ebenfalls ins Bewußtsein zu treten. Daher ist es ganz wesentlich, alle möglichen anderen Mitursachen — und so auch den Lernwillen —, welche ebenfalls eine Verbindung zwischen den einzelnen Gliedern des psychischen Geschehens bedingen könnten, sorgfältig auszuschließen, wenn man die Wirksamkeit der ‚reinen Assoziationskraft' untersuchen will. Und dies tut das oben erwähnte Beispiel *Platons*.

Von ganz ähnlicher Art war ja auch der Grund, der den Psychologen im Assoziationsexperiment *sinnlose Silben* als Gedächtnismaterial verwenden ließ: Ein Gedicht bringt Reim und Rhythmus und, außer den beiden, noch den uns schon geläufigen Satzaufbau und den im Satz enthaltenen Sinn mit. Die beiden letzten Faktoren sind auch in jedem sinnvollen Prosatext enthalten. ‚Sinnlose Silben' aber sind frei von diesen Hilfsfaktoren, daher ein in dieser Hinsicht gut gewähltes Material zur Prüfung möglichst ‚reiner Assoziationsbindung'.

Wenn oben die ‚Aufgabenerteilung' (und ihre willentliche Übernahme durch die Vp.) mit dem in ihr enthaltenen Merk*willen* als Bedingung zur Bildung *‚reiner* Assoziationszusammenhänge' zurückgewiesen werden mußte, und ihr

[1]) Besonders klar wird die Bedeutung des Willens bei jenem engen assoziativen Zusammenschluß, der durch *beabsichtigte Übung* herbeigeführt wird. Auch bei der Übung ist die Assoziation entscheidend am Werke, aber nicht weniger der Wille, welcher bestimmte Vorstellungen oder Bewegungen in ihrer Aufeinanderfolge aneinanderbindet. Man denke z. B. an das *Einüben* bestimmter Bewegungsgruppen beim Fechten, Radfahren, Tanzen usw.

die freie, scheinbar ‚ganz von selbst sich einstellende Assoziation', z. B. zwischen Stimme und Antlitz eines Menschen, als reiner Fall vorgezogen wurde, so erhebt sich die Frage, ob es überhaupt Material und Situationen der Assoziationsbildung gibt, in denen der Wille — wenn man unter ihm nicht nur bewußte Willensakte, sondern die Aktivität als solche, *als letzte Willenseinstellung* des Lebewesens versteht —, beim Entstehen assoziativer Bindungen überhaupt jemals ganz fehlt? *Geht nicht eine in uns liegende Willenseinstellung stets darauf aus, das uns zeitlich zusammen Gebotene in eben diesem Zusammenbestehen zunächst aufzufassen* und dann, indem sich der einmal gestiftete Zusammenhang weitererhält, *auch zu reproduzieren?* Für das gewohnheitsmäßige Bestehen einer solchen allgemeinen Einstellung sprechen Fälle, in denen sie durch Gegeneinstellung mehr oder weniger aufgehoben werden kann. Als Automobilist kommt man z. B. nicht selten dazu, seine Aufmerksamkeit zwischen zwei Wahrnehmungsreihen zu trennen: Man hat einerseits auf die von der Straße (und gar: bei starkem Verkehr!) herkommenden Eindrücke unausgesetzt aufzupassen und sie durch entsprechende Lenkbewegungen zu beantworten; andererseits erzählt der mitfahrende Gast zu gleicher Zeit von Ereignissen, welche dem Lenker nicht gleichgültig sind, und stellt Fragen, die beantwortet werden müssen. Vollkommen gleichgültig ist es aber für den Lenker, welche Eindrücke des Straßenlebens mit bestimmten Mitteilungen des Mitfahrenden gleichzeitig oder aufeinanderfolgend auftreten! Und es entsteht die Frage, ob der Lenker nach beendeter Fahrt die Beziehung zwischen Erzählungsmomenten und den ihnen zeitlich entsprechenden Verkehrssituationen einigermaßen richtig ‚reproduzieren' kann, d. h., ob sich unter diesen Umständen zwischen den Gliedern der einen und der anderen Eindrucksreihe assoziative Bindungen überhaupt und gar *in gleicher Stärke bilden, wie dies der Fall wäre, wenn eine solche Aufmerksamkeitsspaltung zwischen den beiden Reihen nicht stattgefunden hätte und beide innerhalb des gleichen Aufmerksamkeitsbereiches gelegen wären!*

Die Ergebnisse anderer Situationen, in denen die Aufmerksamkeit nicht gespalten, sondern einfach abgelenkt wird, sind noch durchsichtiger: Bei Abstraktionsversuchen weist man der Vp. eine Figur vor, die, als konkrete Gegebenheit, neben ihrer Gestalt auch eine bestimmte Farbe, Größe und Lage besitzt. Dieselbe Gestalt wird darauf der Vp. unter mehreren anderen vorgewiesen und soll möglichst rasch wieder erkannt werden, wobei sie aber andere Farbe, andere Größe und andere (z. B. durch Drehung entstandene) Lage haben kann, — nur auf die *Gestalt* als solche kommt es ja dabei an. Wird nun die Vp. unmittelbar nach der ersten Exposition gefragt, wie denn die Farbe der eben gesehenen Figur gewesen sei, so kommt es sehr oft vor, daß sie die Antwort schuldig bleibt, — so sehr hatte sie nur die Gestalt für sich betrachtet, so wenig war dabei Gelegenheit zur Bildung von Assoziationen zwischen Gestalt und Farbe, obwohl ihr beide gleichzeitig vorgewiesen wurden. — Und wenn ein Rezitator bei sich zu Hause ein Gedicht memoriert, so steht er ‚in der Situation des Zuhause': sein Zimmer, alle darin befindlichen Gegenstände stehen vor seinen Augen; neben visuellen Reizen mögen seine Sinnesorgane auch noch von akustischen Reizen getroffen werden: seine Weckeruhr tickt beträchtlich laut, vom Nebenzimmer her hört man den Staubsauger in Betrieb oder die Stimmen spielender Kinder, und vor dem Fenster wird Kies ausgestreut. Der sein Gedicht memorierende Rezitator versucht sich aber von allen diesen Reizen zu isolieren und seine Aufmerksamkeit nur auf sein Gedicht zu richten, d. h. er will die *gleichzeitig von seinem Buch und der ganzen übrigen Umgebung gebotenen Eindrücke ‚nicht in einem gemeinsamen Erlebnisbild auffangen'*, sondern die von Buch und Gedicht herkommenden Reize aus der gesamten Reizsituation für sich herausheben und von allen übrigen Eindrücken trennen. Er stellt seine Aufmerksamkeit nur auf das Gedicht und dessen Auswendiglernen ein. Und in der Tat: bei dieser Einstellung bilden sich die auf das Gedicht sich beziehenden Assoziationen besonders gut aus, während sie zwischen Gedicht und den

Situationsreizen seiner Umgebung, dank seiner Willenseinstellung, so schwach nur oder gar nicht entstehen, daß es dem Rezitator später keine Mühe macht, sein Gedicht in beliebig anderer Umgebung vorzutragen, *ohne an die Situation erinnert zu werden, in welcher er das Gedicht zu Hause memoriert hatte.* Während die Eindrücke der häuslichen Situation ihrerseits auch wieder fester miteinander zusammenhaften könnten und das Geräusch des Kiesausstreuens und des Wanduhrtickens ihn leicht auch an das seinerzeit damit zusammen gewesene Summen des Staubsaugers oder die Kinderstimmen erinnern kann.

In unserem gewöhnlichen Wahrnehmen *wenden wir uns aber ‚den uns gleichzeitig dargebotenen Wahrnehmungseindrücken' als dem ‚eben dadurch schon Zusammengehörigen' zu;* schon die Tatsache ihrer zeitlichen oder räumlichen Berührung *hebt sie von allen übrigen Gegebenheiten ab und stellt sie* — sowohl in der objektiven Wirklichkeit als in der Auffassung des sie Erlebenden! — *in ein besonderes Verhältnis zueinander.* Faßt man das Wort ‚Gestalt' im weitesten Sinne auf, so könnte man sagen, daß eben diese gegenseitige Nähe sie zu einer besonderen Gestalt, der ‚*Gestalt der Nähe*', zusammenschließt und sie dadurch allen anderen Gegebenheiten gegenüberstellt, — denn die Ferne kann größte Unterschiede aufweisen, während *die extreme Nähe der Berührung nur eine und eben dadurch ausgezeichnete ist. — Alles, was im selben Bewußtsein enthalten ist, steht schon durch diese Tatsache in einer ganz besonderen Seinsbeziehung zueinander,* nicht unbegreiflich daher, *daß das dazu auch noch durch raum-zeitliche Nähe Ausgezeichnete* in die *‚besonders enge Ganzheitsbeziehung assoziativer Bindung'* zueinander tritt.

Die besondere Aufgabe des assoziativen Gedächtnisses in der phylogenetischen Entwicklung der Tierreihe

Der durch raum-zeitliche Erlebnisnähe geschaffene Ganzheitseindruck und die dadurch bedingte ‚assoziative Bindung' reicht also weit hinaus über die besondere Bindung, welche von der im engeren Sinne des Wortes gefaßten

‚Gestalt' ausgeht. Er ist noch primitiver, gilt auch schon für die Anfänge des Lebens und die primitivsten Vertreter der Tierwelt. Denn auch diese besitzen schon ein rein assoziatives, ‚mechanisches Gedächtnis' für raum-zeitlich gebundene Eindrücke. Und diesem mechanischen Gedächtnis kommt eine Eigenschaft zu, die es unschätzbar macht zur *Erreichung zweckmäßiger Anpassung*, ja, die sie geeignet macht, schon auf den tiefsten Lebensstufen, *das logische Denken der höheren Geistesstufen weitgehend zu ersetzen.*

Dazu zwei Feststellungen: 1. Wir hörten schon, daß die Dauer und die Anzahl der Wiederholungen der beiden Eindrücke A und B die Festigkeit der zwischen ihnen bestehenden assoziativen Bindung steigert. Zwar kann unter Umständen (Bedeutsamkeit, Gefühlsbetonung) auch schon eine einzelne Aufeinanderfolge von A und B zu einer so festen Assoziation führen, daß beim Eintritt des A das B sich ebenfalls ‚von selbst' als Vorstellung einfindet. Oft aber bleibt die durch eine einzige zeitliche Berührung herbeigeführte Bindung *viel zu schwach*, als daß das B mit ihrer Hilfe aus dem Gedächtnis-Reservoir ins Bewußtsein hinaufgeschoben werden könnte. — 2. Dazu kommt noch die schon mehrfach erwähnte Grundeigenschaft des Psychischen: Unser Bewußtsein ist einer kleinen Kuppel an einer Riesenkugel zu vergleichen, in welche nur ein winziger Teil des ganzen psychischen Gefäßinhaltes hineingeht. Sind also mehrere Prätendenten für den Eintritt ins Bewußtsein vorhanden, so werden *nur die stärkst Hineingezogenen auch wirklich hineingelangen.*

Nun sind die Lebewesen auf ihrem gefahrvollen Lebensweg einer Festung vergleichbar, die eine so kleine Besatzung hat, daß mit ihrer Hilfe der Angriff gegen die Festung nur von einer und nicht zugleich von allen Seiten her abgewiesen werden kann; deren Kommandant aber zu seinem Glück weiß, von welcher Seite der Angriff *am wahrscheinlichsten* erfolgen wird. Die Wahrscheinlichkeitsüberlegung (die eine schon hoch entwickelte Vernunft voraussetzt!) sagt ihm nun, daß es unzweckmäßig sein wird, alle vier Festungsseiten gleichmäßig zu besetzen, denn: woher der Angriff dann auch kommen mag, seine Kräfte werden nicht ausreichen, ihn abzuwehren. Konzentriert er aber die ganze Verteidigung auf der Seite *des wahrscheinlichsten Angriffes,* so hat er sich zwar auch durch diese Maßregel nicht völlig gesichert, denn er ist verloren, wenn der Angriff von einer unerwarteten Seite kommt. Aber dennoch hat er zweifellos *den besten Entschluß gefaßt, der am häufigsten zur Abweisung des Feindes und zur Sicherung seiner Lage führen wird.*

Er tat es auf Grund von Wahrscheinlichkeitsüberlegungen; *dasselbe wird nun auf tieferen Daseinsstufen mit Hilfe des einfachen Assoziations-Mechanismus erreicht:* Der auf den Wahrnehmungseindruck A angenommenerweise am häufigsten folgende Eindruck sei B (A—B), während die übrigen Eindrücke C, D, E usw. seltener auf das A folgen (A—C, A—D, A—E usw.). Zwar hat sich zwischen ihnen und A ebenfalls eine Assoziation ausbilden müssen; auch deren Vorstellungen streben also ins Bewußtsein, sobald das A auftritt. Könnten sie nun in der Tat alle hineingelangen, so wäre das Lebewesen auf eine so große Anzahl von Möglichkeiten hin ausgerichtet, daß es sich auf keine davon richtig vorbereiten könnte (im Parallelbeispiel: die Festung ist verloren, wenn alle Angriffsmöglichkeiten berücksichtigt werden). Nun aber drängt die an A *stärkst assoziierte Vorstellung B* alle übrigen aus dem Bewußtseinsbereich hinweg, sie setzt sich durch und dominiert, *so daß das Erwarten und Reagieren des Lebewesens sich auf den Eindruck B eindeutig ausrichtet.* Gewiß ist es dann unvorbereitet und vielleicht verloren, wenn statt dessen auf A hin C, D oder E kommt. Aber der um das Fortbestehen der Art besorgten Natur kommt es ja nur auf *das* Verhalten des Lebewesens an, welches *in den meisten Fällen zu gutem Ende führt:* Und dieses ist, wie uns die Wahrscheinlichkeitsüberlegung gezeigt hatte, *gerade dasjenige, das sich aus dem scheinbar blinden Assoziationsmechanismus von selbst ergibt:* Sofern sich nämlich die allgemeinen Verhältnisse der Umwelt nicht ändern, bleibt die Eindrucksfolge A—B auch in der Zukunft die häufigste, wie sie es bis dahin war. Die Folge A—B ist also von allen die *wahrscheinlichste*, auf diese sich einzustellen, ist (sofern sich eine zweckentsprechende Einstellung auf *alle* Möglichkeiten nicht erreichen läßt!), das *zweckmäßigste* Verhalten (Beispiel des Feldherrn): *und gerade diese Erwartungs- und Vorbereitungseinstellung ergibt sich aus dem Zusammenwirken des Assoziationsmechanismus und der Bewußtseinsenge!* Was erst unser Denken uns als das beste Verhalten einsichtig zeigt, tritt auf der Grundlage der assoziativen Bindung von selbst ohne alle höhere Denktätigkeit auf. Die beiden Gesetzmäßigkeiten sind ins Lebewesen so eingebaut, wie die physikalischen Gesetze in eine elektronisch gesteuerte Rechenmaschine: Durch deren Tätigkeit tritt selbsttätig dasselbe Resultat auf, das unser Denken sich erst in einsichtig mühevoller Arbeit erarbeiten muß.

Das Grundprinzip der Assoziationspsychologie läßt sich also nach wie vor vertreten, — wenn sie auch ihre Alleingültigkeit längst verloren hat. Immer noch muß der Psychologe auf ihre Gesetzmäßigkeit zurückgreifen, wenn er die konkrete Entwicklung des psychischen Geschehens in der induktiv aufgebauten erklärenden Psychologie aus allgemeinen Gesetzen ableiten will. Die große Mühe, welche auf die Einzeluntersuchungen der assoziativen Bindungen verwendet worden ist, war nicht umsonst. Wir werden die dabei angewandten Methoden und ihre Hauptergebnisse im dritten, experimentellen Band kennen lernen.

3. Gestaltpsychologie

Es war in erster Linie das Mittelgebiet des psychischen Geschehens, das Gebiet der Wahrnehmung, welches die Gestaltpsychologie ins Auge gefaßt und gefördert hat. Denn im Gebiet des Denkens bestanden von jeher philosophisch beeinflußte Richtungen, die sich der Ausschließlichkeit der Assoziations-Psychologie verschlossen und die echten Denk- und Erkenntnisbeziehungen neben den mehr äußerlichen, durch zeitliche Berührung bedingten, assoziativen Beziehungen vertraten. Auch der ‚geisteswissenschaftliche' Psychologe ließ sich nicht dazu bestimmen, aus der alt-griechischen Quadripel der ,räumlichen, zeitlichen, Gleichheits- und Gegensatz-Beziehungen' sämtliche, außer den zeitlichen, auszuschließen, wie es die klassische Assoziations-Psychologie tat. Im Gebiet des Denkens brachte also die Gestaltpsychologie nicht so grundsätzlich Neues, wenn sie hier das Vorhandensein außerassoziativer Beziehungen behauptet. Doch ist die Art und Weise, wie von ihr die Denkbeziehungen und dann die Beziehungen im Gebiet des Fühlens und Wollens, ja das Wesen dieser Gebiete selbst erfaßt und geschildert wird, für die Gestaltpsychologie kennzeichnend und gegenüber der Assoziations-Psychologie durchaus eigenartig. Denn, erwies sich uns das Assoziations-Prinzip als solches auch nicht von so ,atomistischer' Art, wie oft behauptet wird, so neigte die klassische Assoziations-Psychologie doch unbestreitbar zum Aufbau der Psyche eines normalen erwachsenen Menschen *aus psychischen Elementen,* die im Anfangszustand seiner Entwicklung noch keine höheren Bindungen aufwiesen und sie sich erst im Laufe der Lebenserfahrung, eben durch zeit-bedingte Assoziations-Berührung erwerben müssen. —

Dem *Entwicklungsproblem* gegenüber gesellte sich die Gestaltpsychologie nicht jener Grundauffassung zu, nach welcher die Elemente zunächst als ,scharf geschliffene Einzel-Empfindungen' auftreten und erst später durch Erfahrung höhere Komplexe assoziativer Art miteinander eingehen; sondern sie stellte sich auf die Seite der polar gegenüberstehenden Auffassung, nach der der Anfangszustand als ein *nebuloses Ganzes* aufgefaßt wird, welches das Einzelne erst im Laufe der Entwicklung ausgliedert, — wobei sich neben dem ,Einzelnen' auch die ,übergeordneten Zusammenhänge' in ihrer klar durchstrukturierten Eigenart erst dann herausstellen. Sie bestanden zwar auch schon vordem ,im Nebel des Urzustandes', wie ja auch die *einzelnen Bestandteile* nicht erst im höheren Entwicklungsprozeß als etwas ganz Neues entstehen, — beide erhalten im Laufe der Entwicklung nur jene *Eigenprägnanz* der Klarheit, deren Fehlen den Urzustand kennzeichnet. Natürlich gestaltet sich dadurch für die Gestaltpsychologie das Wesen des Entwicklungsprozesses gegenüber dem von Elementen ausgehenden Aufbau der Assoziations-Psychologie grundverschieden. Eine Hypothese z. B., wie sie in der klassischen Assoziations-Psychologie sehr ernst vertreten werden konnte: daß nämlich bestimmte Wahrnehmungsarten (z. B. die Raumwahrnehmung) erst durch assoziativen Zusammenschluß primitiverer Empfindungen entstehen, kommt für die Gestaltpsychologie überhaupt nicht in Betracht.

Solche Hypothesen spielten aber in der klassischen Assoziations-Psychologie eine große Rolle. Eine der wichtigsten betraf die Ausbildung der Raum-Anschauung und damit auch der Bewegungs-Wahrnehmung. Die Raumanschauung ist uns danach nicht angeboren, sondern auch sie entwickelt sich erst im Laufe der assoziativen Erfahrung. Angeboren sind uns nur ‚Lokal-Zeichen' (die zwar individuell voneinander verschieden sind — diese Verschiedenheit wird aber vom Wahrnehmenden nicht als ‚räumlicher Art' aufgefaßt!) und, ebenfalls raumfreie, ‚Veränderungserlebnisse'. Treten nun durch Bewegung unserer Gliedmaßen sowie unserer Augen bestimmte Aufeinanderfolgen von Lokalzeichen-Änderungen immer wieder ein und entstehen dadurch feste assoziative Bindungen verschiedener Erlebnisgebiete aneinander, so tritt in der Seele ein ähnlicher Vorgang ein, wie er uns vom chemischen Geschehen her bekannt ist: Durch Zusammenschluß der Elementarpartikelchen (Atome) verschiedener Elemente entstehen dort neue Körperarten (Molekeln) mit Eigenschaften, welche keinem Ausgangskörper eigen waren; während ihre ‚früheren Eigenschaften' z. T. gleichzeitig verschwinden. So werden nach dieser ‚Hypothese der *schöpferischen Synthese*' *(Wundt)* aus der besonders innigen Assoziation *(Assimilation)* elementarer Prozesse neue psychische Gegebenheiten, und so entsteht auch unsere Raumanschauung mit den in ihr sich abspielenden Bewegungswahrnehmungen. An diesem Beispiel erlebt man mit maximaler Deutlichkeit den Grundunterschied der Gestaltpsychologie und der klassischen Entwicklungsauffassung: Hier Aufstieg von Elementen zu den aus ihnen zusammengesetzten Komplexen (wobei diese wegen der Innigkeit *assimilativer* d. h. engster assoziativer *Bindung* oft nicht mehr auf ihre Elemente hin durchschaubar sind); bei der Gestaltpsychologie dagegen gilt als oberstes Prinzip der psychologischen Beobachtung das strengste Festhalten an dem ‚*was* und *wie*' *des sich uns unmittelbar Bietenden* und: keine Hypothesenbildung, die uns von dem Reich der uns unmittelbar zugänglichen psychischen Tatsachen entfernen könnte. Der Übergang vom Nebulosen zum prägnant Gestalteten, wie ihn die Gestaltspsychologie im Lauf der Entwicklung annimmt, ist eine vielfach konstatierbare *Tatsache* (die z. B. beim Wechsel des Aufmerksamkeitszustandes deutlich beobachtbar ist); das ‚Werden der Raumanschauung aus unräumlichen Ausgangselementen' ist dagegen *reine Hypothese.*

Dieser Grundeinstellung der Gestaltpsychologie entspricht es auch, daß sie sich zur dringendsten Aufgabe das Aufspüren und Festhalten des unmittelbar Vorfindbaren in seinem ganzen Gestalten- und Wesensreichtum macht; — was der klassischen Psychologie weniger wichtig erschien gegenüber dem Vordringen zu den Elementen, die ja (so, wie auch die Elemente in der Chemie) als die tragenden Grundsteine, als ‚das eigentlich Seiende' auch im Psychischen angesehen wurden, — während das daraus Abgeleitete, schon als ‚Abgeleitetes', von geringerer Wertigkeit erscheinen mußte. So würde ein klassischer Psychologe jene Grundeinteilung, von der die Gestaltspsychologie (*Metzger* s. u.) ausgeht, für wenig ergiebig und unwichtig halten, denn hier handelt es sich, nach seiner Anschauung, nur um abgeleitete Gebilde, deren Zurückführung auf die Elemente und nicht deren Aufzählung zur eigentlichen Aufgabe des psychologischen Forschens gehört. Gewiß, auch die klassische Psychologie versucht es, eine Grundeinteilung aller psychischen Vorgänge zu geben, indem sie sie in *Sinnes-Empfindungen* (an die sich sofort als höhere Komplexe die *Wahrnehmungen* anschließen), *Vorstellungen* (= reproduzierte Empfindungen, die in höherer Organisation zum Denken führen sollen), *Gefühle* und *Willensvorgänge* einteilt. Aber wie anders ist diese Einteilung aufgebaut als diejenige, nach der die Gestaltpsychologie die Grundeigenschaften des uns Gegebenen klassifiziert:

Die Gestalt-Eigenschaften:

1. „Die *Struktur* oder das *Gefüge* (die ‚Tektonik'). Hierunter fallen alle Eigenschaften der Anordnung oder des Aufbaues: Raumform oder Figuralstruktur, Helligkeits- und Farbprofil einschließlich der Gliederung und Gewichtsverteilung; Rhythmus, Melodie; Verlaufsstruktur bei Bewegungen und Veränderungen.

Beispiele: gerade, rund, eckig, elliptisch, geschlossen, symmetrisch, spitz, wellig, zackig; legato, staccato, glissando, crescendo; stetig, unstetig; das Wachsen, Schrumpfen, Steigen, Fallen, Strömen, Springen, kurz jede Art von Übergang." — Wie man sieht, schließen sich an statische Strukturen sofort auch die dynamischen an.

Schon hier muß der klassische Psychologe den Eindruck erhalten, daß ein solches Sichverlieren in Einzelbestimmungen niemals in die Grundlagen der Psychologie hineingehören kann. Seine ablehnende Verwunderung wächst aber noch mehr, wenn er als zweite Hauptgruppe kennenlernt:

2. „Die *Ganzqualität* oder *Ganzbeschaffenheit* . . . Hierunter fallen alle stofflichen Eigenschaften, das ‚Material' . . .

Beispiele: durchsichtig, leuchtend, rauh, glatt, glänzend, seidig, dinghaft, scheinhaft (Licht und Schatten); weich, hart, zäh, federnd; schrill, hohl (bei Klängen)." —

„‚Wozu diese Anhäufung abgeleiteter Eigenschaften?' — wird der klassische Psychologe sagen — ‚ist es denn nicht selbstverständlich, daß z. B. seidig, weich, federnd nichts als im Laufe der Erfahrung assoziativ gebildete Komplexe von Eigenschaften sind, denen man unendlich viele andere hinzufügen kann? Auch hier ist deren Zurückführung auf die Elementareindrücke, aus denen sie sich zusammensetzen, die Hauptaufgabe des Psychologen; an sich sind sie dem Forscher uninteressant.'"

Aber noch mehr wird ihn die dritte Gruppe und gar die Erklärung des Gestalt-Psychologen in Erstaunen versetzen, daß gerade diese Gruppe im Zentrum unserer Eindrücke als deren tiefster Gehalt steht:

3. „Das *Wesen* in dem erweiterten Sinn, in dem es von der neueren Ausdruckslehre (Klages 1942) nicht nur auf Lebendes, sondern auf alles überhaupt Antreffbare angewandt und dem Gefüge und der Beschaffenheit als ‚gegenständliche Daten' gegenübergestellt wird. Unter die Weseneigenschaften fallen alle physiognomischen (gesichthaften) oder Ausdruckseigenschaften:

Beispiele: feierlich, freundlich, stolz, finster, friedlich, wuchtig, zierlich; männlich, weiblich, kindlich, greisenhaft; polternd, krachend, klirrend, heulend usw., anziehend, abstoßend, reizend, eklig, gefällig, erhebend, berückend, widerwärtig, erregend, beruhigend, erfreulich, langweilig, ermunternd, interessant, anstößig, schrecklich, beängstigend, fürchterlich, ermutigend, appetitlich u. a. m."

Von der klassischen Psychologie herkommend muß man in der Tat einen tiefgehenden Schauwechsel vollziehen, um zur grundsätzlich anderen Seins-, Problem- und Wesensschau der Gestaltpsychologie vorzudringen. Der Entwicklungsweg der Gestaltpsychologie selbst führt den Leser am besten in ihre Forschungsart ein: Wir sagten oben, auch die reine Summation geht schon über bloße Atomistik hinaus, denn im ‚Paar' liegt eben auch schon die Verbundenheit einer Mehrheit zu einer übergeordneten Ganzheit. Aber die *Art* dieser Verbundenheit kann noch verschieden und verschieden weitgehend sein. Eine der typischesten und prägnantesten Zusammenfassungen von Linien ist die *Parallelität:* Zwei auf sonst leerem Grund nahe beieinander parallel verlaufende Linien wirken zweifellos als ein durchaus eigenartiges und in seiner Paarigkeit zugleich durchaus ganzheitliches Gebilde. Bild 1. Die Parallelität kennzeichnet das Wesen dieses Paares: unsere Wahrnehmung der beiden Linien ist hier durch diese Eigenschaft eindeutig beherrscht. — Wie anders wirkt das aus denselben zwei Linien gebildete ‚Kreuz'! Bild 2. Der Unterschied zwischen den beiden Gestalten ist beinahe so groß wie der Farbunterschied zwischen zwei Komplementärfarben, also z. B. zwischen weiß und schwarz. Jene Grundeigenschaft, welche in der Parallelität bestand, ist im Kreuz gänzlich verloren

Bild 1

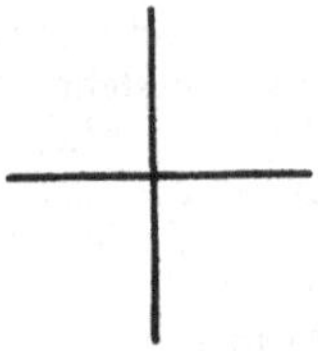

Bild 2

Bild 3

gegangen! Während die beiden Geraden damals in inniger Übereinstimmung, man könnte sagen in ‚Freundschaft' zueinander zu stehen schienen, herrscht jetzt Gegensätzlichkeit, man könnte sagen ‚Feindschaft', zwischen den zwei senkrecht zueinander gerichteten Linien. Und doch ist auch deren Gegensätzlichkeit von einer unbedingten Einheit umfaßt: Denn in erster Linie kommt es ihnen zu, *ein Kreuz* zu sein. — Wir faßten dabei zunächst als selbstverständlich ein gleicharmiges griechisches Kreuz ins Auge. Denken wir aber an das römische Kreuz mit dem längeren senkrechten und nach oben verschobenen kürzeren waagerechten Balken: wie anders wirkt dieses, der menschlichen Gestalt mit offenen Armen angeglichene Kreuz auf uns ein! Bild 3. — Und nun fühlt der Leser gewiß, daß er durch solche Betrachtungen nicht nur den Gestalten, wie er ihnen in seiner Umwelt ständig begegnet, sondern zugleich auch dem *Ausdrucksgebiet der Kunst* nahegekommen ist. Denn es ist eine der Aufgaben des Künstlers, diejenigen Raumproportionen zu suchen und in seiner Kunst zu verwenden, in denen sich jenes ‚Wesen' (Übereinstimmung, Freundschaft — Gegensätzlichkeit, Feindschaft u. dgl. m.) ausdrückt, das er für sein Kunstwerk gerade braucht.

Was aber dabei das Wichtigste ist und woran die klassische Psychologie achtlos vorbeischritt, das ist die grundsätzliche *Qualitäts-* und *Wesensneuheit* des ‚Kreuzes' gegenüber den beiden Geraden als ‚Elementen, aus denen es besteht'. Die Gestaltpsychologie ist aus jener Denkart hervorgegangen, die in der Kunst, der Philosophie und Biologie nie ausgestorben war, wenn es auch Epochen gab, wo sie, besonders in der physikalisch-chemischen Wissenschaft, durch die atomistische Betrachtungsweise völlig zurückgedrängt war. Aus jener Denkweise nämlich, welche auf der Überzeugung gründet, daß das *Wesensreichere* nicht aus dem *Wesensärmeren* durch bloße Summation, ohne Beteiligung eines höheren Einheitsprinzipes, hervorgehen kann; daß nach Auflösung der Ganzheit Goethes Wort gilt: man hat dann ‚die Teile in der Hand, fehlt leider nur das geistige Band'. Und es ist erstaunlich, wie sehr sich die klassische Assoziations-Psychologie (vor und auch nach der Jahrhundertwende) durch den Zug der Zeit und die beherrschende Autorität der physikalischen Wissenschaften von damals bestimmen ließ, die atomistische Betrachtung auf das Gebiet des Psychischen in dem Sinne zu übertragen, daß sie, gegen allen Augenschein, den ursprünglichen, nicht durch Assoziation gewordenen Wesensreichtum des Psychischen übersah oder leugnete.

Das will besagen: ein Zusammen von Einzelnem blieb ihr — außerhalb der assoziativen Bindung — ‚ein Zusammen von Einzelnem' und nichts mehr. Sie kannte zwar (wie wir oben gesehen hatten) teilweise auch die ‚schöpferische Synthese', aber auch deren Wurzeln verloren sich in der Hauptsache in starken assoziativen Bindungen (‚Assimilationen'), wie dies auch beim Werden unserer Wahrnehmung aus den unräumlichen Lokalzeichen der Fall gewesen sein sollte. Jenes Neue aber, das *im anschaulichen Zusammen des Ganzen gegenüber seinen Bestandteilen* enthalten ist, blieb von ihr lange Zeit hindurch schlechthin unbeachtet. Schon in unserem primitiven Beispiel der beiden Linien brachte uns das *Kreuz* etwas grundsätzlich Neues; es wies Qualitäten auf, welche weder in der einen Linie, noch auch in ihnen beiden, sofern sie anders, z. B. parallel, zusammengefügt waren, enthalten waren. Und dies gilt nicht allein für diesen extrem einfachen Fall, sondern für alle aus

Linien gebildeten Figuren, mögen sie drei, vier oder mehr Bestandteile aufweisen, mögen sie zwei- oder dreidimensional sein.

Grundbestimmungen über die Beschaffenheit der Gestalt:

Zu einer Gestalt gehört es, daß sie *in ihrer Ganzheit von ihrer Umgebung, ihrem Grund* abgehoben ist und daß *sie in sich gleichartige (Scheibe) oder verschiedenartige (Menschenkörper) Bestandteile aufweist.* Ihr *Optimum* liegt in der höchsten *Prägnanz* (Kreis, Quadrat, rechter Winkel); ihr *Vorstadium,* aus dem sie wird, ist die noch ungeklärte, sowohl das Ganze als auch dessen Bestandteile in sich bergende noch undifferenzierte *Gesamtheit; ihr Gegenpol* aber ist das *stückhafte Nebeneinander* (verschiedene auf dem Tisch verstreute Gegenstände, z. B. verschiedenartige Knöpfe).

Die Abgehobenheit der Gestalt vom Grund kann verschiedene Grade besitzen (verblichenes — hart abgehobenes Photobild). Sie kann in ihrer Kontur *offen* oder *geschlossen* sein (z. B. u—o). Ihre Bestandteile können gegeneinander *abgesetzt* oder *fließend* (Druckschrift — Handschrift), untereinander *innig* oder *lose verbunden* sein (z. B. verschiedene Arten von Handschriften). Die Gesamtgestalt kann in ihrer ganzen Erstreckung *gleichgewichtig,* symmetrisch sein oder an bestimmten asymmetrischen *Stellen ihren Schwerpunkt* besitzen (Kreis — Tropfenform); auch bestimmte ihrer Einzelbestandteile können den *Akzent an sich tragen* (bei dem einen Gesicht sind es die Augen, beim anderen die Nase oder die Stirn) oder alle *gleichgewichtig* sein (Mäandermuster). Ihre Unterteilung kann, wie im Mäanderfall, nach nur *einem Ordnungsprinzip* vor sich gehen oder *hierarchisch* sein, indem sich die Gesamtgestalt in Untergestalten aufteilt, die selbst wieder nach demselben oder nach anderen Prinzipien mit ihren Untergestalten zusammenhängen (S. 38: Säulenreihe eines griechischen Tempels; S. 39: gotischer Dom). Wie wichtig diese Gestaltsunterschiede sind, zeigt sich mit besonderer Deutlichkeit in der Baukunst und der Entwicklung ihrer verschiedenen Baustile.

Aber vielleicht noch deutlicher tritt das *Neue der Gesamtgestalt* gegenüber einer *bloßen Summenhaftigkeit ihrer* Bestandteile im Bereich der *Töne* hervor: Was wir *Melodie* nennen, hebt sich gegenüber dem bloßen Nebeneinander der Töne als Tongestalt, als Gesamteigenschaft, die über den Einzeltönen steht, mit eindeutiger Klarheit ab. Wie sehr sie sozusagen über den Einzeltönen schwebt, erkennt der Anfänger am deutlichsten, wenn ihm zu Bewußtsein kommt, daß in einer Melodie jeder Einzelton durch einen andern ersetzt, die Melodie hinauf oder hinunter transponiert werden kann, — und sie dennoch dieselbe Melodie bleibt! So kann auch ein Kreis klein oder groß, mit roter oder grüner Farbe gezeichnet sein, — er bleibt ein Kreis; dasselbe Antlitz kann uns in Groß- oder Kleinformat photographiert vorgewiesen werden, es bleibt dasselbe Antlitz. In dieser Fassung fühlt man ohne Zweifel eine innige Beziehung der Gestaltspsychologie zur Ideenlehre Platons: Es ist die Gestalt ‚als die in der Anschauung offenbarte Idee', welche in allen diesen Fällen die unverändert gleiche bleibt.

Und wenn wir nochmals auf jene Grundeinteilung zurückblicken, die uns zunächst vielleicht fremd erschienen war: in *1. Gestalt-Struktur, 2. Ganzbeschaffenheit* und *3. Wesen,* so wird sie uns jetzt verständlicher. Denn unter *Struktur* wird nur das äußerlich Neue verstanden, was die Gestalt über ihre Einzelteile hinaus ausmacht. Aber schon die Betrachtung der beiden *Parallelen* gegenüber dem *Kreuz* zeigte uns ein grundsätzlich verschiedenes *Wesen* der beiden Gestalten. Sie sind ihrem *Ausdrucksgehalt* nach verschieden und wirken dementsprechend verschieden auf den Betrachter ein. Man braucht nur noch einen Schritt zu Gestalten von noch größerem Wesensreichtum zu tun, und man ist mitten im Ausdrucksgebiet der Kunst. Denn was ist ein gotischer Dom anderes als der überreiche *Zusammenklang* von Tausenden von Gestalten, eine erstarrte Symphonie in Formen (und Gewichten), wie eine Symphonie in Tönen eine zeitlich aufgelöste, dynamische Gestalt ist! Und läge nicht in jeder Gestalt ein besonderer, sich in ihr äußernder

Bild 4

Bild 5

Wesensgehalt vor, so gäbe es keine Kunst — auch nicht im weitesten Sinne dieses Wortes.

Ob man mit gleicher Entschiedenheit für die Ursprünglichkeit der 2. Gruppe: Ganzbeschaffenheit, *Materialauffassung* in der Gestalt (s. S. 32 die entsprechenden Beispiele) eintreten kann, bleibt fraglich. Wir werden später (Bd. III) sehen, daß manche Gestaltpsychologen in ihrer Ablehnung der Assoziations-Psychologie auch über den Strang schlagen, und manches davon, was sie als ursprüngliche Eigenschaft ansehen, sich in Wirklichkeit doch auf assoziative Bindungen zurückführt, die sich im Laufe der Lebenserfahrung bildeten und darauf zu festen, scheinbar unlösbaren Komplexen wurden. Nur vergesse man nicht, daß auch diesen Komplexen eine umfassendste Zusammenschau zugrundeliegt: die ihrem Wesen nach ‚Ganzheit zeugende Zusammenschau der Bewußtseinseinheit'!

Die prägnante Gestalt:

Und nun ergibt sich uns mit Selbstverständlichkeit jener Zentralbegriff, den die Gestaltpsychologie nicht entbehren kann: der Begriff der *Prägnanz.* Wie die Philosophie stets nach Begriffen suchte, die als ‚Grundbegriffe' in der Vielfalt des Denkbaren ihre Geltung behalten können; denen ein *ursprünglicher Wesensgehalt* eigen ist, während die anderen Begriffe nur deren Übergangsfälle darstellen, — so sucht die Gestaltspsychologie nach *‚prägnanten Gestalten'*. Eine solche ist z. B. ein Quadrat, ein gleichseitiges oder gleichschenkliges Dreieck, ein Kreis und dgl. Untersuchungen im Nähebereich prägnanter Gestalten ergaben nun Resultate, die zunächst vielleicht unerwartet waren. Denn man könnte meinen, daß jede kleinste Abweichung von der prägnanten Gestalt, gerade ihrer Prägnanz, d. h. ihrer ausgesprochenen Deutlichkeit wegen, besonders leicht bemerkt werden muß, daß also die ‚Unterschieds-Empfindlichkeit' (s. Bd. III) in der Nähe prägnanter Gestalten (‚Quadrat — kein Quadrat?') besonders fein sein wird. — Das Gegenteil hat sich gezeigt. Was bei näherer Vertrautheit mit dem Begriff der Prägnanz aber auch zu erwarten gewesen wäre, denn die prägnante Gestalt ist ja diejenige, die sich uns besonders eindrucksvoll bietet, uns sich geradezu aufdrängt; zu deren Auffassung wir besonders disponiert sind, die wir daher leicht auch dort hineinsehen, hineinhören, hineindenken, wo sie reizmäßig gar nicht mehr besteht! Und je schwieriger die Wahrnehmungsbedingungen, durch Kürze der Expositionszeit, durch mangelhafte Beleuchtung, durch Störung der Aufmerksamkeit, durch Ermüdung der Vp. od. dgl. gestaltet werden, desto öfter wird die Auffassung prägnanter Gestalten auch dort hineingetragen, wo unter anderen Umständen die Feinheit der Unterschieds-Empfindlichkeit schon hinreicht, um vorhandene Unterschiede zu bemerken. Begreiflich auch, daß die feinste Unterschieds-Empfindlichkeit *am Rand des Aufsaugegebietes der prägnanten Gestalt* zu liegen kommt: der kleinste Schritt in Richtung auf diese hin bringt die vorgewiesene Figur schon in den Einflußbereich der prägnanten Gestalt; zugleich aber ist die Entfernung von ihr doch schon so groß, daß auch die kleinste Vergrößerung des Abstandes schon auffällig werden muß. Das sind die sogenannten ‚*Kippgebiete*' mit der feinsten Unterschiedsempfindlichkeit.

Aber diese Feststellung genügt nicht, denn es gilt auch die ihr scheinbar entgegengesetzte: wo innerhalb einer komplexen Gesamtgestalt die kleinste Abweichung eines Bestandteiles von der ihm (für das Bestehen einer wirklich guten Gesamtgestalt) zukommenden Größe oder Farbe sofort eine auffallende Dissonanz hineinbringt, so daß hier die Unterschiedsempfindlichkeit besondere Feinheit erreicht (kleinste Änderungen im Abstand der beiden Pupillen, die ohne das dazugehörende Gesicht — also als bloße Punktabstände betrachtet — unmerklich bleiben, bedingen, eingefügt in ein Gesicht, sofort einen auffallend verschiedenen Gesichtsausdruck).

Die prägnante Gestalt wirkt also ebenso und aus gleichem Grund, wie es die uns *besonders geläufigen*, immer zum Erscheinen bereiten Vorstellungen tun: Wenn man in Innsbruck, dessen besuchtester Aussichtspunkt ‚Hungerburg' heißt, einer einheimischen Vp. im tachistoskopischen

Versuch die Buchstaben ‚Hnuqcrdrg' bietet, so kann man mit etwa 80% Wahrscheinlichkeit erwarten, daß die Vp. ‚Hungerburg' liest, — und so überall, wo uns besonders geläufige Begriffe, Worte, Vorstellungen nahe liegen. Sie wirken sich aus im leichteintretenden Versehen, Verhören, Versprechen, Verschreiben usw.

Durch diesen Nachweis der Inkonstanz der Unterschiedsempfindlichkeit in Abhängigkeit von der Gestaltssituation war eine der vordem als unerschütterlich betrachteten Hochburgen der klassischen Psychologie — nicht etwa vernichtet, wohl aber insofern doch zurechtgestellt, als man von nun an bei der Angabe der Unterschiedsempfindlichkeit auch noch die Feststellung zu machen hatte, unter welchen Gestaltsbedingungen die angegebene Unterschieds-Empfindlichkeit bestimmt worden ist.

Natürlich wirkt sich die prägnante Gestalt durch ihr Sichvordrängen auch unter komplexen Wahrnehmungsbedingungen so aus, daß sie z. B. Linienkombinationen für sich in Anspruch nimmt, die ohne deren Einfluß andere Kombinationen eingegangen, andere Gestalten hervorgebracht hätten. Man erlebt das deutlich an Bild 8 und 10 (S. 47 u. 50).

Gestalt und Grund:

Weder im Denken noch im Anschauen kann sich uns etwas weisen, ohne sich von ‚Anderem' abzuheben — es gibt kein ‚dieses' ohne ‚jenes' —, und wir besäßen nicht den Begriff der Gegenwart ohne den der Vergangenheit und Zukunft. Dementsprechend muß auch für jede Gestalt (am deutlichsten nachweisbar für optische Gestalten) etwas da sein, wovon sie sich abhebt, und das Allgemeinste, wovon sich jede Gestalt abheben muß, sind nicht andere Gestalten, sondern ist der *Grund,* auf dem (oder: in dem) sie erscheint. Ohne Grund ist keine Gestalt denkbar, denn erst das, was sie nicht ist, was sie beschneidet und begrenzt, macht sie zu dem, was sie ist. Das Verhältnis des Grundes zur Gestalt ist eigenartig und bezeichnend: Die Hauptrolle in ihrem gegenseitigen Verhältnis kommt selbstverständlich der Gestalt zu. In ihr konzentriert sich das ganze Gewicht; sie besitzt Bedeutsamkeit, ihr wendet sich die Aufmerksamkeit des Betrachters zu, während der Grund eben im eigentlichen Sinn nur ‚Hintergrund' ist. Bei einer Zeichnung (einem Bild) tritt der Grund auch räumlich zurück, er scheint sich hinter der Gestalt ‚durchzuziehen', während die Gestalt *vor* ihm steht (siehe bedrucktes Papier). Beim Beschreiben des Gesehenen wird der Grund gewöhnlich überhaupt weggelassen, wie er bei der Betrachtung auch nur an der Peripherie der Auffassung bleibt. Er wird besonders leicht vergessen. Die Figur besitzt mehr Dingcharakter, der Grund mehr Stoffcharakter *(Sander)*, wobei der Grund selbst ebenfalls noch sehr verschiedene Beschaffenheit besitzen kann: so kann er farbig, sogar verschiedenfarbig, gestrichelt, ja sogar mit ‚Grundfiguren' versehen sein, denen aber bei Betrachtung nicht jene Bedeutsamkeit wie den eigentlichen Hauptgestalten zukommt (wie der figurierten Tapete, auf der das betrachtete Bild hängt).

Handelt es sich aber um räumliche Gestalten, so ist im weitesten Wortsinn ihr Grund der dreidimensionale Raum, der sie umgibt. Denn sie heben sich ab nicht nur gegen den Hintergrund, sondern auch gegen den Vordergrund, d. h. gegen jenen Gesamtraum, in dem sie stehen und der auch zwischen ihnen und dem Betrachter liegt (s. Bd. III: Querdisparation und Tiefenauffassung bei Rechts-links- umkehrenden Brillen).

Da dem Grund wenig Prägnanz, Eigenbeschaffenheit, Strukturiertheit zukommt, so ist es aus weiter oben Berichtetem begreiflich, daß die Unterschieds-Empfindlichkeit auf gleichmäßigem Grund große Feinheiten aufweisen kann; die schwächste Farbänderung auf gleichmäßigem Grund, der kleinste Flecken (der, innerhalb der Figur, entweder durch prägnante Figureigenschaften zum Mißachtetwerden verurteilt wird, oder in die Figur als ihr Bestandteil aufgenommen und sozusagen verschluckt wird) tritt in der Gleichförmigkeit des Grundes als merkbarer und oft störender Fleck hervor.

Gewöhnlich ist der Grund, von dem sich die Gestalt abhebt, größer, weiter als die Gestalt selbst. Doch keineswegs *muß* dem so sein. Und dann kann besonders leicht jene auffallende Umkehr stattfinden, welche den Grund zur Figur und die Figur zum Grunde macht, wie dies auf beigegebenem Bild 6 nach Willkür erreicht werden kann (eine Alabastervase auf dunklem Grund oder zwei markante Profile auf weißem Grund). Oft tritt solche Umkehr auch in der Ornamentik z. B. im Mäandermuster auf. Solche Fälle des Überspringens von Figur und Grund lassen uns den Wesensunterschied zwischen den beiden besonders deutlich erleben.

Bild 6

Primat von Teil oder Gesamtgestalt?

Die atomistische Betrachtungsweise nimmt an, daß die Elemente, ‚aus denen eine Gestalt besteht', das in unserem Erleben Primäre wären. Demgegenüber hatten wir schon gesehen, daß das genetisch Primäre das *‚nebulos Undifferenzierte'* ist. Ein tachistoskopisch gebotenes Wort zerfällt bei erhöhter Schwierigkeit der Wahrnehmung nicht in seine Einzelbuchstaben, sondern erscheint zunächst als graues Band, aus dem sich dann erst nach oben und unten Unebenheiten herausheben, die unter erleichterten Beobachtungsbedingungen zu Ober- und Unterlängen werden, bis endlich die einzelnen Buchstaben in ihrer Individualgestalt wahrgenommen werden können. Es wird daher nicht überraschen, daß auch in der phylogenetischen Entwicklungsreihe das Herausheben der Bestandteile aus dem Gesamteindruck erst relativ spät auftritt. Dieses gilt so für die sinnliche Wahrnehmung wie auch für das begriffliche Denken. In der Wahrnehmung bedingt die Konzentration der Aufmerksamkeit auf dieses oder jenes Einzelne sein Herauslösen aus dem normalerweise sich einstellenden Gesamteindruck, wodurch der Gesamteindruck geschwächt werden und die ihm sonst eigenen Eigenschaften verblassen können. Denn die beiden Betrachtungsarten (Gesamt- und Einzelbetrachtung), die sich grundsätzlich bedingen und ergänzen, widersprechen und beeinträchtigen sich gegenseitig, wenn sie *ins Extrem* erhoben werden. So auch im Denken: Waren es *bei der Wahrnehmung* die einzelnen konkreten Bestandstücke (Teile) des Ganzen, die für sich herausgehoben werden sollten, so sind es *beim Denken* die einzelnen Begriffsmerkmale, deren Herausheben uns aus der konkreten Welt der Wahrnehmung in die Welt abstrakter Begriffe führt (s. Kap. 9, Das Denken). Daher begreiflich, daß im allgemeinen ebendort, wo sich die abstraktive Herauslösung der Begriffsmerkmale noch unentwickelt zeigt, auch die Differenzierung der Wahrnehmungsganzheit in ihre Bestandteile im allgemeinen auf einer noch niederen Stufe stehen wird. Sehr schön tritt diese Schwierigkeit der Herauslösung der Einzelteile aus dem Gesamteindruck in den auch sonst so geistreichen und inhaltsvollen Schimpansenversuchen *Köhlers* hervor: Eine an der Wand angelehnte Kiste ist für einen Schimpansen zum Bestandteil des Gesamteindruckes der Wand geworden: er greift nicht mehr nach ihr und verwendet sie nicht so zu seinen Zwecken wie eine frei im Raum stehende Kiste. Die Latten eines Holzrasters zum Schuhabwischen sind für den Affen keine Vielheit von Einzelstangen, sie gehen auf im Gesamteindruck des Gitters, der Affe reißt sie nicht heraus, wenn er eine Stange braucht (obwohl er sonst alles Zerbrechbare mit Wonne in Stücke schlägt; *Köhler:* Die Gleichung gilt: Affe + Zerbrechbares

= Affe + Zerbrochenes!). Ja selbst die Zweige des Baumes scheinen sich ihm oft in der Ganzheit des Baumeindruckes zu verlieren.

Und dem entspricht das Verhalten der menschlichen Kinder: Auch sie erliegen stärker dem undifferenzierten Eindruck und daher auch den sich aus ihm ergebenden Wahrnehmungstäuschungen, die oft und oft gerade hier ihre Wurzeln haben. Die bekannte Müller-Lyer'sche Täuschung

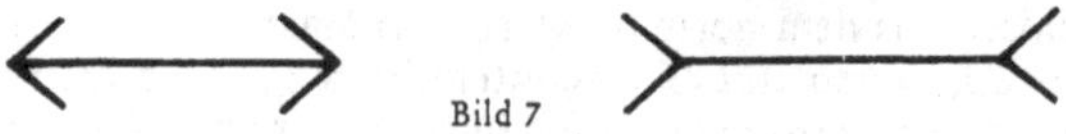

Bild 7

(Bd. 7), wie auch viele andere, lassen sich weitgehend einschränken, ja fast zum Verschwinden bringen, wenn man seine Aufmerksamkeit in extremer Weise nur denjenigen Bestandteilen der Figur zuwendet, die man vom Einfluß des Ganzen unberührt miteinander vergleichen will, — wenn man also durch das geistige Mittel der Aufmerksamkeitslenkung den Ganzeindruck soweit als möglich abbaut (hundertprozentig geschähe das durch Vorweisen der zu vergleichenden Teile *außerhalb des Ganzen,* — Zudecken der Endpfeile! —, wobei überhaupt kein Anlaß mehr zur Sinnestäuschung vorhanden ist). Bei Kindern stellen sich die durch den Gesamteindruck bedingten Sinnestäuschungen besonders stark ein: Ein Hinweis darauf, daß sie noch nicht die Fähigkeit besitzen, die einzelnen Bestandteile mit optimaler Klarheit *für sich* aus dem Gesamteindruck der Gestalt herauszuheben.

Der Gesamteindruck stellt sich also normalerweise *von selbst ein,* seine Differenzierung in Einzelbestandteile bedarf eines weiteren Verarbeitungsprozesses. Doch darf das Primat der Gesamtgestalt ihren Bestandteilen gegenüber auch nicht übersteigert aufgefaßt werden. Es kommt durchaus auf den Bewußtseins- und Aufmerksamkeitsumfang des Wahrnehmenden an, durch den seine Auffassungsgrenzen und damit auch die ihm zugängliche Ganzheitsauffassung bestimmt werden! Für den Nichtmusikalischen verbinden sich nur wenige Einzeltöne zum Gesamteindruck einer Melodie, während dem Hochmusikalischen die Gesamtauffassung großer Tongebilde eine Selbstverständlichkeit ist. Die in der Gestaltpsychologie oft vertretene Ansicht, daß dem Ganzen das Primat vor dem Einzelnen gehört, ist also durch die Bestimmung: ‚innerhalb der dem Wahrnehmenden eigenen Ganzheitsgrenze' zu ergänzen. Ist sie erreicht, so wird ihre Ausweitung ebenso nur durch Willenseinstellung und Übung gelingen, wie sie auch zum Erreichen der Aussonderung des Einzelnen erforderlich sind.

Ja, im Gebiet der Wahrnehmung ist es oft leichter zum Bestandteil herabzusteigen, als sich zur Erfassung des Ganzen zu erheben. Denn die Bestandteile einer Ganzheit lassen sich gewöhnlich durch den einfachen Vorgang ihrer tatsächlichen Isolierung ‚für sich', d. h. in ihrer Loslösung vom Ganzen auffassen. Und ist eine solche Betrachtung vorausgegangen, so daß die Einzelstücke an sich schon bekannt geworden sind, so lassen sie sich in der Regel auch im Ganzen relativ leicht wiedererkennen. Diese Möglichkeit einer Betrachtung der Teile in *tatsächlicher* Isolierung (wobei sie also nicht mehr als ‚Bestandteile einer geschlossenen Figur' aufscheinen) kann leicht zur Ablehnung des gestaltpsychologischen Satzes vom Primat des Ganzen gegenüber seinen Teilen führen.

Aber selbst das als Einzelnes schon Bekannte läßt sich nicht immer leicht im Gesamteindruck wiederfinden. Nebenstehende Figuren zeigen diese Schwierigkeiten auf dem Wahrnehmungsgebiet (Bild 8). Noch schwieriger gestalten

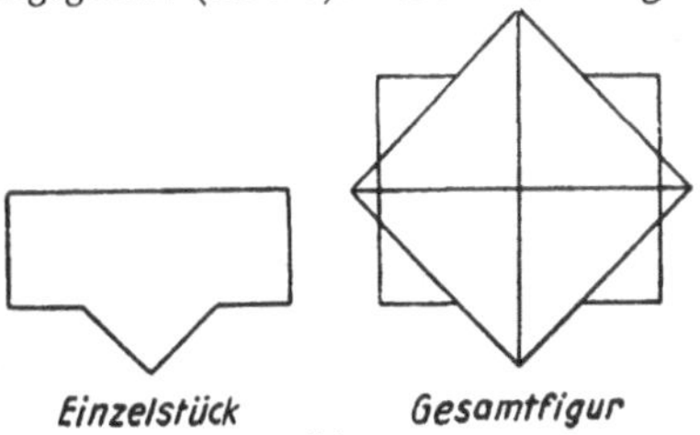

Bild 8

Das Einzelstück ist in der Gesamtfigur zweimal enthalten, — läßt sich aber nicht leicht darin finden und als solches herausheben.

sich die Verhältnisse im Gebiete des Denkens, der Abstraktion, wo eine ‚tatsächliche Isolierung' oft überhaupt nicht herstellbar ist und die Heraushebung des Begriffsmerkmales nur durch Aufmerksamkeitseinfluß erreicht werden kann. Das *schöpferische Denken* besteht nicht weniger oft im erstmaligen Herausheben eines abstrakten Merkmales wie in der schöpferisch gestaltenden Phantasie (s. Kap. 9).

Die Abhängigkeit der Bestandteile vom Ganzen ist vielfältig: Der *Größeneindruck des Ganzen* überträgt sich leicht auf *seine Teile* (s. Bild 9). Dasselbe gilt auch für

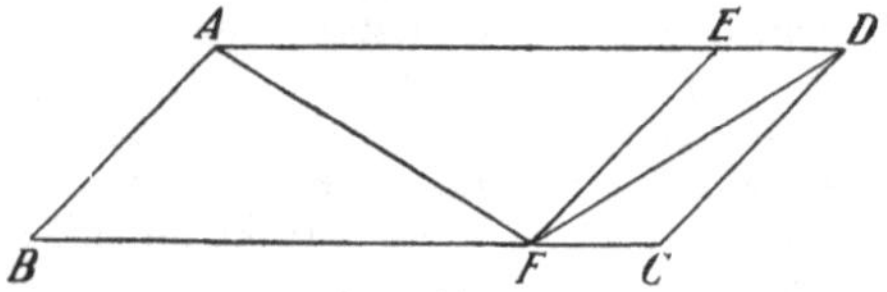

Bild 9

Wahrnehmungstäuschung und ihre Erklärung nach *Sander:* Linie A—F erscheint (als Diagonale des größeren Parallelogrammes ABFE) deutlich größer als Linie D—F, die als zum bedeutend kleineren Parallelogramm DCFE gehörende Diagonale aufgefaßt wird. Bei Kindern erwies sich diese Täuschung noch stärker als bei Erwachsenen. Starke Aufmerksamkeitskonzentration auf das gleichschenklige Dreieck AFD vermindert die Täuschung; das Abdecken der nicht zum Dreieck gehörenden Parallelogrammpartien hebt sie ganz auf.

die *Farbnuance:* Farbig verschieden nuancierte Bestandteile werden leicht aneinander angeglichen, wenn durch das Hervortreten ihrer Verschiedenheit der einheitliche Eindruck des Ganzen gestört werden könnte. Wir hörten, daß die Unterschiedsempfindlichkeit in der Nähe prägnanter Gestalten vergröbert wird. Demgegenüber kann sie dort *verfeinert* werden, wenn eine Änderung nicht im isolierten Bestandteil, sondern im Teilglied eines komplexen Gesamteindruckes eingeführt wird (s. S. 41).

Zusammenfassend kann man sagen, daß sich die gute prägnante Gestalt innerhalb gewisser (nicht allzu weit gesteckter!) Grenzen überall durchzusetzen versucht: Sie erhält sich gegenüber Änderungen, sie kämpft gegen den heraushebenden Einfluß der gegen sie gerichteten Aufmerksamkeit an, sie erhöht dort Ähnlichkeit und Gleichheit, wo diese ihr entsprechen, und erhöht dort Verschiedenheit, wo sie dadurch Gewinn bekommt. Noch allgemeiner läßt sich sagen: sie versucht sich gegen alles durchzusetzen, was ihr schadet, und fördert alles, was ihr nützt. Innerhalb der Gestalt ist eine gegenseitige Abhängigkeit zwischen dem Ganzen und den Einzelteilen und auch zwischen den Einzelteilen selbst festzustellen: Die in Wirklichkeit ungleichen Teile werden gleich, die gleichen ungleich wahrgenommen, wenn dadurch eine gute Gesamtgestalt entsteht. Da die Gesamtgestalt *alle in ihr untergebrachten Bestandteile ‚sinnvoll' erfassen soll,* so ist es schlimmer, wenn sich in ihr selbst eine Unstimmigkeit vorfindet, als wenn dies in einem untergeordneten Bestandteil geschieht. Daher ist es zu erwarten, was durch Erfahrung auch bestätigt wird, daß bei gegensätzlicher Gestaltsbildungstendenz des Ganzen und eines Teiles die Gesamtgestalt über den Einzelbestandteil den Sieg davonträgt (s. Bd. III, Brillenversuche: Gestaltung des Gesehenen bei Widerspruch zwischen primären und sekundären Tiefenfaktoren).

Eigenschaften, welche an Einzelgliedern besonders charakteristisch sind (Größe, Länge, Farbe usw.) können aber auch umgekehrt *ihren Charakter der Gesamtgestalt aufprägen,* sowie sich Gesamteigenschaften der Gestalt ihren Bestandteilen mitteilen können. Es ist nur selbstverständlich, daß dies alles um so mehr zur Geltung kommt, je weniger genau das Einzelne für sich betrachtet werden kann, je schwächer die Beleuchtung, je kürzer die Betrachtungszeit (Kurzsehversuche) oder je geringer das Auflösungsvermögen des Betrachtenden ist (Ermüdete, Kinder, Debile, Tiere). Werden mehrere Gestalten oder Gestaltstücke auf durchsichtigem Grund gezeichnet, übereinander gelegt, so verbinden sich diejenigen Teile der ursprünglichen Gestalten, welche in der neuen Zusammenfügung sich zu besseren Gestalten zusammenfügen können, miteinander und lösen sich aus ihrem früheren Gestaltganzen heraus, so daß man die größte Mühe hat, die früheren Gestalten oder Stücke von Gestalten in den neuen Bildungen wieder zu sehen (Bild 10).

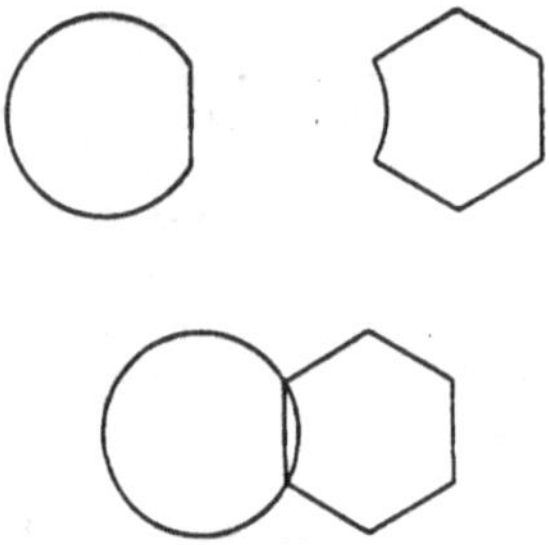

Bild 10

In gleicher Richtung wie die Erschwerung der Wahrnehmungsverhältnisse wirkt das Gedächtnis: Prägnante Gestalten prägen sich nicht nur leichter dem Gedächtnis ein, sondern sie bilden sich (den Erinnerungseindruck verändernd!) nicht selten erst in der Erinnerung aus: Eine während der Wahrnehmung annähernd richtig aufgefaßte Gestalt kann, falls ihr die höchst mögliche Prägnanz noch nicht zukam, während ihres Aufenthaltes in der Schatzkammer des Gedächtnisses prägnantere Formen annehmen und dann unter Umständen sogar in voller Prägnanz reproduziert werden. Auch hierin stimmen die prägnanten Gestalten mit den uns besonders geläufigen gewohnten Formen, Zeitverhältnissen usw. überein: Im Gedächtnis verschiebt sich das Erinnerte gern nach dem Gewohnten (falls es nicht in seiner besonderen Abweichung vom Gewohnten oder Prägnanten speziell aufgefallen und daher besonders gemerkt worden war!). Auch das ist einer der häufigen Gründe von Fehlern bei Zeugenaussagen.

Gute Gestalten müssen nach allem, was wir schon wissen, auch *leichter aufgefaßt* werden *als bloß chaotische Anhäufungen von Einzelreizen.* So werden in *Kurzsehversuchen* bedeutend größere Mengen von Punkten richtig erfaßt, wenn sie zu einer guten Gestalt zusammengeschlossen, als wenn sie beliebig verstreut geboten werden. Was unter diesen elementaren Verhältnissen sich zeigt, wiederholt sich auch bei sehr komplexen Verhältnissen, z. B. in tachistoskopischen Versuchen, bei denen Bilder von menschlichen Gestalten bei irgendeiner Tätigkeit gezeigt werden: Solange das alles verbindende Wesen des Dargestellten, (d. h. die menschliche Gestalt in einer bestimmten Tätigkeit) nicht erfaßt wird, sind es nur stückhafte Gegebenheiten, welche von der Vp. aufgefaßt und reproduziert werden.

Ihre Anzahl wächst natürlich mit der Zahl der Darbietungen, wobei sich phantasiemäßig Erdichtetes mit wirklich Wahrgenommenem wild vermischen kann. Ganz anders wird es, sobald die Wesenseinheit, die dem Dargebotenen zugrunde liegt, erfaßt und von ihr aus und auf sie hin alles Einzelne ergänzt wird. Sie hält alles zusammen, weist jedem Einzelnen seine Position und Eigenart zu und erleichtert dadurch ungemein die richtige Auffassung auch des Einzelnen. — So fassen wir nicht nur die uns gewohnten und geläufigen Wörter bei erschwerten Wahrnehmungsverhältnissen, z. B. am Telephon, unvergleichlich leichter richtig auf als Wörter uns unbekannter Sprachen oder gar Zusammenstellungen sinnloser Silben, sondern auch die einzelnen Sätze werden viel leichter *richtig gehört*, wenn uns das Thema des Gespräches schon vertraut ist.

Subjektive oder objektive Gestalten; Gestalt und Kunst.

Alle Einwände gegen das *objektive Vorkommen* prägnanter Gestalten in der uns umgebenden Welt (wie sie manchmal von Gestaltpsychologen vertreten werden, welche den Ursprung der Gestalt allein in den menschlichen Geist verlegen und dadurch das Wesen der Gestalt subjektivieren) sind sicherlich fehl am Platz:

Wenn es überhaupt einen Raum gibt, so gibt es (infolge der materiellen Verteilung) auch besondere Ausschnitte aus dem Raum, die man räumliche Gestalten nennt, was ebenso für die Zeit und die übrigen Qualitäten, Intensitäten usw. gilt. Die Welt wäre ja nur ein stückhaftes Zusammen von Elementen und nicht ein ‚Kosmos', wenn sie nicht voller Gestalten, wenn sie nicht eine *Hierarchie von Gestalten* wäre. Denn *Verhältnisse gibt es sicher in der realen Welt*, — und Gestalten sind doch ihrem Wesen nach *Verhältnisse* und *Komplexe von Verhältnissen.* So ist die Gesamtgestalt nicht ein bloßes Nebeneinander einzelner Verhältnisse, sondern *sie ist der alle Einzelverhältnisse zusammenfassende Gesamtverhältniskomplex.* Gewiß muß im Wahrnehmenden die Fähigkeit bestehen, diese Verhältnisse aufzufassen (s. die Schwierigkeit für den Unmusikalischen im

Gebiet der Musik), — so wie er auch die Fähigkeit besitzen muß ‚logisch zu denken', wenn er objektive Tatbestände und Gesetze der Natur erkennen will. Gewiß sehen wir auch vielfach dort Gestalten nur hinein, wo in Wirklichkeit keine oder ganz andere bestehen (s. die Gestalten der Sternbilder). Deswegen aber die ‚Gestaltung' ganz auf das subjektive Konto des Betrachters zu setzen, wie dies manchmal in der Gestaltspsychologie geschieht, setzt eine andere Grundkonzeption des Menschen voraus, als sie hier von Beginn an vertreten ist. Wir suchten von vornherein (Bd. I Kap. 4) zu zeigen, daß der Mensch ein seiner Natur nach nicht nur fühlendes, wollendes und vorstellendes, sondern auch ein *erkennendes* Wesen ist. Und zu seinen Erkenntnissen gehört auch das Gebiet der Gestalten. Auch in seine übrigen Denkgebiete trägt er ja gern rein subjektiv bedingte Faktoren hinein, die das genauer durchgeführte Denken dann als ‚nur subjektiv' und daher als ungerechtfertigterweise ins Weltbild hineingetragen erkennen und ausscheiden muß. Nicht anders steht es mit Gestalten: deren oft fehlerhafte oder nur subjektiv bedingte Verwendung ihre *objektive Geltung* nicht aufzuheben vermag! Und in dieser Ausweitung des Gestaltbegriffes nähern wir uns auch jener Auffassung innerhalb der Gestaltpsychologie, welche *das gesamte Denken* und *alle psychischen Gegebenheiten* in den Gestaltbegriff einbezieht.

Damit gelangen wir auch an das Gebiet der höchsten Gestaltung: das Gebiet der *Kunst.* Daß die räumliche, zeitliche, qualitative, intensive und extensive *Gestaltung* in der Kunst überhaupt und im besonderen in der darstellenden Kunst (Musik einbegriffen) *die Hauptrolle spielt, ist nicht zu bezweifeln.* Nach der hier vertretenen Auffassung liegen wie in den ethischen, so auch in den künstlerischen Werten nicht bloß Äußerungen subjektiven Geschmackes, sondern auch objektive, ontische Werte (s. ‚Die ewige Kunst'). Dem scheint natürlich sowohl der Modewechsel als auch die Differenz der Kunst und ihrer Entwicklung in den verschiedenen Völkern und Epochen zu widersprechen. Um eine Kunst richtig zu verstehen und werten zu können, muß man aber durch langjähriges und stets hingebungsvolles Verhalten ihren Eigenwert zu erfassen suchen. Wie viele geniale Schöpfungen, nicht nur auf musikalischem Gebiet, blieben durch Jahre und Jahrzehnte ‚unentdeckt', bis das ‚Publikum' sich zu ihrem Verstehen hinaufentwickelte (so erging es ja nicht selten auch neuen rein wissenschaftlichen Ideen). Was Wunder also, daß uns auch die Kunst anderer Epochen oder Völker nicht immer sofort in ihrem vollen Werte entgegentritt? Ihr genaueres Studium zeigt aber deutlich, daß auch wir für ihren Wert nicht unempfänglich sind. Und hervorragende, umfassende Geister, wie Goethe, Lionardo, Michelangelo u. a. strebten geradezu nach Ergänzung der ihnen bekannten Kunstwerte und Kunstwerke durch Kunstarten anderer Epochen und Völker, die ihnen noch unbekannt und unerschlossen waren.

Aber wie dem auch sei, ob die Gestalten der Kunst nur menschlich subjektiven oder ontisch objektiven Charakter und Wert besitzen, für kunstbegabte Menschen sind sie jedenfalls als Tatsachen da. Daher ist es auch nicht verwunderlich, wenn der dargebotene Beginn einer unbekannten Melodie vom Musikalischen nicht durch beliebige, sondern nur durch dazu ‚passende Töne' ergänzt wird, damit eine gute Gesamtgestalt entstehe. Hier ist das Feld der *schöpferischen Phantasie,* die bei verschiedenen Menschen so außerordentlich verschiedene Grade besitzt, und *in der die höchsten, dem Menschen erreichbaren Gestaltgesetze liegen.* Hier (aber nicht nur hier!) auch tritt jene Eigenschaft der Gestalt besonders deutlich hervor, welche wir im Anfang des Kapitels als ‚Wesen' der Gestalt kennen gelernt hatten, und die mit Beispielen wie ‚feierlich, majestätisch, zierlich, spielerisch, erregend, berückend' usw. belegt wurde. Bei der Besprechung der Gefühle gehen wir sowohl auf die gefühlsmäßige Eigenheit dieses ‚Wesens' ein als auch im besonderen *auf die Beziehung, in welcher die Gefühle zu den sie hervorrufenden, sie tragenden Sinneseindrücken, Erlebnissen, Ereignissen und auch Gestalten stehen.* Wobei der Leser erkennt, daß die innige (und durchaus nicht nur assoziative!) *Bindung*, die zwischen unserem Gefühl und dem Gefühls-Gegenstand besteht, ihr Zusammensein als eine besondere Einheit betrachten läßt, deren Eigenart vom Gefühlsträger selbst oft unmittelbar erkannt werden kann. Was erst die Anwendung der ‚verstehenden Psychologie' auch auf dem Gefühlsgebiete möglich und unabweisbar notwendig macht und zugleich die Differenzierung der Gefühle außerordentlich vervielfacht und verfeinert.

4. Erleben und Betrachten

(Beobachtung und Selbstbeobachtung)

Descartes sprach den Tieren das Bewußtsein ab, denn alles, was die Tiere an ‚Ausdruck' und ‚Leistung' vollbringen, könne ein sehr fein gebauter, sehr komplizierter Automat auch zustandebringen. Die Roboter der neuesten Zeit, welche Descartes mit diesem Gedanken vorgeahnt hatte, stellen uns vor dasselbe Problem: Wo ist die Grenze, an der das Bewußtsein notwendig eingreifen muß? Die Roboter neuester Konstruktion lösen nicht nur ihnen gestellte Aufgaben, sie *lernen* sogar aus begangenen Fehlern, korrigieren sie, nachdem sie sie am Fehlergebnis festgestellt haben, und begehen sie von da an nicht mehr. Der Beobachter kann leicht den Eindruck bekommen, daß sie Vernunft und Gedächtnis besitzen und spricht gern von ‚denkenden Maschinen'. Nach unseren Überlegungen von Bd. I, Kap. 1 u. 6, brauchen wir uns hier auf diese Fragen nicht einzulassen. Uns genügt es, die höchste, die nicht mehr steigerungsfähige Überzeugung zu haben, *daß wir selbst ein Bewußtsein besitzen,* und eine, wenn auch nicht ebenso unmittelbar gewonnene Sicherheit, daß auch unsere Mitmenschen (die, unter anderen Leistungen, die sie vollbringen: selbst auch solche Roboter herzustellen fähig sind!) bewußtseinsbegabte Wesen sind.

Jene Grenze, die wir im Bd. I, Kap. 12, zwischen ‚bewußt' und ‚unbewußt' gezogen hatten, hilft uns, auch den zweifellos vorhandenen Unterschied zwischen ‚Erleben' und ‚Betrachten' klarzulegen. Der äußerste Fall von Betrachten ist das *Beobachten:* Es ist dies ein *Betrachten mit vorgesetztem Ziel,* mit bestimmter Fragestellung an das Betrachtete, ein Betrachten in bestimmter Einstellung, in der man vom Betrachteten die Antwort auf bestimmte Fragen erwartet und verlangt. — Keineswegs ist es bloß die Domäne des Forschers, auch im praktischen Leben spielt Beobachtung die größte Rolle; aber der höchste und konsequenteste Grad der Beobachtungseinstellung, an dem man ihre Eigenart am deutlichsten kennenlernt, ist wohl die Beobachtung des Wissenschaftlers in seinem Laboratorium. Schon der Aufbau seiner Versuche oder die Zubereitung seiner Präparate ist mit der Absicht, in einer ganz bestimmten Richtung gelegene Beobachtungen zu machen, hergestellt. Sein Erleben — denn ohne ‚Erleben' kommt auch der Wissenschaftler nicht aus, mag er sich noch so streng objektiv und gefühlsneutral verhalten, da nämlich jede Empfindung auch schon ein Erleben ist! — spielt dabei nur eine dienende Rolle: Nicht sein Hören und Sehen sind als solche und an sich das Wesentliche bei der Beobachtung, sondern dasjenige, *was sie dem Beobachter vermitteln.* Durch Gegenüberstellung des rein erlebenden Verhaltens wird das Gemeinte besonders deutlich: Wenn wir nach einer heißen Tour ein Bad nehmen und ins kalte Wasser tauchen, so kommt es uns nicht darauf an festzustellen, wie viel Grad das Wasser hat, sondern wir geben uns der erfrischenden Kälte-Empfindung unseres Körpers schlechtweg hin. Eben diese Empfindung und die an sie sich anschließenden Gefühle sind dabei die Hauptsache. Und so ganz allgemein beim ‚Erleben': Da spielt der gegebene Zustand, die Empfindungen mit sich anschließenden Gefühlen, nicht die bloß untergeordnete Rolle der Mitteilung, der Vermittlung, sondern sie selbst sind das Wesentliche. Ich erlebe gefühlsmäßig die auf die Leinwand projizierte Symphonie gut aufeinander abgestimmter Farben, ich erlebe den Wohlgeruch eines Parfums. Aber ich *beobachte* den Farbenumschlag beim Titrieren, der mir den Eintritt einer Reaktion ‚anzeigt'. Gewiß kommen beim Erleben meistens auch Lust-Unlust-Gefühle dazu, und wenn man

‚von einem Erlebnis spricht, das man gehabt', sind diese in der Regel ganz besonders mitgemeint. Aber man erlebt z. B. seinen eigenen Körper, man erlebt Licht- und Farben-, sowie Gehörsempfindungen, die ständig unser Bewußtsein füllen, auch ohne daß ausgesprochene Lust oder Unlust sich daran knüpfte. Was diese, scheinbar ‚gefühlslosen', Erlebnisse in unserem Erlebnisstrom dennoch ausmachen, merkt man erst z. B. beim ‚Blindenversuch' (s. Bd. III, Der Fernsinn der Blinden) oder beim Betreten einer ‚schalltoten Kammer': Es erfaßt den Eintretenden ein fast beängstigendes Erleben der ‚totalen Stille', wenn man plötzlich aller Schallreize, die sonst auch noch in der stillsten Nachtruhe ununterbrochen auf uns einwirken, völlig beraubt wird. An diesen Beispielen sieht man deutlich, daß die Empfindungen als solche ‚unser Erleben' auch dann noch wesentlich füllen, wenn sich ihnen keine ausgesprochenen, leicht erfaßbaren Gefühle anschließen, und zugleich auch, daß das Fehlen der gewohnten Empfindungen leicht einen Unlustzustand hervorruft, obwohl man sie in der Regel gar nicht beachtet.

Das ‚*Betrachten*' trägt den Hauptzug der ‚Beobachtung' ebenfalls schon an sich, nur die *bewußte Problemstellung* der Beobachtung fehlt ihm. Dieser Hauptzug beider besteht in der Interessenrichtung *nicht für das Erlebnis, die Empfindung selbst*, sondern *für dasjenige, was uns mit Hilfe der Empfindungen vermittelt wird*. Und dieses Etwas ist in der Regel die ‚reale Außenwelt' (‚Selbstbeobachtung' s. weiter unten). Der Naturforscher beobachtet die Natur, der Liebhaber der Natur betrachtet sie.[1]) Er gibt sich dieser Betrachtung hin und starke Gefühle können sich daran anschließen. Sie werden aber nicht (wie beim bloßen Erleben) von den Gesichtsempfindungen als solchen, sondern *von den gesehenen Dingen* hervorgerufen: der Weite des Meeres, der Höhe und Gewalt der Berge. Die vermittelnden Gesichtsempfindungen können dabei schwach, klein

---

[1]) Und wenn der Naturliebhaber etwa sagt, er ‚erlebe die Natur', so gebraucht er den Ausdruck ‚erleben' im weiteren Wortsinn, wie er weiter unten als ‚mit innigen Gefühlen verbundenes Betrachten' geschildert ist.

und als Erlebnisse unbedeutend sein, — aber was sie uns vermitteln, was sie uns sehen lassen, ist gewaltig, eindrucksvoll und interessant! Der Betrachtende hat es, mit anderen Worten, (mögen sich auch starke Gefühle daran anschließen) immer mit Wahrgenommenem, nicht mit bloßen Empfindungen zu tun, während *das Erlebnis*, im engeren Sinn des Wortes, im Bereich des Empfindens und Fühlens bleibt.

Die einfachen Fälle des Beobachtens und Betrachtens sind auch dem Tiere zugänglich. Von einem auf der Lauer liegenden Raubtier wird man nicht mit Unrecht sagen, daß es das Nahen und Benehmen des Beutetieres ‚beobachtet', um Augenblick und Art des Angriffes richtig zu wählen. Ein älterer Hund ‚betrachtet' nicht ungern das Kampfspiel junger Hunde. Die Wärme-Empfindungen, die ihm die Strahlen der inzwischen vorrückenden Sonne bringen, ‚erlebt' er, so wie er auch Hunger und Durst gewiß nicht bloß betrachtet, sondern ‚erlebt'.

Es ist richtig, daß die sog. niederen Sinne uns besonders oft Erlebnisse bieten, während die höheren in der Hauptsache zum Betrachten anregen. Und es ist kein Zufall, daß die höheren Sinne zugleich auch ausgesprochene Fernsinne sind. Denn der Fernsinn ist in erster Linie Betrachtungssinn. Aber auch die Fernsinne können Erlebnisse bieten, wie umgekehrt Nahsinne (etwa der Vibrationssinn, Tastsinn usw.) zur Betrachtung und Beobachtung verwendet werden können. Ein überstarker Reiz des Auges ist mehr Erlebnis als Betrachtungsanlaß. Der Geruchssinn ist beim Menschen eher Erlebnissinn; beim Hund wird er kaum weniger als bei uns der Gesichts- und Gehörssinn — Betrachtungssinn sein.

Wir haben bis dahin absichtlich in der Hauptsache *Extrembeispiele* herangezogen, um den Unterschied der Betrachtung vom Erlebnis klarzustellen. *Aber der Übergang ist fließend*, denn alle Erlebnisse leiten uns auch zu deren Verursachern (den Dingen und Kräften, durch die sie hervorgerufen werden) und nähern sich so der Betrachtung;

wie alle Betrachtung ihrerseits in der Empfindung und damit im Erlebnis wurzelt. Auch ist es uns schon bekannt, daß das Empfindungs-Erlebnis zugleich das primitivste, *ursprünglichste Wissen* ist (s. Bd. I, S. 45 ff.). Der weitstgefaßte Begriff des Wissens, Erfahrens oder Spürens — in dem sich uns mittelbar *(durch* die Empfindung) oder unmittelbar *(im* Empfindungs-Erlebnis selbst) *Etwas* bietet — schließt den Begriff des Erlebens und des Betrachtens als Teilbegriffe in sich ein.

Der Übergang ist fließend, und die ‚Kunst' steht mitten drin. Denn in ihr spielt die *‚anschauliche Betrachtung'* die entscheidende Rolle, wobei sich in der Anschaulichkeit der Erlebnisbestandteil nachdrücklich kundtut. Betrachten wir das Wesen der Musik: Die erlebten Töne sowie der Rhythmus, ihre Zusammenklänge und Dissonanzen sind die unmittelbar erlebten Träger des musikalischen Eindruckes; sie sind Erlebnisse. Aber die Musik bleibt nicht bei ihnen stehen, sie sind nur Empfindungs-Ausdruck dessen, was die Musik uns gibt, was sie uns mitteilt. Was nicht akustische Empfindungen noch ihr Zusammenklang, sondern der eigentliche Inhalt, der Sinn, der innere Gehalt des musikalischen Werkes ist. Er drückt sich in Tönen aus, aber er selbst ist weder Ton, noch ein Zusammenklang von Tönen. Und dieses Etwas suchen wir beim Hören der Musik zu erfassen; daher ist das musikalische Erfassen nicht einfach ein Aufgehen in Tönen, nicht nur Erleben, sondern zugleich auch ‚akustisches Betrachten'. — Wie auch die Auffassung eines Kunstwerkes der darstellenden Kunst, eines Bildes oder eines Bauwerkes, nicht nur ein Erleben von Farben und Formen ist: Was der Gestaltpsychologe ‚Wesen' nennt, kommt hinzu.

Absolut ‚reine Einzelerlebnisse' gibt es überhaupt nicht: Denn jedes Erlebnis setzt den Erlebenden voraus und *ist nichts anderes als das Eingefügtwerden des Erlebten in den Bewußtseinsstrom des Erlebenden.* Und *sofern jedes Erlebte ein dem Erlebenden Gebotenes,* wenn auch nicht in abstrakten Begriffen, sondern *als Erlebnis Gebotenes,* ist, *steckt auch schon der grundsätzliche Keim der Betrachtung* darin. Denn: der Erlebende *ist mit dem Erlebnis nicht identisch,* er steht darüber und das Einzelerlebnis ist ihm *nur eines von den Vielen, über die er im Sein gestellt ist.* — Nur dort, wo wir nicht aufnehmend, sondern fühlend und wollend sind, d. h. *nur sind,* kann die Betrachtung ganz zurückstehen und fast ganz fehlen. Denn im Wollen liegt ein wesensmäßig andersartiges Verhalten als in der Betrachtung. Daher war es auch in erster Linie das Wollen, welches wir bei der Besprechung des ‚Bewußten und Unbewußten' im Bereich des Ungewußten vorfinden mußten.

Selbstbeobachtung. — Ein besonderer Fall ist natürlich die Beobachtung, deren Beobachtungsobjekt die psychischen Vorgänge des Beobachtenden selbst sind. Es wurde nicht selten die Behauptung vertreten, daß Selbstbeobachtung grundsätzlich unmöglich sei: Denn kaum möglich sei es, eine schwere Rechenoperation durchzuführen und zugleich auch noch zu beobachten, welche psychischen Vorgänge sich dabei (im Rechnenden selbst!) vollziehn. Und ganz unmöglich sei es, im Zustande des Zornes, der Begeisterung, der Hingabe an einen musikalischen Genuß oder der echten Meditation sich selbst zu beobachten, ohne die zu beobachtenden Vorgänge zu stören oder auch ganz zu zerstören. Denn der Zornaffekt erlischt, wenn man statt sich ihm hinzugeben, ihn zum Beobachtungsobjekt macht. Der Zustand der Beobachtung setze eine rational nüchternde, wissenschaftlich ausgerichtete Grundeinstellung voraus, die der Affekteinstellung des Zornes grundsätzlich widerspricht; beides schließt sich gegenseitig aus. Und die musikalische Hingabe ist gestört, wenn sie gleichzeitig beobachtet werden soll, — und so weiter fort.

Diesen Beispielen können aber andere entgegengesetzt werden: Den Zahnschmerz, den mir der Zahnarzt während einer Zahnbehandlung zufügt, kann ich sowohl auf seine zu- oder abnehmende Intensität als auch auf seine Qualität hin beobachten und mit anderen Schmerz- und Empfindungsarten vergleichen, ohne daß er durch diese Beobachtung abnehmen oder sich ändern würde. Und dasselbe gilt von allen Wahrnehmungs- oder Empfindungsvorgängen, sofern sie mir nämlich noch soviel psycho-physische Energie übrig lassen, daß ich mich dazu aufschwingen kann, mich (neben ihnen) auch noch einem zweiten psychischen Vorgang, eben der Selbstbeobachtung, hinzugeben. Wächst ihre Intensität immer mehr an, so daß sie mein Bewußtsein immer mehr ausfüllen, wird die Selbstbeobachtung in der Tat immer schwieriger. Wegen der Zähigkeit obiger Empfindungen und ihrer weitgehenden Unabhängigkeit von meiner Einstellung gibt aber eher die Selbstbeobachtung nach als die entsprechende Empfindung. — Immerhin bleibt die Selbstbeobachtung in weiten Empfindungsgebieten durchaus möglich, und eine ganze Reihe nicht nur psychologischer, sondern auch physikalischer Experimente wäre ohne sie vollkommen unmöglich. „Siehst Du den eben aufblinkenden Stern, wenn Du in dieser Richtung schaust?" ist eine Aufforderung zur Selbstbeobachtung: denn ‚ich sehe', ‚ich sehe nicht' sind Aussagen über meine eigenen psychischen Vorgänge. Und „ich sehe ihn deutlicher, wenn ich an ihm etwas vorbeifixiere, als wenn ich ihn genau anfixiere", ist schon eine wichtige Feststellung der Sinnespsychologie auf der Grundlage der Selbstbeobachtung.

Viel schwieriger ist die Selbstbeobachtung solcher psychischen Vorgänge, welche das Bewußtsein schon deswegen stark in Beschlag nehmen, weil an ihnen nicht bloß periphere Empfindungserlebnisse, sondern die ganze Persönlichkeit beteiligt ist. Wie dies z. B. beim Meditieren über ein schwieriges Problem der Fall ist. Und dennoch lassen sich experimentelle Bedingungen schaffen, unter denen die Vp. von vornherein mit der Einstellung an den Versuch herantritt, einen Teil ihrer Aufmerksamkeit für die Selbstbeobachtung zu vewenden. Es werden ihr z. B. Prämissen für einen zu ziehenden Schluß vorgelegt: „Immer, wenn A ist, so ist auch B; nun ist B, — also ...?". Der Schluß gehört gewiß nicht zu den schwersten; immerhin ist für seine richtige Ziehung eine gewisse Aufmerksamkeit notwendig, weil man sonst statt (richtig!) zu antworten: „Kann A sein oder nicht sein!" sagen könnte: „Also ist auch A!" — Jedenfalls sind die unter diesen Umständen an die schließende Vp. gerichteten Fragen nicht sinnlos: „Wie sind Sie zu diesem Ergebnis gelangt: Hatten Sie dabei irgendwelche sinnlichen (visuellen, akustischen oder andersartigen) Vorstellungen? Hatten Sie konkrete Beispiele herangezogen, die Ihnen als Muster die Antwort erleichtern sollten (etwa: ‚Immer, wenn es regnet, sind die Straßen naß; nun sind sie naß ... aber es hätte ja auch ein Spritzwagen sie naß gemacht haben können!' — also ...)? Oder haben Sie die Antwort rein aus dem konsequenten Durchdenken der in den Prämissen enthaltenen logischen Beziehungen ohne alle sinnliche Veranschaulichung und ohne konkrete Beispiele gezogen? Sind Sie Ihrer Antwort ganz sicher, ziemlich sicher oder unsicher?" — und andere Fragen mehr. — Die Schlüsse können durch entsprechende Auswahl der Prämissen beliebig erschwert oder erleichtert werden, wodurch sich ein weites Spielfeld für die Selbstbeobachtung bei Denkvorgängen unter experimentell leicht übersichtbaren Bedingungen eröffnet.

Ähnliche Verhältnisse lassen sich im Experiment auch beim Erleben von Kunsteindrücken schaffen und durch Einführung besonderer Bedingungen für das Erreichen einer ergiebigen Selbstbeobachtungsleistung noch steigern: So kann die Vp. darauf eingeübt werden, ihre Beschäftigung (sei diese Denkaufgaben oder künstlerischen Eindrücken gewidmet) *auf ein Zeichen hin zu unterbrechen und die ihr vorher schon vorgelegten Fragen ‚aus unmittelbarer Erinnerung' zu beantworten.* — Auch sonst wissen wir ja vieles über uns selbst, nicht nur aus gleichzeitiger, sondern aus *‚retrospektiver Selbstbeobachtung'*, — denn auch nachdem unser Zorn schon verraucht ist, können wir uns ein Erinnerungsbild davon machen, ‚wie er war'. Aber das Erinnerungsbild wird um so unzuverlässiger, blasser und unvollständiger, je mehr Zeit seit dem Ereignis verstreicht. Nun hatten wir schon in der ‚Präsenzzeit' die ‚Nachdauer des unmittelbar Vergangenen' kennen gelernt. Und etwas Ähnliches begegnet uns bei der ‚unmittelbaren Erinnerung':

Die Vergangenheit steht hier in einer solchen Frische und Eindeutigkeit vor uns, daß sie mit dem aktuell Gegenwärtigen geradezu verwechselt werden kann (s. akustische Versuche bei abgelenkter Aufmerksamkeit, Kap. 5), so daß die Selbstbeobachtung unter besonders günstigen Bedingungen erfolgen kann, ohne daß das Erleben selbst dadurch irgendwie gestört werden könnte.

Der Grundeinwand gegen die Möglichkeit der Selbstbeobachtung aber: ‚es sei grundsätzlich unmöglich, daß dasselbe Wesen einerseits erlebt und andererseits sich selbst beobachtet', ist schlechthin hinter grünem Tisch ausgeheckt worden. Denn nicht mit Unrecht ist der Mensch geradezu als dasjenige Lebewesen charakterisiert worden, ‚das sich selbst gegenüber Stellung nehmen kann'. Dazu bedarf es aber der Selbsterkenntnis, also auch der Selbstbeobachtung, *ohne die es ja überhaupt keine Psychologie gäbe: denn alle Grundbegriffe der Psychologie* — Wille, Wahrnehmung, Empfindung, Vorstellung, Gefühl, Denken — konnten *nur aus der Selbstbeobachtung gewonnen worden sein!*

5. Die Aufmerksamkeit und die Enge des Bewußtseins

Die Aufmerksamkeit ist eines der wichtigsten Phänomene des höheren psychischen Lebens. Sie spielt schon bei höheren Tierarten eine große Rolle, ihre großartigsten Leistungen aber treten erst beim Menschen voll hervor. Sie darf nicht auf gleiche Stufe gestellt und gleichsam als bloße Fortsetzung des in der Bewußtsein*enge* sich äußernden Prinzipes betrachtet werden. Die *Bewußtseinsenge* ist der von uns schon wiederholt erwähnte Tatbestand, daß unser Bewußtsein von der Reizfülle, die auf uns einwirkt, und von dem ungeheuren Wissensgehalt, den jeder von uns besitzt, nur einen ganz kleinen Teil gleichzeitig ins Bewußtsein aufnehmen kann. Unser Bewußtseinsumfang läßt sich tatsächlich mit einem aus dem Dunkel der Tiefe herausragenden sonnenbeleuchteten Berggipfel vergleichen, auf dessen oberstem Plateau nur eine bestimmte kleine Zahl von Menschen oder Gegenständen Platz hat, so daß die einen weichen müssen, wenn die anderen heraufklimmen.

Der Übergang von der vollen Bewußtseinshöhe zum Unbewußten ist nicht jäh und plötzlich; die Bewußtseinsspitze ragt nicht wie eine Insel aus dem Wasser hervor, wobei die Trennungslinie von Wasser und Luft scharf gezogen ist, sondern sie erhebt sich wie der noch im hellen Licht stehende Berggipfel aus der schon ins Dunkel versunkenen Tiefe — mit allmählichem Übergang von Bewußtseinshelle zur Dunkelheit des Unbewußten (s. Bd. I, Bewußtes und Unbewußtes).

Auch schon die Tatsache der *Bewußtseinsenge* hat weitreichende Folgen negativer und positiver Art. Sie läßt es nicht zu, daß wir mit einem Bewußtseinsblick größere Komplexe überblicken und zu einer Bewußtseinseinheit verbinden, — als sie zu erfassen unsere Bewußtseinsenge eben fähig ist. Andererseits hilft sie der Aussonderung jener Inhalte, auf die und deren besondere Beziehungen es uns gerade ankommt, von allen übrigen. Denn was wäre, wenn uns stets der ganze Inhalt unseres Wissens gleichmäßig präsent gegenüberstünde? Ein geordneter Gedankengang, das besondere Hervorheben bestimmter Beziehungen, auch nur ein logischer Schluß wäre unmöglich, wenn unser Denken stets mit allem gleichmäßig erfüllt wäre und Einzelbeziehungen nicht für sich betrachtet werden könnten!

Und damit berühren wir auch schon das Gebiet der *Aufmerksamkeit*. Die Aufmerksamkeit ist wie der Lichtstrahl eines Projektors, welcher sich bald auf diese, bald auf jene Gegenstände richtet und sie aus der Dunkelheit ans Licht des Bewußtseins heraufhebt. Bin ich mit ganzer Aufmerksamkeit der Musik hingegeben, so merke ich auch bei offenen Augen nicht, was sich vor ihnen abspielt; und bin ich in einen Gedanken versunken, so höre ich die Töne in meiner Umgebung nicht mehr. Durch die *Wanderung der Aufmerksamkeit* werden also bestimmte Inhalte oder Inhaltskomplexe hervorgehoben und für sich betrachtet. Das ist mehr als das Prinzip der Bewußtseinsenge leisten kann. Denn dieses ist im Grunde nur allgemein restringierend: ‚Mehr als eine bestimmte Anzahl von Inhalten kann das Bewußtsein gleichzeitig nicht aufnehmen'. Die Aufmerksamkeit aber ist *das positive Gerichtetsein auf bestimmte Inhalte.* Durch sie werden also aus allen zur Verfügung stehenden, sei es durch Außenreize angeregten, sei es im Wissensreservoir potentiell vorhandenen, Inhalten bestimmte ins Bewußtsein heraufgeholt. Dank der Aufmerksamkeit ist also das Wahrnehmen des Lebewesens nicht nur von den auf es einstürmenden Reizen abhängig. Die Pflanze ist dem Einfluß ihrer Umgebung fast vollständig ‚ausgeliefert'. Das Tier kann durch Ortswechsel, durch Schließen oder Öffnen seiner Sinnesorgane (in erster Linie seiner Augen) die auf es einwirkenden Reize annehmen oder abweisen. Durch die Aufmerksamkeit wird die ihm zur Verfügung stehende Auswahl noch viel genauer differenziert. Die Aufmerksamkeit kann nicht allein die Eindrücke des einen Sinnesgebietes hervortreten, die anderen zurücktreten lassen. Sie kann auch noch innerhalb desselben Sinnesgebietes ganz bestimmte Reize oder Reizgruppen hervorheben und sie von anderen abheben.[1])

Das vom Lebewesen selbst abhängige Prinzip der Auswahl geht aber noch viel weiter: Auch noch innerhalb desselben Wahrnehmungsgegenstandes, welcher vom Sinnesorgan in der Regel in seiner vollen Konkretheit (wenn auch keineswegs ‚seiner vollen Deutlichkeit') ins Bewußtsein geliefert wird, kann die Aufmerksamkeit *bestimmte Eigenschaften zum Betrachtungsobjekt machen, welche in dieser Abgetrenntheit im anschaulichen Sinnesgebiet nie-*

---

[1]) Ein ähnliches biologisches Prinzip mag schon bei der Ausbildung unserer Sinnesorgane und ihrer besonderen Einrichtung geherrscht haben: Nur das, was dem Lebewesen wesentlich war, wurde, durch die Bildung entsprechender Sinnesorgane, für es überhaupt erst wahrnehmbar; und nur das, was für das Lebewesen *besonders wichtig* ist, wird klar und deutlich, z. B. *im Zentrum des Gesichtsfeldes* — und nur hier —, wahrgenommen, also mit Hilfe bestimmter, besonders empfindlicher und fein differenzierter Netzhautpartien, welche durch Bewegung von Kopf und Auge vom Lebewesen selbst auf den wahrzunehmenden Gegenstand eingestellt werden können. — Zwischen der präzisen Leistung der Sinnesorgane und der Aufmerksamkeit besteht eine Analogie: Sie führen beide zur Möglichkeit klarer Auffassung. Und doch in ganz verschiedener Weise: Das Zentrum der Netzhaut bietet die differenzierteste Wiedergabe der Reize zur weiteren psychischen Verarbeitung; die Aufmerksamkeit vollzieht eben diese Verarbeitung. Ihr *Zusammenwirken* bringt erst die ihren Gegenstand *klar erfassende Wahrnehmung* hervor. (S. dazu Kap. 9 Bd. II.)

mals vorkommen! Erst durch diese Fähigkeit der Aufmerksamkeit wird unser *abstraktes Denken* überhaupt möglich. (S. Das Denken und die Abstraktion, Kap. 8 u. 9.) Wir können eine Figur nicht anschaulich vorstellen, ohne daß sie eine bestimmte Größe, Farbe und Lage im Vorstellungsraum hätte. Im Abstraktionsversuch geschieht aber dank der Aufmerksamkeitskonzentration auf ‚die Gestalt (oder ‚die Farbe', oder ‚die Größe') als solche' das Herausheben dieses rein sinnlich von den übrigen Sinneseigenschaften nicht Trennbaren: *Wodurch erst das Bilden und Denken des abstrakten Begriffes* möglich wird und sich dem menschlichen Denken der Zugang zum ungeheuren Reich des Abstrakten öffnet (s. Kap. 9, Das Denken).

Das Wesen der Aufmerksamkeit besteht also 1. in der Wahl der Betrachtungsobjekte[1]), 2. in ihrer Abhebung von allem Unwesentlichen und 3. in ihrer Einführung in die maximale Bewußtseinshelle. Und da die maximale Buwußtseinshelle nur dort besteht, wo sich die höchste Aufmerksamkeitskonzentration findet, so kann man sie geradezu als *Folge des Aufmerksamkeitszustandes* bezeichnen. Im Zentrum der Aufmerksamkeit findet sich die größte Differenziertheit des Betrachteten, die kleinsten, sonst übersehenen Unterschiede werden noch gemerkt, — sowie auch umgekehrt dort, sonst übersehene, Übereinstimmungen hervorgehoben und erfaßt werden. Was *Descartes* als ‚klar und deutlich' bezeichnete und *Leibniz* noch genauer präzisierte, tritt nur im Aufmerksamkeitszentrum auf. Aber nicht allein die logische Präzision und Klarheit der Auffassung im Wahrnehmen und Denken, sondern auch die rein assoziative Tätigkeit vollzieht sich im Zentrum der Aufmerksamkeit besonders rege und erfolgreich. Das nicht aufmerksam Aufgefaßte haftet im allgemeinen auch nicht im Gedächtnis.

Die Konzentration und Richtung der Aufmerksamkeit auf diesen oder jenen Betrachtungsgegenstand ist weitgehend von unserem Willen und unseren Trieben abhängig.

1) Natürlich steht auch hinter der Aufmerksamkeit das Ich: ‚Ich bin aufmerksam', wie auch ‚ich sehe', ‚ich denke' und ‚ich will'.

Doch nicht allein von ihnen. Auch vom Wahrnehmungsgegenstand selbst kann eine Anregung zur Aufmerksamkeit ausgehen. So wird unsere Aufmerksamkeit leicht von starken, grellen, ‚auffallenden' Reizen angezogen. Man unterscheidet zweckmäßig zwischen guten Aufmerksamkeits-*motiven* und guten Aufmerksamkeitsge*genständen*. Grelle Reize sind gute Aufmerksamkeitsmotive, denn sie richten die Aufmerksamkeit auf sich, jedoch keine guten Aufmerksamkeitsgegenstände, sofern sie die Aufmerksamkeit nicht für längere Dauer bei sich festhalten. Eine witzige Bemerkung ist ein gutes Aufmerksamkeits-Motiv, aber eine Aufeinanderfolge von unzusammenhängenden Witzen, welche zwei Stunden lang dauert, ist kaum erträglich, während ein in sich logisch aufgebauter Vortrag, dessen Gedanken zu einem einheitlichen Gebäude zusammengefügt sind, die Aufmerksamkeit auch noch länger festhalten kann, — er ist ein gutes *Aufmerksamkeitsobjekt*.

Auch von der emotionalen und Interessenseite hängt die Richtung der Aufmerksamkeit ab. Wird ein für mich interessantes Gespräch in meiner Nähe geführt, während ich einen Brief zu Ende schreiben sollte, so wird meine Aufmerksamkeit unwillkürlich immer wieder auf das Gespräch überspringen. Und so unterscheidet man zwischen der *unwillkürlichen* und der *willkürlichen* Aufmerksamkeit. Das letzte Beispiel bietet gegenüber dem 1) völlig unwillkürlichen *Gefangenwerden* der Aufmerksamkeit durch starke, auffallende Reize und 2) der *von meinem Willen eindeutig dirigierten* Aufmerksamkeit — einen *Mittelfall*. Denn mein Interesse gilt doch dem, was ich erfahren möchte; Wunsch und Willenstendenz stehen also auch noch hinter Aufmerksamkeits-Zuwendung zum interessanten Gespräch; widersprechen aber zugleich meinem Willens*entschluß*, die Aufmerksamkeit der zu erledigenden Aufgabe zuzuwenden. Für Lebewesen, die schon einen ausgesprochenen Willen und nicht allein Triebe und Instinkte besitzen, ist die Abhängigkeit ihrer Aufmerksamkeits-Richtung von ihrem Willen von fundamentaler und ungeheurer Wichtigkeit. Erst dadurch kann unser geordnetes Beobachten, Denken und Handeln, das sein Ziel oft durch Jahre und Jahrzehnte verfolgt, zustandekommen. Und diese Beziehung der Aufmerksamkeit zum Willen läßt uns wieder daran denken, daß ja auch die Aufmerksamkeit nicht gleichsam eine eigene Kraft im Ich, sondern nur ein *besonderes Verhalten des Ich selbst ist.* Und auch von ihr müssen wir in noch gesteigertem Maße sagen, was seinerzeit von den Sinnes-Empfindungen, dem Denken und Wollen gesagt wurde: ‚Nicht die Aufmerksamkeit ist aufmerksam', sondern ‚ich bin aufmerksam', und nicht ‚der Wille will aufmerksam sein' — ‚ich will aufmerksam sein'.

Noch eine Frage müssen wir uns stellen: Ist alles, was unser ‚unmittelbares Bewußtsein' erfüllt und ausfüllt, damit auch ‚Gegenstand der Aufmerksamkeit'? Wenn ich vom Schmerz über den Verlust eines geliebten Menschen oder den Zusammenbruch einer Lebenshoffnung erfüllt bin, — kann man da sagen: daß ich dem Schmerz oder — im entsprechenden Gegenfall — der Freude gegenüber ‚aufmerksam' bin? Der Schmerz, die Freude ist ‚mein Leben dieses Augenblickes'; ist mein Ich selbst, ein starker Lebenszustand, der mein unmittelbares Bewußtsein ganz erfüllt, — das ist richtig; aber er ist *nicht mein Betrachtungs-, nicht mein Wissensgegenstand.* Die Aufmerksamkeit aber *richtet sich* immer auf einen Gegenstand, sie *hat* einen Gegenstand. Sei es das Verhalten eines Mitmenschen, sei es der Zeigerstand eines Ablesungsapparates, sei es ein mathematisches, philosophisches oder ein Problem des praktischen Lebens. Alledem gegenüber kann ich aufmerksam sein, denn alles das betrachte, behandle, bearbeite ich. Leid und Freude aber sind meine Lebenszustände, nicht meine Betrachtungsgegenstände. Und wenn es mir gelingt, sie zu solchen zu machen, zu meinem eigenen Schmerz eine bestimmte Stellung einzunehmen, ihn z. B. in einem Dichterwerke zu beschreiben, so ist das schon ein Zeichen dafür, daß ‚ich und mein Leid nicht mehr ganz dasselbe sind', daß ich mich darüber erhoben habe, daß es mir nicht mehr nur Lebenszustand, sondern auch schon Betrachtungsgegenstand geworden ist, dem ich meine Aufmerksamkeit zuwenden oder entziehen kann. (Siehe das Verhalten *Goethes,* dessen Werke zum großen Teil eine Befreiung und Überwindung des eigenen Erlebens durch dessen künstlerische Betrachtung und Gestaltung waren.)

Und das außerhalb des Aufmerksamkeits-Lichtkegels Gelegene — wie sieht das aus? Nun, wir wissen es schon aus Bd. I, Kap. 12: Es ist das Nebulose, Undifferenzierte, das ‚Insgesamt' Bestehende, wie es sich an der Peripherie des Bewußtseins findet und, mit immer größerer Entfernung vom Aufmerksamkeits-Zentrum, immer näher dem Zustand des Unbewußten rückt.

6. Trieb und Wille

a. *Die Hierarchie der menschlichen Triebe. — Reflex und Instinkt*

Wir wissen, kein Lebewesen läßt sich außerhalb der Welt auch nur denken. Es ist in doppelter Weise an seine Umwelt gebunden: durch Empfangen der von der Außenwelt auf es einströmenden Energien und durch Aussenden eigener Energie in seine Umwelt. Das Lebewesen und seine Umwelt sind aufeinander abgestimmt: Das Lebewesen kommt mit Bedürfnissen ausgestattet ins Leben, und seine Umwelt ist in der Regel fähig, diese Bedürfnisse zu befriedigen. Wie diese Abgestimmtheit zustande gekommen sein mag, besprachen wir Bd. I, Kap. 2. Besteht diese Entsprechung nicht oder nicht mehr, so geht das Lebewesen zugrunde, wie ja infolge von Umgebungsänderungen ganze Tierarten im Laufe großer geschichtlicher Perioden auch schon zugrunde gehen mußten. Der Mensch ist das ‚anpassungsfähigste Lebewesen', seine Ausbreitung über die Erdoberfläche wird durch keine klimatischen Umweltsverhältnisse aufgehalten. Sofern angeborene Instinkte nicht wandlungsfähig sind, ist gerade der *relative Mangel an Instinkten,* welcher das Menschenkind lange Zeit so hilflos und hilfebedürftig macht, zugleich *Mitursache der menschlichen Anpassungsfähigkeit:* Denn der Verstand, welcher nunmehr die Stelle des Instinktes zu vertreten hat, ist ausgezeichnet durch seine *Anpassungsfähigkeit an die verschiedensten und sogar an nur einmalig auftretende Situationen.*

Der neugeborene Organismus stellt sofort seine Forderungen an die Umwelt, ohne deren Befriedigung das Leben nicht fortdauern kann. Nur innerhalb gewisser, relativ enger Temperaturgrenzen kann es bestehen; nur in sauerstoffreicher Umgebung können sich die meisten Lebewesen am Leben erhalten; nur wenn der Ernährungs- und Ausscheidungskreislauf entsprechend gesichert ist, kann Leben fortbestehen. Denn im weitesten Wortsinn ist Leben ein Energieumsatz, der auf Aufnahme von Außenweltsenergien angewiesen ist. Hier zeigt sich wieder die innigste Seinsgemeinschaft zwischen Lebewesen und Umwelt. — Was hier in rein biologischer Betrachtung ‚von außen' festgestellt ist, erscheint beim Blick in das ‚von innen betrachtete Leben', *insBewußtsein des Lebewesens: als ihm eigene, ihm angeborene Bedürfnisse, Triebe, Strebungen,* als Drang und Begierde nach Luft, Flüssigkeit, Nahrung, Geschlechtspartner usw. mehr. Den einfachsten Fall mag die *Atmung* bieten: Hier bedarf es keiner ‚vorausgehenden, durch Erfahrung gebotenen Sinneseindrücke'; das Verlangen nach Sauerstoff ist nicht nur präformiert, sondern es wird auch ganz unmittelbar in Form der Einatmung *in die Tat umgesetzt.* Auch der *Sauginstinkt,* als Ausdruck des Ernährungstriebes, braucht kaum irgendwelche ‚vorbelehrende' Eindrücke der Außensinne, — er betätigt sich unterschiedslos an allem, was sich dem Saugorgan des Neugeborenen nähert (wobei es immerhin möglich wäre, daß eine völlige Unempfindlichkeit der Mundschleimhaut den Sauginstinkt unterdrückte; wie es ja in der Tat Fälle gibt, in denen der Sauginstinkt fehlt). — Und bald tritt auch schon das komplizierte *Meldungssystem der Sinnesorgane* in Funktion, indem das Lebewesen, Tier oder Mensch, erst dann zu Reaktion des Nahrungsgreifens schreitet, wenn ihm die Sinnesorgane Zeit und Ort mitteilen, wo die Nahrung zu finden ist. Mögen die ersten Sinneseindrücke noch so unklar und undifferenziert sein, ein ‚Spüren', ein inneres Erleben kann ihnen dennoch nicht abgesprochen werden. Und das durch sie gesteuerte Benehmen des Lebewesens ist dann nicht mehr nur Aktion, sondern Re-aktion, — hinter der aber als eigentlich treibender Faktor doch wieder die *Aktion des Bedürfnisses* steht.

Die Urbedürfnisse des Lebewesens ‚kennen selbst ihr Ziel'! D.h. sie sind auf das gerichtet, was sie befriedigen kann und wird, *ohne daß eine Vorerfahrung und eine sinnliche Vorstellung sie über das, was sie befriedigen wird, unterrichtet und belehrt haben müßte.* Der sinnliche Eindruck der Flüssigkeit wird erst im Gebrauch der Flüssigkeit kennengelernt, während die *Flüssigkeitsaufnahme* selbst bei entsprechenden, ‚noch nicht vorbekannten Sinneseindrücken' *durch das Bedürfnis, den Durst als solchen ausgelöst wird.*

Noch ein Schritt herab führt uns vom primitiven Drang, Trieb und Bedürfnis zum *Reflex* und damit schon über die Grenze der Psychologie hinaus. Denn der Reflex unterscheidet sich von Trieb, Streben, Drang gerade dadurch, daß *der psychische Zustand des Dranges ihm vollkommen abgehen kann,* und *die Reaktion des Organismus nicht aus einem Drangerlebnis herauswächst.* Eine bestimmte Einwirkung auf den Organismus, z. B. ein Schlag am unteren Rand der Kniescheibe, ruft das Hochspringen des Unterschenkels, den sog. Patellarreflex hervor. Zwar spüren wir den Schlag, aber dieses Bewußtseinserlebnis ist für das Zustandekommen des Ausschlages irrelevant und fehlt bei manchen Reflexen (so beim Pupillar-Reflex des Auges) überhaupt. Der ‚Reflexbogen' ist ein im rein Physiologischen sich abspielender Vorgang: Reizung der reizaufnehmenden Organe, Zuleitung der Reizung durch zentripetale Nerven zum zentralen Nervensystem — jedoch nicht unbedingt zum Großhirn! —, Umwandlung des zentripetalen Geschehens daselbst in Zentrifugales, Muskelreizung als Endeffekt. Hier liegt tatsächlich der Fall vor, der nach der Lehre des gemäßigten Materialismus für alle Beziehungen zwischen körperlichem und seelischem Geschehen gelten soll: Auch wenn man den seelischen Überbau ganz abstreift, bleibt der ‚Mechanismus des Reflexes' voll erhalten. Gerade deswegen fällt er in erster Linie in den Interessenbezirk des Physiologen und nur am Rande in denjenigen des Psychologen hinein.

Ein viel besprochenes Problem ist das Verhältnis zwischen Drang, Trieb, Bedürfnis, Strebung auf der einen und Instinkt auf der anderen Seite. Seine Klärung ist eindeutig: Stets ist im Instinkt (im Gegensatz zum Reflex) ein Trieb, ein Streben miteinbeschlossen, — er müßte denn sonst nichts anderes als der eben besprochene Reflex sein. Nur bezieht sich dieser Trieb beim Instinkt nicht auf das entfernte, im Triebbewußtsein gar nicht mitenthaltene Ziel, *auf das es dabei eigentlich ankommt,* sondern auf viel näher gelegene Einzelziele. Die männliche Hirschkäferlarve, die sich ein Bett im Holz vorbereitet, das ihre eigene Größe sehr viel übertrifft, ‚weil es groß genug auch für die nach der Verwandlung der Larve auswachsenden Zangen sein soll', ‚weiß' von der ihr bevorstehenden Wandlung und ihrer späteren Größe gewiß gar nichts und tut doch so, als ob sie alles wüßte! Und eben darin besteht das Wesen des Instinktes: *Das nächste Ziel* (das Aushöhlen des Baumes beim Hirschkäfer, der Nesterbau beim Vogel usw.) *wird triebmäßig angestrebt; erreicht wird aber viel mehr und viel Bedeutsameres, was jenseits dieses nächsten Zieles liegt.* Der ‚Sexual*trieb*' ist gleichzeitig ein ‚Fortpflanzungs*instinkt*', denn sein letztes und eigentliches Ziel ist die Erhaltung der Art und nicht bloß die Befriedigung des Triebes.

Als der allgemeinste Trieb darf wohl der *Lebenstrieb als solcher* angesehen werden: er umfaßt die Gesamtheit aller Lebensfunktionen. In ihm äußert sich die ursprünglichste Aktivität des Lebewesens. Der *Selbsterhaltungstrieb* ist entweder nur eine andere Bezeichnung für ihn oder seine ‚Folgeerscheinung', wie es auch der Arterhaltungstrieb ist. Auch der *Tätigkeitstrieb* ist nichts anderes als eine Auswirkung des Lebenstriebes, mit besonderer Unterstreichung der darin liegenden Aktivität: Unsere sämtlichen Organe verlangen nach Tätigkeit, denn Tätigkeit, im weiten Sinne gefaßt, ist Leben. Das Auge verlangt nach Licht und Farbe, der Gaumen nach Geschmack, das Ohr nach Tönen, so wie die Bewegungsorgane nach Bewegung, die Lunge nach Luft, die Verdauungsorgane nach Nahrung verlangen, was alles aber, letzten Endes, gar nicht die Einzelorgane als solche, sondern *das mit ihnen ausgestattete vitale Ich an verschiedenstartigen Tätigkeiten und Erlebnissen* verlangt!

Unter den Lebensorganen gibt es nun in der Tat solche (die Sinnesorgane), bei denen sich das Ich *in der Hauptsache aufnehmend* (allerdings das Aufgenommene auch stets aktiv verarbeitend!) verhält; während die *mit dem Bewegungsapparat verbundenen Organe* mehr die *Umwelt beeinflussend* tätig sind. Beide greifen aber auch innig ineinander über: So könnte man zunächst annehmen, daß der Nahrungstrieb in der Hauptsache ein Trieb zur Aufnahme, in diesem Sinn also mehr passiver Natur sei. Und doch ist der Nahrungstrieb zugleich auch einer der stärksten Anreger der Aktivität, ohne den die meisten Lebewesen in fauler Untätigkeit verkommen würden. Und mehr noch: Der junge Organismus verlangt instinktmäßig nach Nahrung, ‚um zu wachsen', der reife, ‚um sich am Leben zu erhalten'. — Der *Nahrungstrieb* selbst ist letzten Endes nur eine der Hauptäußerungen des Lebenstriebes. Und in der Tat, erlischt der zentrale Lebenstrieb im Lebensüberdruß, so kann damit auch der Nahrungstrieb zurückgehen, ja aufgehoben werden. — Wie der Lebenstrieb selbst, so können sich auch seine einzelnen Äußerungsarten, die Spezialtriebe, im Laufe der Zeit ändern oder ganz schwinden. Die bei jungen Lebewesen so ausgesprochene Spezialart des Tätigkeitstriebes — der Spieltrieb — bildet sich mit zunehmendem Alter deutlich zurück; der Sexualtrieb bildet sich zurück im hohen Alter usw.

Natürlich stellen uns schon die Triebe vor folgende Probleme, die wir jedoch vorziehen, erst im nächsten Abschnitt b ausführlicher zu besprechen: Probleme der *Aktivität* als solcher und ihrer *Auswirkung in der ‚Tat'*. Sie verbinden die Psychologie innig mit Philosophie, wobei hier der Empfangende der Philosoph ist, denn nur von der Selbstbeobachtung aus läßt sich z. B. das wichtige *Kausal-*

problem an seiner Wurzel fassen und kann auch der *Kausalbegriff* selbst nur von hier aus urerfaßt werden. Das Wesen der Aktivität zeigt sich noch eindeutiger *am Willen* als an Trieben und Strebungen: *So sehr diese*, im Vergleich zu der im Empfinden liegenden ‚Einflußnahme' auch *‚aus mir entspringende Tätigkeiten' sind, so sind ihre Auswirkungen dennoch nicht ‚meine Taten'*. Ich, als Persönlichkeit, *werde von Trieben, wie von Leidenschaften, eher überfallen und getrieben, als daß ‚ich sie setze'*. Und oft muß ich sie sogar bekämpfen! Nur im Willensakt bin ich das eigentliche und unbezweifelbare Subjekt der Aktivität. Daher sollen die genannten Probleme auch erst beim Willen besprochen werden.

Die Beziehung des Strebens (Trieb und Wille) zu den Gefühlen (Lust und Unlust) — und dieser zu den Empfindungen: Die beiden ‚Elementargefühle', Lust und Unlust, spielten in der Psychologie der kurz verflossenen Zeit eine übergroße Rolle. Dabei wurden von einem Teil der empfindungs-faszinierten Psychologen auch die Lust-Unlust-Gefühle selbst noch (und damit auch die Willenselemente! s. ‚Der Wille') auf Empfindungen zurückgeführt (James-Lange'sche Theorie). Man beobachte sich nur — *so argumentierte man* — im Zustand der Trauer: Wie da die Atmung flach, von Seufzern unterbrochen wird; die Muskulatur ist schlaff, sie verliert an lebendiger Spannung, die Schultern hängen herunter; wie ein drückender Panzer oder eine schwere Last liegt es auf der Brust; Vorstellungen und Gedanken bewegen sich träge und verlieren an schöpferischem Reichtum. Alle diese Bestandteile der Trauer sind aber rein empfindungs- oder vorstellungsmäßiger Art! Und denkt man sie fort, so schwindet auch der Zustand der Trauer. — Das Gegenteil dieses Zustandes macht die lebensbejahende Fröhlichkeit aus.

Besonders deutlich zeige sich die Zusammensetzung der Gefühle aus Empfindungen in jener Empfindungsmannigfaltigkeit, welche man *Affekte* nennt, und bei denen die Empfindungen innerer Organe, die sog. ‚Organempfindungen' eine besonders große Rolle spielen. Man beobachte sich z. B. *im Zustande des Zornes* oder (wenn dies nicht durchführbar ist!) versuche man sich an einen Zornzustand zu erinnern: Die Muskulatur ist aufs höchste angeregt und angespannt, der Zornige stampft mit den Füßen, ballt die Fäuste, beißt die Zähne zusammen; das Blut schießt ihm in den Kopf, ‚er sieht rot', der Herzschlag ist unregelmäßig; der Gedankenverlauf außerordentlich eingeengt und ungeordnet, nur ein Ziel steht ihm vor Augen, die Brust ist beengt, die Atmung unregelmäßig. Man denke dies alles hinweg und ersetze es durch das Gegenteil: Die gespannte Muskulatur sei gelöst, die Atmung und der Herzschlag normal, der Gedankenverlauf ruhig, wohlgeordnet und weitausgreifend, — was bleibt da vom Zorn noch zurück?

Wir gehen auf diese Theorie bei Besprechung der Gefühle nochmals ein und versuchen ihren schwachen Punkt klar herauszustellen. Hier interessieren uns die beiden Gefühle Lust und Unlust nur in ihrem Zusammenhang mit den Trieben, — denn folgende Auffassung von unabsehbaren Konsequenzen wurde darüber aufgestellt und von bedeutenden Philosophen und Psychologen mit Nachdruck vertreten: Dem Menschen (und allem Lebendigen) ist nur ein einziges letztes Grundstreben eigen — *das Streben nach Lust.* Und dieses Streben nach Lust ist selbst nichts anderes als *die Vorstellung einer zukünftigen Lust und die daran sich anschließende* Realisierungstendenz! Denn: Kann Unlust (reine Unlust) angestrebt werden? Unmöglich! Wohl aber eine Unlust, die mittelbar von Lust begleitet wird, die selbst größer ist als die erlittene Unlust! So kann der Ehrgeizige Leiden und Mühsal auf sich nehmen, damit ihm die Lust der Ehrgeizerfüllung werde, der Pflichttreue eine unangenehme Pflicht erfüllen, damit ihm ‚das lustvolle Bewußtsein erfüllter Pflicht' daraus entstehe usw. — Kann etwas angestrebt werden, was zwar keine Unlust ist, aber auch gar keine Lust mit sich bingt? Was einen sowohl an sich als auch in seinen Auswirkungen vollkommen gleichgültig läßt? — Unmöglich ebenfalls. Denn: Warum würde ich ‚mir vollkommen Gleichgültiges' anstreben? — Und daraus der Schluß: Jedes Streben besteht seinem eigentlichen Wesen nach aus vorgestellter Lust und der darauf gerichteten Realisierungstendenz.

Alles Streben ist hier also — scheinbar überzeugend — auf Lust zurückgeführt. — Das gerade umgekehrte Verhältnis zwischen Streben und Lust zeigt aber die besser beobachtete Wirklichkeit: *Das Streben ist das Primäre — die Lust das Abgeleitete!:* Kann mir etwas Lust bringen, wonach ich gar nicht verlange, was *keinem meiner Bedürfnisse entspricht?* Das Essen und Trinken macht mir nur Freude, solange ich Hunger und Durst habe; sobald diese Bedürfnisse gestillt sind, kann die weitere Aufnahme derselben Speise Unlust bereiten, die eben noch mit Lust sich verband. Verlangt mein Körper nach Bewegung, so wird die Bewegung Lust bringen; ist er müde und verlangt er nach Ruhe, so wird Bewegung Unlust und Ruhe Lust bringen. Und so überall: *Das Primäre ist der Drang, der Trieb, das Streben, das aktive, nach Befriedigung strebende unserem Organismus, unserem Ich eigene Moment.* — Aber nicht nach einer neutralen ‚schlechthinigen Befriedigung', sondern nach Befriedigung *des jeweilig vorhandenen Bedürfnisses!* Es wird wenig nützen, wenn der Hungrige Wasser zum Trinken und der Durstige Brot zum Essen bekommt. — Wonach also streben wir: nach der Lust schlechthin oder nach der Befriedigung eines Bedürfnisses, *eines jeweils ganz spezifischen, uns eigenen Bedürfnisses?* Die Antwort ist nach dem Besprochenen eindeutig klar: Das Letztgenannte gilt!

Aber vielleicht liegt auch im Streben nach Sättigung und nach Löschen des Durstes letzten Endes doch ein Streben nach Lust? Würden wir doch nicht nach Sättigung streben, wenn daraus nicht Lust, sondern Unlust entstünde?! — Auch das ist wieder falsch gedacht: Was wir bei Durst anstreben, ist Wasser! Flüssigkeitsaufnahme! Trinken! — das und nur das. Wir wollen trinken! — Bekommen wir nun aber das Gewünschte, das Ersehnte, das Ziel unseres Strebens, *so stellt sich allerdings mit Selbstverständlichkeit Befriedigungslust ein* (die manchmal auch schon in Gedanken vorweggenommen werden kann)! ‚Mit Selbstverständlichkeit', — denn wie sollte ich gleichgültig oder gar betrübt sein, wenn gerade das, wonach ich strebte, was mir fehlte, nun in Erfüllung geht?! (Ein klarer Fall verstehender Psychologie!)[1])

Daher ist die obige Frage: „Warum würde ich denn etwas anstreben, wenn ich erwartete, daß sein Erreichen gleichgültig oder gar unlustbringend sein wird?" falsch — nicht nur beantwortet, sondern auch schon gestellt. Ich strebe ja gar nicht die Lust, sondern das besondere, durch mein Bedürfnis gesetzte Ziel an! Und ich strebe es einfach an — (eine Tautologie:) — *weil mein Bedürfnis danach geht.*

Und wonach mein Bedürfnis geht, das ist mir *wertvoll,* ist mir ein *Wert.* Besonders bei höheren Zielen spricht man mit Recht von *Werten.* Und mag die Ethik auch zeigen können, daß es *absolute Werte* gibt (z. B. Überwindung der Feigheit) und daß mein Streben danach sich gerade aus dieser Beschaffenheit des Angestrebten (‚mutiger Einsatz!') ableitet. So bleibt auch hier die Grundtatsache bestehen: Auf die ‚Wertaufforderung' hin erwacht in mir das Streben nach dem Wert, *und das Erreichen dieses Wertes bringt mir Freude, weil es die Erfüllung meines Strebens danach ist.* — Ist also die Freude normalerweise auch nicht das Angestrebte, so ist sie doch die beim Erreichen des gewünschten Zieles *sich normalerweise einstellende Reaktion des Strebenden.* Wenn sich keine Erfolgsfreude einstellte, würde das geradezu beweisen, daß der Erfolg gar nicht wirklich angestrebt war. *Die Freude tritt nicht als ‚das Angestrebte', sondern als ‚Reaktion des Strebenden auf den erstrebten und nun erreichten Erfolg' ein.*

Diese beiden Tatbestände werden miteinander oft verwechselt, woraus sich verhängnisvolle Folgerungen sowohl

---

[1]) Fälle ‚enttäuschender Erfüllung', die als Ausnahmen vorkommen, bauen sich auf einer komplexeren, unklaren Situation auf: man hat sich die Erfüllung etwas anders vorgestellt, als sie dann in Wirklichkeit auftrat, oder die Umstände haben sich verändert oder dgl. m. — und sind keine Gegenbeispiele zur einleuchtenden Regel, daß *das Erreichen des Gewünschten glückbringend sein muß.*

im psychologischen als auch im ethischen Gebiet ergeben. So führt die konsequente Verfolgung des Gedankens, daß wir letzten Endes nur nach Lust (nach wessen? — nach geschilderter Auffassung natürlich nur nach *eigener* Lust!) streben können, zum absoluten ethischen Egoismus: Selbst wenn wir einem geliebten Menschen Freude machen wollen, suchen wir — nach dieser Auffassung — *letzten Endes* doch nur die eigene Freude, — wenn sie sich, gewiß, in diesem Falle auch an der Freude des anderen entzünden wird. Aber die strenge Selbstbeobachtung zeigt auch hier einen deutlichen Beobachtungsfehler: Der dem geliebten Menschen aus der Not Heraushelfende denkt, im reinen Fall der Liebe, mit keiner Gedankenspur an *seine eigene* Freude, sondern ausschließlich an die Not des Andern, und *sein Ziel* ist einzig und allein, *ihm zu helfen*. Daß das Gelingen dann auch den Helfenden selbst beglückt, ändert nichts daran.

Aus dieser Untersuchung ergeben sich, wie wir bei Behandlung der Gefühle sehen werden, wichtige Folgerungen über das Wesen der Gefühle selbst (s. hierzu über die ‚Liebe', Kap. 7). Hier aber sind wir von der Frage ausgegangen, *ob es einen besonderen Grundtrieb nach Lust gibt*. Er tritt beim lebenskräftigen Wesen, dessen Einzeltriebe gesund entwickelt und voll wirksam sind, kaum auf; da wird die Lebensfreude gewonnen durch die normale Befriedigung der kräftig sich meldenden Bedürfnisse selbst. Erst wenn die Kraft der Triebe und damit auch die in ihrer Befriedigung erlebte Freude nachläßt, stellt sich die *Suche und die Sucht nach Genuß* ein — nach Genuß, worin er auch bestehen mag, wenn es nur Genuß ist. Es ist die Domäne des abgelebten Lebemenschen. — Etwas ganz anderes ist natürlich die überschäumende Lebensfreude selbst, die sich in der Befriedigung des Lebenstriebes äußert (junge Leute versammeln sich z. B. gern, ‚um sich in Geselligkeit und Tanz des Lebens zu erfreuen' = das Bedürfnis nach Zusammensein, Bewegung usw. zu befriedigen).

Weitere Grundtriebe:

Unter den Grundtrieben muß natürlich auch der *Sexualtrieb* genannt werden, den wir kurz schon als Arterhaltungs*instinkt* erwähnten und bei der Besprechung der Psychologie *Freud's* auch in seiner zeitlichen Verteilung im Verlaufe des menschlichen Lebens betrachteten (Bd. I, Kap. 13). Deutlich von ihm unterschieden, wenn auch durch seine Inter-Individualbeziehung mit ihm übereinstimmend, ist der *Vergesellschaftungstrieb,* der sehr vielen Arten von Lebewesen eigen ist. Für den Menschen gehört der vollständige Ausschluß aus der menschlichen Gemeinschaft zu den schwersten Entbehrungen, die man ihm auferlegen kann. Wie sich aus dem Kommunikationstrieb mit Artgenossen, als deren höhere Form: die *Freundschaft* entwickeln kann, und die *Liebe* dabei ihre entscheidende Rolle zu spielen beginnt, — so entsteht aus dem Sexualtrieb die besondere Art der *sexuellen Liebesverbundenheit* zwischen den Sexualpartnern. Wo die den Artgenossen zugewandte Liebe fehlt, wird die natürliche Form der Selbsterhaltungssorge zur *Selbstsucht,* welche nur den eigenen Erfolg oder Vorteil, unter Mißachtung des Mitmenschen, im Auge hat. Der Mitmensch wird nicht mehr in der Fülle seiner Menschlichkeit und Eigenständigkeit, sondern nurmehr als Mittel zur Befriedigung der eigenen Wünsche und Bedürfnisse aufgefaßt.

Die besondere Form des *Besitz-* und *Beherrschungstriebes* (die sich schon in der Freude über die Beherrschung des eigenen Körpers, der eigenen Fähigkeiten, Kenntnisse usw., nicht weniger deutlich aber auch im Besitz von Haus und Hof, von Arbeitswerkzeugen und Haustieren zeigt) tritt als Beherrschungs- und *Machttrieb den Mitmenschen gegenüber auf* (s. Bd. I, letzter Teil des Kap. 10). Der echte Machtmensch sucht weniger die Anerkennung seiner Mitmenschen, als deren Fügung unter seinen Willen. Der Machttrieb kann leicht zum *Grausamkeitstrieb* werden, denn in der Macht, dem Anderen alles anfügen zu können, was man will, bis zur Fähigkeit, ihn leiden zu lassen, zeigt sich die volle Macht des Machtmenschen über den von ihm Beherrschten. Widerstand versetzt den Machtmenschen in Zorn und Wut und wird, wenn die reale Macht ihm zukommt, aufs Grausamste gebrochen. — Ganz anders ist der *Geltungstrieb* (der auch als Ehrgeiz und Ruhmsucht auftritt): *Er sucht die Anerkennung des andern.* Er lebt von dieser Anerkennung, von Spiegelung im Geist, in der Bewunderung des andern. *In ihm liegt kein wohlberechtighter Stolz.* — Ihm entgegengesetzt ist der echte *Leistungstrieb,* welcher die Leistung als Leistung anstrebt.

Rache und *Dankbarkeit* gehören in den Komplex des sozialen Triebes; sie sind mit Haß und Liebe aufs engste verbunden und werden mit ihnen zusammen besprochen (s. Kap. 7 ‚Gefühl'). Eben dahin gehört auch *Neid* und die Klärung seines Wesens.

b) Der Wille

Die Eigenart des Willens

Es ist erstaunlich und doch auch wieder begreiflich, eine wie geringe Rolle dem Willen in den meisten um die Jahrhundertwende erschienenen Psychologie-Lehrbüchern zugeteilt wird, und *wie oft dabei an seinem eigentlichen Wesen vorbeigesehen wurde.* Begreiflich, denn mit den experimentellen psycho-physischen und Assoziations-Methoden der sich rasch entwickelnden modernen Psychologie konnte das Gebiet der Empfindungen, Wahrnehmungen und Vorstellungen viel leichter und besser erfaßt werden als das sehr verinnerlichte Gebiet des Willens. Auch sind Empfindung und Vorstellung ihrem Wesen nach nicht zu ‚unübersehen': Sie ‚bieten sich an' als das unsere Aufmerksamkeit zunächst in Anspruch Nehmende, — so als Gesichts- oder Gehörsempfindung, als Wärme- oder Kälte-, als Geruchs- oder Geschmacksempfindung — von den schwächsten bis zu den stärksten Aufdringlichkeitsgraden hinauf. Allen Empfindungen ist eigen ihr Gegebenheitscharakter.

Wie ganz anders steht es da mit dem *Willen!* Er ist nicht das mir ‚Gegebene', gar das mir (wenn auch als Erlebnis!) ‚Entgegentretende', — sondern mein Wille ist im eigentlichsten Sinne: mein aktives Ich selbst! — Auf zwei Grundsteinen ruht das geistige Leben der Persönlichkeit: dem *Glauben* und dem *Willen*. 1. Der *Glaube* (über dessen Wesen s. Näheres: Kap. 9 ‚Denken‘), mag es der ‚sehende Glaube der Erkenntnis‘ oder der ‚blinde Glaube‘ sein, — wenn es nur der letzte, unangezweifelte Glaube ist, *auf dem sich unser Weltbild und unsere tätige Stellungnahme zur Welt aufbaut*. Und 2. der *Wille*, — vor allem wenn es nicht ein nur abgeleiteter, nur die Mittel zum eigentlich gewollten Zweck anstrebender, sondern *der Grundwille selbst ist, dessen Erfüllung den Sinn des menschlichen Lebens ausmacht*. Und gerade weil dieser Wille, — nicht so wie Wärme und Kälte und Geruch und Geschmack, — sich mir nur ‚bietet‘, sondern ‚mein aktives Ich selbst ist‘, *weiß ich oft nichts von ihm*. Denn ‚von etwas wissen‘ heißt ja, ‚es zum Objekt des Wissen erhoben haben‘ (es konstatieren: „Ich bin froh!“), und nicht ‚es nur sein‘ (Ich bin einfach froh, — ohne es zu konstatieren). Wir hatten uns diese Grundverhältnisse des Psychischen bei der Besprechung des Bewußten und Unbewußten (Bd. I, Kap. 12) eingehend klargemacht.

Und was finden wir nun vor, wenn wir es versuchen, eben diesen Willen in seiner Eigenart zu erfassen und ihn dem Denken (Erkennen, Vorstellen, Wahrnehmen, Empfinden) als seinem Gegenpol gegenüberzustellen? Gerade das nicht, was man so oft zu finden erwartete und gefunden zu haben meinte. Denn: fasziniert durch die Welt der Empfindungen, meinte man oft, auch die Eigenart des Willens in empfindungsartigen Zuständen, etwa im Wesen der Muskelspannungen, gefunden zu haben.

In der Tat spannt sich ja im Zustand starker Willenskonzentration unsere Muskulatur; so wie sich auch Herzschlag, Atmung und Blutverteilung dabei ändern. Aber alles das sind nur Folgeerscheinungen des Willens; Hilfsmittel, deren er sich bedient. Das ist er selbst nicht. Das kann er nicht sein. Denn, wenn wir z. B. den entschiedenen Willen haben, auch bei stärkstem Folterschmerz das streng zu hütende Geheimnis nicht zu verraten, so kann dieser unser Wille doch unmöglich in Muskelspannungen bestehen, die ihrem Wesen nach nichts, aber auch gar nichts mit der Geheimhaltung des heiligen Geheimnisses zu tun haben! Und *seine Kraft liegt in der für uns bestehenden Heiligkeit des zu bewahrenden Geheimnisses;* in unserem Glauben, daß wir durch Nachgeben das Heilige verraten; in unserer Überzeugung, *das darf nicht sein,* und der entsprechenden *Grundeinstellung unseres Ich,* — die natürlich nichts weniger als eine Summe von Muskelspannungen sein kann, die keine Empfindung, welcher Art auch immer, sondern eine *rein geistige Stellungnahme* — eben der reine Wille ist, der aktive Teil meines Ich selbst. Hätte der Wille Empfindungscharakter, dann müßte er notwendig ein *mir Gegebenes* sein, ein Etwas, dem gegenüber ich Stellung nehmen könnte. Nun aber ist er die *Stellungnahme* selbst, und zwar die letzte, eigentlichste Stellungnahme meines Ich. Er muß folglich etwas von der Empfindung grundsätzlich Verschiedenes sein.

Wohl aber ist es richtig, daß im Moment der Entscheidung zu einer Tat, die eine starke Willensleistung erfordert, unsere Muskulatur, — als der bei jeder und besonders der körperlichen Leistung unentbehrliche Leistungsbestandteil, — eine starke Anregung und Spannung erhält. Und so *gehört es zum Zustand des Entschlossenen,* daß seine Muskulatur nicht schlaff herunterhängt. Ist er z. B. entschlossen, einen starken Schmerz auf sich zu nehmen und zu ertragen, so tritt die Spannung über große Teile des Körpers auf und erreicht in seinen zentralen Partien gleichsam eine metallische Verhärtung, an der ein noch so starker Schmerz nichts zu ändern vermögend sein soll. Daß die Muskelanspannung zum Zustand entschlossenen Willens gehört, ist also eine durchaus richtige Beobachtung; daß sie aber der Wille selbst sei, ist eine übereilte Ausweitung einer wichtigen Teil- und Folgeerscheinung des Wollens.

Eine Empfindung ist nur — oder sie ist nicht, sie strebt nichts an: sie kann Streben hervorrufen, ist aber selbst kein Streben. Aber auch das Streben ist noch nicht jener Wille, von dem hier die Rede ist. Denn das Streben kann ein Trieb sein, gegen den ich unter Umständen ankämpfen kann und muß. Gegen meinen letzten eigentlichen Willen aber kann ich nicht ankämpfen; das wäre ein Widerspruch in sich selbst, denn der letzte Wille ist der aktive Teil meines Ich, — ist die Aktivität des Ich selbst.

Die Eigenart der Willenswirkung und seine ‚grundsätzliche Unüberwindbarkeit'

Und dieser Willensaktivität kommt etwas ganz Eigenes zu: *Sie läßt das — im Wirkbereich des Willens liegende — gewollte psychische Geschehen werden!* Ich will z. B. die Frage beantworten (und der Leser möge es mit mir wollen!) „Wie groß wird unter folgenden Umständen der Verlust des Hutverkäufers sein: Der Käufer kauft sich einen Hut für zehn Mark, zahlt mit einer Zwanzigmarknote, die jedoch zum Wechseln in den Nachbarladen hinübergeschickt werden muß, worauf sich der Käufer mit dem neuen Hut und der Ausgabe von zehn Mark entfernt. Bald darauf erscheint der Nachbarladenbesitzer mit der Nachricht, daß die ihm übergebene Zwanzigmarknote falsch war, und der Forderung um gültigen Ersatz, die ihm gewährt werden muß. Wie groß ist der Gesamtverlust des Hutverkäufers?" Bei der Beantwortung dieser Frage unterliegt man leicht einer der hier sehr naheliegenden voreiligen Fehllösungen; aber nicht darauf kommt es uns an, sondern auf die Tatsache, daß, sobald mein Wille nach Lösung dieser Aufgabe seinen Einfluß geltend macht, sich mein Gedankenverlauf sofort auch schon in der von ihm gewiesenen Richtung zu entwickeln beginnt. ‚Ich will — und es geschieht.' Oder vielleicht besser: ‚Ich will — und ich führe es aus.' Es wäre gewiß eine müßige Frage, ob mein Denken nicht vielleicht nur ‚zufällig' die ihm vom Willen gewiesene Richtung eingeschlagen hätte — und nicht *infolge meines Wollens. Denn ich erlebe es unmittelbar, wie die Tätigkeit zur Aufgabenlösung aus meinem Wollen herauswächst.* Ob das dabei gesteckte Ziel auch immer erreicht wird, ist natürlich eine ganz andere, damit aber oft verwechselte Frage. War die Aufgabe, die zu lösen ich mich anschickte, für mich zu schwer, so wird mein Bemühen vergeblich sein. ‚Vergeblich': etwa in dem Sinn, daß auf mein Wollen hin überhaupt nichts in Richtung des Gewollten erfolgt? Keineswegs!: Meine Gedanken werden die ihnen vom Willen gewiesene Richtung eingeschlagen haben, doch das gesuchte *Endziel* nicht erreicht haben können. Das ist kein Versagen des Willens, sondern des Denkens! *Und gerade dadurch ist der Seinsbezirk meines aktiven Ich eindeutig gekennzeichnet, ‚daß sich mein Wille darin unmittelbar auswirkt'*, d. h. der Ablauf des in mir Vorgehenden nicht unbeeinflußt bleibt von meinem Willen.

Man kann darauf erwidern, daß mein Wille unendlich vieles selbst in meinem Geist nicht unmittelbar erreichen kann, geschweige denn in meinem Körper. Ich kann durch meinen Willen wohl meine Atmung, aber schon meinen Herzschlag nicht beschleunigen oder verlangsamen. Und tausenderlei Reaktionen meines Körpers stehen außerhalb der Reichweite meines Willens. — Das ist ebenso richtig, wie daß ich jene mathematische Aufgabe, welche meine Denkfähigkeit übersteigt, nicht lösen kann. Mein Wille kann mich auch nicht talentvoller, begabter, klüger machen, als ich es von Natur aus bin. Wenigstens nicht unmittelbar, sondern bestenfalls nur auf dem Umwege der Übung, der wiederholten angestrengten Tätigkeit. Doch die Allmacht des Wollens, sein jeweiliges Ziel immer voll zu erreichen, wird auch keineswegs behauptet, sondern nur seine Fähigkeit, zur Realisierung dieses Zieles in seinem Wirkungsbereich wirksam beizutragen, was ihm schon eine ganz besondere Stellung und Bedeutung im Gebiet des geistigen Geschehens verschafft.

Aber worin unser Wille vollkommener Meister ist: Er ist in seinem eigenen Wirkungsbereich unüberwindbar, wenn er sich nicht überwinden läßt. Das scheint eine nichtssagende Trivialität zu sein; und dennoch ist damit hinsichtlich der Selbstbestimmung, der Autonomie der menschlichen Aktivität etwas *ebenso Grundlegendes gesagt*, wie im Gebiet des Denkens mit der Behauptung seiner *Erkenntnisfähigkeit* (s. Bd. I, Kap. 4)! Wenn es eine *Freiheit des Menschen* gibt, so besteht sie gerade in der Verbindung dieser beiden Grundeigenschaften seiner Natur, — wir sprechen im nächsten Kapitel mehr davon.

Hier aber nur ein Beispiel, welches das Gemeinte klarmachen soll: Sie, verehrter Leser, machen eine Gletschertour mit einigen Kameraden; an einer gefährlichen Stelle rutscht einer von der Seilschaft aus und zieht die anderen nach sich. Sie sind der Einzige, der (als ‚Letzter am Seil') ohne abzurutschen stehenbleiben konnte. Nun nehmen wir an, daß von der plötzlichen Belastung des Seiles der schlecht gebundene Knoten des um Ihren Leib geschlungenen Seiles aufgegangen ist, so daß das ganze Gewicht der abgeglittenen Seilschaft nur von der Kraft Ihrer Arme, Ihrer das Seil umspannenden Finger gehalten werden muß. — Ein die Muskelkraft schlechthin übersteigendes Gewicht überwindet auch deren höchste Anstrengung; kein Mensch kann mit gestreckter Hand zehn Tonnen hochhalten. Die Muskeln geben nach, *unabhängig vom Wollen des Menschen.* — Wir nehmen an, daß es auch Ihnen so ergeht: Ihre verkrampften Armmuskeln geben dem unüberwindlichen Zug des Seiles nach, — die Seilschaft stürzt in die Tiefe. — Es ist klar, daß unter diesen Umständen die obige Formulierung von der Unüberwindlichkeit des Willens sinnlos wird. Die übergroße Kraft des Gewichtes hat die höchstgespannte Kraft Ihrer Muskulatur einfach hinweggefegt, so wie ein Zentnerstein den Widerstand eines Bindfadens zerreißt. — Daß Sie dabei weder Verschulden noch Verantwortung trifft, leuchtet unmittelbar ein.

Nun aber nehmen wir die zweite Möglichkeit: Das Gewicht der — oder in diesem Fall besser *des* — Abgestürzten übersteigt ihre Kräfte *nicht;* Sie können ihn gerade noch am Seile halten; ihn hinaufzuziehen reichen Ihre Kräfte aber nicht mehr aus, und eine Hilfe zeigt sich nicht in Ihrer Nähe. Das Seil aber schneidet sich immer tiefer in Ihre Muskeln ein. Der Anstrengungsschmerz steigt und wird fast unerträglich. Und nun naht die Versuchung ... — Bei jeder uns sonst bekannten Kraft steht es eindeutig so: Sie wird von der Gegenkraft um ihr Einverständnis nicht gefragt; ist die Gegenkraft größer, so überwindet sie die kleinere schlechthin und diese muß sich fügen, — wie Ihre Muskelkraft dies tat bei unserer ersten Annahme. Ganz anders aber steht es im zweiten Fall um den Kampf *zwischen Ihrem Schmerz und Ihrem Willen*, den Tod des Bergkameraden nicht zu verschulden. *Hier befinden wir uns im ureigenen Wirkbereich des Willens.* Und *im Wirkbereich des Willens geschieht nichts, ohne seine Ein-Willigung*, — d. h. ohne daß er es will oder wenigstens ‚zuläßt'. So auch im Kampf zwischen dem fast unerträglichen Anstrengungsschmerz des seinen Kameraden am Seile haltenden Bergsteigers und seinem Willen, nicht nachzulassen und seiner Bergpflicht zu genügen. Sofern die rein physischen Kräfte des Bergsteigers noch ausreichen und es nur *der Schmerz* ist, der ihn *zu bestimmen sucht*, das Seil loszulassen, kommt es darauf an, *ob seine innere Entscheidung für Schmerzbefreiung oder für Erfüllung der Bergpflicht, trotz Schmerz, ausfällt.* Diese Entscheidung *ist seine ‚freie Tat', d. h. er ist ihr eigentlicher Urheber, nur er ist für sie verantwortlich, nur von ihm hängt sie ab.*

Der Wirkbereich des Willens umfaßt alles, was von seiner Entscheidung abhängt. Und das ist der weitaus größte Bereich des bewußten menschlichen Lebens und Handelns. Denn selbst unsere Affekte gehören zum größten Teil dazu. Nehmen wir einen jähzornigen Menschen: Gewiß ‚überfällt' der Jähzorn den Jähzornigen. Wenn das im Wahnsinn oder in Volltrunkenheit geschieht, so ist es ein besonderer Fall, der uns hier noch nicht angeht. Wir haben es mit dem normalen jähzornigen Menschen zu tun: *Ist er wirklich eben so schutzlos gegen seinen Jähzorn, wie gegen eine fremde überstarke Kraft*, die seine Muskelkraft schlechthin überwindet? Nehmen wir an, er hätte schon vorher den Entschluß gefaßt, seinen Jähzorn zu beherrschen. War es dann nicht so, daß er in diesem seinem Entschluß im entscheidenden Moment *nachließ* und es in der Aufregung des Augenblickes *zuließ*, daß der Entschluß selbst und seine Auswirkung zurückgedrängt wurden und ‚er es vorzog', — fast möchte man es so sagen: ‚der Wonne des übermächtigen Triebes sich hinzugeben', als die Unlust seiner Bändigung auf sich zu nehmen? Der Sieg der übergroßen fremden Macht über seine Muskulatur hängt gar nicht von ihm ab; es geschieht über seinen Willen hinweg. Ist das Verhältnis dem Jähzornaffekt gegenüber genau dasselbe? *Sicher nicht.* Und eben dies ist mit den Worten gemeint: ‚In seinem Wirkbereich ist der Wille des Menschen unüberwindbar, wenn er sich nicht überwinden läßt.' *Da geschieht nichts, ohne daß der Wille,* d. h. der Mensch selbst, *dazu seine Einwilligung gibt.*

Das Wesen des *Irreseins* ist dadurch wesentlich mitcharakterisiert, daß diese zentrale, also auch vom denkenden Ich gelenkte Bestimmungsmacht des Willens *nicht mehr vorhanden ist,* d. h. daß das Ich gegenüber dem einzelnen seelischen Geschehen nicht mehr jene bestimmende Rolle spielt, die ihm normalerweise zukommt. Und das Sein oder Nichtsein der Verantwortlichkeit hängt an eben diesem Punkt, — denn wo die normale Funktion des Ich entfällt, ist das Subjekt nicht mehr da, welches die Verantwortung zu tragen hat.

Das Werden des Gewollten im Kampf mit Gegentrieben

Daß der normale Wille in seinem Wirkbereich das psychische Geschehen beeinflußt, wird niemand leugnen. Aber manche Forscher[1]) sind der Auffassung, daß uns die unmittelbare Beobachtung doch nur die Tatsache der zeitlichen Aufeinanderfolge zeigt: „Zuerst war der Wille da, dann folgte die Handlung", — nicht aber: „die Handlung *ging aus dem Willen hervor*". Und in der Tat ist die Frage nicht leicht zu beantworten, ob wir den kausalen Zusammenhang zwischen unserem Wollen und der *Bewegung unseres Körpers* unmittelbar erfassen können. Könnten wir das, so wäre in den rätselhaften Zusammenhang zwischen Geist und Körper eine wichtige Bresche geschlagen: an dieser Stelle wäre uns das Leib-Seele-Verhältnis ganz unmittelbar zugänglich und erfaßbar. Dieser schwierigen Frage wollen wir hier ausweichen (über den Zusammenhang zwischen Leib und Seele s. Bd. I, Kap. 6) und uns nur

[1]) Z. B. die meisten Positivsten und Behavioristen.

auf die Frage beschränken, ob *innerhalb des geistigen Geschehens* mehr als die bloße zeitliche Aufeinanderfolge, ob hier der *unmittelbare Kausalzusammenhang zwischen Wollen und Eintreten des Gewollten* erlebbar und beobachtbar sei. Und hier ist die Klärung des Tatbestandes bedeutend leichter und das Erreichen einer eindeutigen Auffassung durchaus möglich: Nehmen wir den Fall, daß ich starken Durst habe und ein Krug klaren kalten Wassers vor mir steht. Ich fühle einen starken Trieb, ihn zu ergreifen und zu trinken. Dieser Trieb wäre auch schon befriedigt worden, wenn ich nicht wüßte, daß in der Quelle, aus der das Wasser stammt, Typhusbazillen nachgewiesen wurden, die auch schon zu zahlreichen Erkrankungen geführt hatten. Wie ich mich nun verhalten werde, hängt von meiner Wesensart, der Stärke meines Willens und meines Durstes ab. Wer aber könnte bezweifeln, daß sich nun in mir ein unmittelbar erlebbarer Kampf zwischen dem Trieb zu trinken und dem Willen, den Weisungen der Vernunft zu folgen und nicht zu trinken, entfachen wird? Ein Kampf, der bei äußerstem Durst vielleicht zum Sieg des Durstes führen wird, indem sich dabei die so häufigen ‚Versuchungsgedanken' miteinmischen: ‚Nicht jeder Schluck Wasser bringt ja Krankheit und Tod', ‚dem Mutigen (?) gehört die Welt', ‚wer nichts wagt, gewinnt nichts', ‚es wird schon nichts machen' u. dgl. m. Denn solche Überlegungen, welche vor dem Forum des objektiven Denkens recht fadenscheinig erscheinen, gewinnen in der Regel Bedeutsamkeit und Kraft, wenn sie von starken Trieben unterstützt werden.

Nun nehmen wir aber an, daß sich der Gegenfall einstellt: Der sich auf Vernunfteinsicht gründende Wille gewinnt die Oberhand, ich bringe es über mich, dem Dursttrieb zu widerstehen. Wer könnte da wiederum bezweifeln, daß mein Erleben in diesem Fall nicht einfach aus Empfindungen besteht, die sich mir gleichzeitig bieten und die, wie etwa eine Gesichts- und eine Gehörsempfindung, einfach nebeneinander bestehen, sondern: aus etwas grundsätzlich davon Verschiedenem? Nämlich aus *Aktivitäten* — einem *Trieb* und einem *Willensakt*. Und daß die beiden *nicht nur nebeneinander bestehen,* sondern *gegeneinander gerichtet sind,* daß *ein Kampf in mir zwischen den beiden stattfindet.* Oder besser: daß ein solcher zwischen *mir* und meinem *Durst* stattfindet, indem der Dursttrieb mich zu etwas ‚treibt', wogegen ich mich wehre. Und daß, wenn im Schlußeffekt das Wasser ungetrunken bleibt, so die *unmittelbare Ursache davon mein dem Dursttrieb entgegenstehender Wille ist.* Dies erschließe ich, als der diesen Kampf Durchstehende, *nicht in induktiver Weise,* indem ich in vielfacher Beobachtung ein zeitliches Zusammen von Trieb und Willen feststelle und aus dem Ergebnis schließe, daß die beiden nicht nur gleichzeitig da sind, sondern auch in realer Kampfbeziehung zueinander stehen; sondern der Kampf beider miteinander ist mir in meinem Erleben so unmittelbar real gegeben, wie nur etwas es überhaupt sein kann. Nicht die deutlichste Empfindung kann mir sicherer und unmittelbarer gegeben sein als die *Tatsache dieses* Kampfes — und: *die Bedingtheit des Sieges im Enderfolg durch den Willen.*

Dieser Tatbestand liegt so auf der Hand, daß es genügte, ihn nur anzudeuten, wenn die rein induktiv eingestellten Psychologien ihn nicht übersähen, ja sogar leugnen würden, daß uns die Selbstbeobachtung *mehr geben kann,* als was uns die ‚Naturbetrachtung von außen' (nämlich: ‚die bloß zeitliche Aufeinanderfolge') unmittelbar zu bieten vermag. — Aber eben hier zeigt sich mit nicht abzuweisender Klarheit, daß uns die Selbstbeobachtung mehr, viel mehr zu bieten vermag: Nämlich sowohl den *Urbegriff der Kraft* (denn aller Kraftbegriff stammt aus der *erlebten Kraft von Trieb und Wille),* als auch des *Kräftekampfes,* — als endlich auch *der ‚Auswirkung', welche sich im psychischen Geschehen an den Sieg der einen Kraft anschließt!* Und hier liegt eine der Grundwurzeln der ‚verstehenden Psychologie'.

Die Willenskraft

Zusammenfassend: Aktivitäten, Kräfte gehören zu unserem Wesen; mein zentraler Wille = ich selbst — bin so eine Kraft. Und diese Kräfte sind ihrem Urwesen nach von der Empfindung grundsätzlich verschieden; daher sind auch ihre höchsten Grade nicht mit einer starken Empfindung zu vergleichen und nicht in dieser Richtung zu suchen. Der Mensch mit starkem Willen fühlt sich, lebt sich, *ist* schlechthin anders als sein schwacher Mitbruder. Handelt es sich um körperliche Stärke, so zeigt sie sich tatsächlich im Spiel der Muskeln, in den von der Muskulatur ausgelösten Empfindungen und Leistungen. Die *Stärke des Willens* liegt aber eher in der *Stärke zentraler Überzeugungen und Werterlebnisse*, in der Bedeutung, welche sie im Leben und Handeln des Menschen besitzen. Selbst eine sonst willensschwache Frau kann manchmal einen Heldenwillen entwickeln, wenn es sich um ihr krankes Kind handelt. Daß man sie trotzdem als willensschwach bezeichnen muß, kommt von der Enge des Gebietes her, in dem ihre Werte liegen und innerhalb dessen sie daher auch stark ist. Läge ihr Schwerpunkt nicht allein in ihrer Beziehung zum eigenen Kinde, sondern in allgemeinen religiösen, sozialen, ethischen Werten, so käme ihr von hier die Kraft, welche dem Wesen des Menschen den allgemeinen Stempel der Kraft aufprägt. Diese Werte brauchen nicht immer von hoher ethischer Art zu sein, wenn sie nur das Wesen des Menschen tief und innig durchdringen; sie können auch im Ehrgeiz, im Machttrieb, im Bewußtsein des Selbstwertes und starker Selbstliebe bestehen. Vielleicht muß man aber noch weiter gehen und die Willenskraft als eine *besondere psychische Konstitutionseigenschaft*, nämlich als die *ausgesprochene Vorherrschaft des zentralen Ichkernes über seine peripheren Gebiete* ansehen, die bis zu einem gewissen Grade auch unabhängig vom Wertbereich, wenigstens von seinen höheren Regionen, bestehen kann. So schildert Dostojewskij in seinen ‚*Memoiren aus dem Totenhaus*' Charaktere von eiserner Willenskraft, denen man eine tiefere Verankerung im Reiche idealer Werte unmöglich zubilligen kann. Aber eine Verachtung der anderen Menschen, die mit solcher Willenskraft nicht begabt waren, d. h. eigentlich ihrer ganzen Umgebung, lag stets in ihrem

Verhältnis zu den übrigen Menschen; ein Hochmut, der sie für das Fehlen idealer Werte entschädigte und jene Quelle sein konnte, aus der sie ihre Kraft schöpften.

Der zentrale Wille und die Einzelstrebungen

Der Wille ist seinem Wesen nach nicht ‚momentgebunden', was, im Gegensatz dazu, von der Empfindung wohl gesagt werden kann: Die Empfindung: ‚war nicht', — ‚sie ist!' — und ‚ist nicht mehr'; ihr bewußtes Leben dauert während dieses kurzen ‚ist'.[1]) Der Wille aber ist *grundsätzlich auf die Zukunft gerichtet,* in der er entweder das *Aufrechterhalten* des gegenwärtigen Zustandes oder das *Herbeiführen eines Neuen* zu bewirken sucht. Da er eine Kraft ist, läßt er sich bildhaft nicht anders darstellen als die Kräfte der Physik dargestellt werden, nämlich durch Vektoren.

Nun ist ein jedes Tier und in ungeheuer verstärktem Maße ein jeder Mensch der Träger einer großen Menge von Wünschen und Trieben, die nicht selten einander so widersprechen, wie es der Trieb und der Wille im obigen Beispiel taten. Da ist es denn durchaus möglich und tritt, bevor der Kampf zwischen sich entgegenstehenden Strebungen entschieden ist, auch tatsächlich ein, *daß jede von ihnen Anspruch auf die Beherrschung des psychischen Ablaufes und damit der Handlung desselben unteilbaren Individuums stellt.* Und es ist von größter, fundamentaler Bedeutung, *daß die beiden entgegenstrebenden Tendenzen ihre Auseinandersetzung in derselben Seele grundsätzlich anders austragen,* als dies zwischen *entgegengerichteten Willen verschiedener Individuen* geschieht. Hier nämlich geschieht es ‚in der Handlung des äußeren Kampfes', wobei zum endgültigen Sieg nicht wenig die Muskelkraft und manche andere kampfbegünstigenden Umstände beitragen.

---

[1]) Daß dieses Verschwinden aus dem Bewußtsein allerdings nur ein Zurücktreten aus der Sphäre des Klarbewußten und nicht ein gänzliches Aufhören ihrer Existenz als Vorstellung bedeutet, indem sie ins Reservoir des Gedächtnisses aufgenommen wird, wissen wir aus dem Kap. 1, ‚Der Mensch und die Zeit'.

In derselben Psyche aber, ‚demselben psychischen Raum', treten sich die *sich gegenüberstehenden psychischen Kräfte ‚unmittelbar' entgegen.* Wobei von entscheidender Bedeutung ist, daß die beiden Kräfte, so verschieden und gegensätzlich sie auch sein mögen, dennoch *nur zwei gegengerichtete Zweige aus der Wurzel desselben Ich sind,* d. h. daß beide *meine* Strebungen sind, und daher Ich, d. h. die zentrale Instanz, *in der der Zusammenhang allen Wissens und allen Strebens gründet, auch zu jedem Einzelkampf der Kräfte Stellung nehmen kann — und muß.* Es wird dies klar im Verhältnis zwischen Trieb und dem zentralen Willen: Ein Zuckerkranker hat im allgemeinen starken Appetit gerade auf die ihm verbotenen Zuckerwaren; zugleich weiß er, daß alle Kohlenhydrate, in erster Linie aber Zukker, seine Krankheit fördern. Er will, wie jeder Mensch, leben und seine Wünsche und Begierden befriedigen, zugleich aber auch die mit der Krankheit verbundenen Beschwernisse nach Möglichkeit hintanhalten. Nun steht derselbe Trieb nach Wunschbefriedigung in sich gespalten sich selber gegenüber da: Denn der genossene Zucker trägt zur momentanen Lebensfreude sichtlich bei; er trägt aber auch bei zur Krankheit und allen mit ihr in der Folgezeit verbundenen Beschwerden, die in summa größer und peinlicher sind, als der positive Lustgewinn durch momentanes Verzehren der Zuckerwaren. — Peinlicher — aber auch *ferner* weg; denn sie treten erst nach Monaten oder Jahren ein, während der Lustgewinn dem Kranken unmittelbar zuwinkt. Und, was näher ist, erscheint uns größer, nicht nur im Raum, sondern auch in der Zeit — und: ‚geht uns näher an'. Mit zwanzig Jahren ist uns der Tod noch hinter den Bergen, — was geht er den Jüngling an? Mit Siebenzig steht er näher und wird schon *dadurch realer.* — Ja, gäbe es nur Empfindungen und keine Vorstellungen und kein Denken, so würde uns die Zukunft überhaupt nichts angehen, denn die Empfindung ist ja nur in ihrem Augenblickssein, in der Gegenwart, — nur diese geht sie an. Das Kleinkind ist so ein Augenblickswesen, das in seinen Empfindungen aufgeht. Ganz anders benimmt sich das Denken des Erwachsenen, das in jenem Ich-Zentrum abläuft, welches wir im Bd. I, Kap. 8 ‚Bewußtsein und Bewußtseinsträger' kennen lernten. Das Ich dauert ja, trotz dem Wandel seiner Zustände, *als dasselbe* in Vergangenheit, Gegenwart und Zukunft. Gerade dadurch ist ihm auch die Idee der Zeit bekannt. Und in seinem *reinen Denken*, das wir *Vernunft* nennen, steht ihm die Zukunft (die empfindungsmäßig noch ein Nichts ist, solange diese Gegenwart andauert!) gleichwertig mit der Gegenwart da, denn es weiß: „Einmal wird dieses Nichts genau so Alles sein, wie es ‚diese Gegenwart' jetzt ist." Derselbe Drang, der jetzt sich kundtut im Verlangen nach Genuß des Zuckers, bleibt als Lebenstrieb bestehen zu allen Zeiten. So steht es gespalten da: Derselbe Grundtrieb strebt nach dem Augenblicksgenuß, der, *umgeleitet durch das Medium des Denkens*, vor den Beschwerden der Krankheit zurückschrickt. Und der Kranke weiß, daß der ‚Gesamtlebensgenuß' durch Nachgeben an den Augenblicksimpuls nicht zu-, sondern abnehmen wird. Die tiefere Ich-Schicht, wo dieses Wissen lagert, umfaßt, im Gegensatz zum Augenblicksimpuls, *nicht nur das einzelne Erlebnis*, sondern große Lebenskomplexe, berücksichtigt aber auch die gerade bevorstehende Lust vollwertig mit dabei. Sie zieht also *das Fazit aus der Gesamtsituation* und *macht daher mit Recht einen bevorzugten Beachtungsanspruch für sich geltend.* Es ist die sog. ‚Stimme der Vernunft'; besser gesagt: die ‚Stimme des tieferen Ich', denn in ihr spricht *nicht die Vernunft allein, sondern auch der Trieb zum Leben,* — aber nicht allein der Lebenstrieb dieses einen Augenblickes, sondern *aller mitgedachter Augenblicke, welche die Dauer des Lebens ausmachen.* — Handelt es sich dabei um ethische Fragen und Entscheidungen, so nennen wir sie die ‚Stimme des Gewissens'.

Nicht selten bleiben unsere Lebenskonflikte im ‚Gegensatzzustand' ungelöst bestehen, indem bald der Wille, bald der Trieb mehr vortritt, die eigentliche *Entscheidung* aber auf später verschoben wird. An diesem Zustand ungetroffener Entscheidung trägt der Mensch stets schwer. Sein einheitliches Wesen verlangt nach Einheit der Entscheidung; darin besteht ja die Eigenart des In-di-viduums, daß es unteilbar sein soll; nun aber ist es in sich gespalten. In unserem absichtlich primitiv gewählten Beispiel gewiß nur im relativ Unwesentlichen. Aber derselbe Gegensatz kann in den wichtigsten Lebensproblemen, der Treue, der Berufswahl, der Aufrichtigkeit, der Lebenskonsequenz, des Mutes usw. auftreten; und bleibt er ungelöst bestehen, kann er eine allgemeine Unsicherheit im Leben und Handeln nach sich ziehen und ist stets eine Belastung für den Menschen, der seine natürliche Einheit eingebüßt hat. Was man Neurasthenie nennt, ist zum größten Teil die Folge dieses ungelösten Doppelzustandes, in dem gegensätzliche Energien im selben Menschen aktiv sind, wobei nicht selten die eine Energie aus dem Bewußtsein verdrängt, aber dadurch in ihrer Wirksamkeit nicht schlechthin aufgehoben ist. So daß der Träger beider Strebensrichtungen nicht selten selbst darüber staunt, ‚was sich in ihm tut‘, und auch was er selbst im unbewachten Augenblick tut, wenn die verdrängte, aber nicht aufgehobene Energie sich meldet und in Handlungen durchbricht, welche ihr Träger keineswegs beabsichtigt und bewußt akzeptiert hat. Das sind die berühmten Fälle von Sich-Verlesen, Versprechen, Vergreifen, Vergessen, mit einem Wort jene von *Sigmund Freud* beschriebenen Fehlhandlungen, die, beim Gesunden nur hier und da auftretend, seine normale Tätigkeit kaum beeinträchtigen, während sie beim Erkrankten sein ganzes Leben durchziehen und verderben können, indem sie als fixe Ideen verschiedenster Art, ja sogar als körperliche Erscheinungen (Ticks, Lähmungen, Organminderwertigkeiten usw.) auftreten (s. hierzu auch Bd. I, Kap. 13 ‚Tiefenpsychologie‘).

Wenn zwei verschieden gerichtete *physikalische* Kräfte auf denselben Gegenstand einwirken, so entsteht das bekannte Parallelogramm der Kräfte, und die Wirkung vollzieht sich in der Resultante, welche in der Diagonalrichtung der beiden Kräfte verläuft. Das bedeutet, daß *im Resultat sich beide Kräfte äußern,* ähnlich dem Fall, den wir im Psychischen eben betrachtet hatten. Und es wäre das größte Unglück für das Menschengeschlecht, wenn dieses Gesetz des physikalischen Kräftezusammenschlusses auch für das psychische Geschehen ausnahmslos gälte. Denn das bedeutete ein stets unzweckmäßiges, vom Grund aus stets „unentschiedenes“ Verhalten.[1])

Ein Anflug ähnlicher Verhältnisse findet sich im sog. Wahl-Reaktionsversuch (und selbstverständlich auch in den entsprechenden Bedingungen des täglichen Lebens): Wenn die Vp. auf das Lichtsignal hin möglichst rasch eine Reaktion durch Druck auf eine Taste mit dem rechten Zeigefinger ausführen soll, so ist die dabei gemessene Zeit deutlich kürzer, als wenn man ihr mehr Freiheit läßt und sie die Reaktion *beliebig* mit dem rechten oder linken Finger ausüben darf. Da die Entscheidung, mit welchem Finger sie reagieren soll, nicht schon vorher getroffen worden ist, fällt die Entscheidungsdauer, d. h. die für die Wahl des Reaktionsfingers nötige (wenn auch noch so kurze) Zeit in die Versuchszeit hinein, verlängert sie und kann an dieser Verlängerung gemessen werden. Der französische Ausdruck ‚embarras de richesse‘ deutet dieselben Verhältnisse im täglichen Leben an. Aber in der Regel kommt dann doch die *Entscheidung* und *eine bestimmte* Bewegung, eine bestimmte Handlung triumphiert, indem nur sie ausgeführt wird, während die andere *ganz unterbleibt.*

So bei der Wahl zwischen an sich gleichgültigen Bewegungen, wie aber, wenn die konkurrierenden Handlungen beide durch starke Wunsch- und Willenskräfte getragen sind, wie es etwa in dem Beispiel des Zuckerkranken der Fall sein kann? Wir haben das Beispiel absichtlich so gewählt, daß es derselbe Trieb zum Leben und Lebensgenuß

---

[1]) Etwas Ähnliches kommt bei primitiven Lebewesen tatsächlich als Regel vor. So z. B. bei lichtempfindlichen, durch Licht angezogenen, einfachsten, am Meeresufer im Wasser lebenden heliotropischen Wesen. Ein rechts ins Meer vorgelagerter Lichtpunkt zieht das Lebewesen nach rechts-vorne, ein ebensolcher links nach links-vorne. Wenn nun aber beide zugleich wirken, so bewegt sich das Lebewesen in der Diagonale und kommt auf diese Weise mittendurch ins offene Meer, wo es zugrunde geht. In ähnlicher Lage befände sich der berühmte Puridanische Esel, wenn er nach rein physikalischen Gesetzen reagierte, und der auf ihn ausgeübte Zug der beiden Heubündel rechts und links wirklich genau die gleiche Stärke hätte.

ist, welcher den Kranken sowohl zum Übertritt des Verbotes als auch zu seiner Aufrechterhaltung zu bewegen sucht. Jedoch mit dem deutlichen Unterschied, daß der momentane Anreiz eben nur diesem Zeitmoment entspringt, während der zurückhaltende Wille durch das Medium der Vernunft, d. h. die Überschau sämtlicher sich daraus ergebenden Lust-Unlust-Momente bedingt ist. — Die beiden gegeneinander gerichteten Kräfte sind also ihrem Wesen nach *nicht mehr wertgleich,* wie es doch alle physikalischen Kräfte ihrem Wesen nach ausnahmslos sind.

Gewiß, es kann nun der Fall eintreten — und er tritt nicht selten ein —, daß sich der Momentanimpuls als der im Kampfe stärkere Gegner erweist. Das Problem des Kampfes ist damit zwar für diesen einen Fall praktisch erledigt, *nicht aber grundsätzlich und nicht der höheren Einsicht entsprechend gelöst.* Denn die Einsicht bleibt: Die angestrebte Befriedigung wird *in summa* größer sein, wenn der Momentangenuß gemieden wird. Anders ausgedrückt: aus der *den Gesamtlebenslauf überblickenden und ihm entsprechenden Auffassung* ergibt sich: „Du sollst dich in diesem Augenblick überwinden, damit die Gesamtheit der Lebensaugenblicke, d. h. du selbst in der Dauer deines Lebens, zur größeren Befriedigung deines Lebenstriebes kommst, — wonach du im Grunde ja strebst. Und wenn du anders gehandelt hast, so *‚hättest du sollen‘* der höheren Einsicht nach gehandelt haben!“ — Eine Entscheidung aus dem Augenblicksimpuls heraus und im Gegensatz zur höheren Einsicht ist also niemals eine wirklich vollbefriedigende und definitive Entscheidung. Im Gegenteil, sie ist mehr ein sich durch die Momentsituation Faszinieren- und Treibenlassen, wobei man halb absichtlich den Blick von der Gesamtschau abwendet, sich manches verbirgt oder unberücksichtigt beiseite läßt, dessen Bedeutung und Wichtigkeit man eigentlich doch kennt. *Dieser Rest* bleibt also bei solcher Handlungsweise stets zurück: ‚Entscheidendes‘ ist damit nicht erreicht. Und das Ergebnis ist: daß man sich, d. h. sein tieferes, wissendes Ich, *vom Momentanimpuls ‚überwunden‘ fühlt!* Was man sich nicht immer eingestehen mag, — was man aber in der Tiefe sehr wohl fühlt und weiß.[1])

Wie aber ist es im Gegenfall: beim Siege des Prinzipes, das, der höheren, umfassenderen Einsicht entspringend, den berechtigten Anspruch darauf erhebt, die ‚richtige', die ‚sein sollende' Handlungsweise anzugeben? In seinem Siege liegt, auch rein psychologisch, *die eigentliche, die definitive Entscheidung* — auch wenn sie Beschwernis und Verzicht in sich enthält —, *vorausgesetzt, daß sie innerlich bis ins Letzte durcherlebt ist* (man denke bei solchen Lebensentscheidungen an den Beruf des Priesters, gar des katholischen Priesters, der auf Ehe und Familie verzichtet, des Arztes, des Soldaten, und an die vielfältigen Situationen, die jeden Menschen jeden Berufes in kritischen Lebenslagen vor entgültige Entscheidungen stellen). In solcher durcherlebten Entscheidung liegt eine ungeheure Kraft und eine *abschließende Stellungnahme,* weil das ‚als Sein-Sollendes Eingesehene' damit zur Verwirklichung kommt. Auf sie folgt niemals ‚berechtigte Reue', selbst wenn das Ergebnis der Erwartung nicht entspricht: sofern im Moment der Entscheidung das enttäuschende Ergebnis nicht vorausgesehen werden konnte. Das soll nicht heißen, daß eine solche Willensentscheidung jeden Trieb, mit dem sie in Kollision kommt, schlechthin aufzuheben vermag! Er mag fortbestehen, aber seine ‚Auswirkungskraft im Ich', seinen Realisierungsanspruch hat er im Ich verloren. Jene Verwirklichungstendenz, die ihm ursprünglich eigen war, ist von der zentralen Willenskraft aufgefangen und gestoppt.

---

[1]) Natürlich gibt es auch Situationen, in denen die Entscheidung *für den Augenblicksimpuls* zu einer echten Entscheidung werden kann: Das ist der Fall, wenn der Wert, den der Augenblick bietet, dem Menschen tatsächlich mehr wert ist, als das ganze Leben. Wo dann keine Reue folgt, trotzdem das Leben verloren ist. Die Entscheidung des *Achilleus* für ein kurzes ruhmvolles Leben gegenüber der Sicherheit eines geruhsamen Alters, gilt seit jeher als Musterbeispiel einer solchen Entscheidung. Es braucht dies aber nicht die Bevorzugung eines kurzen ruhmreichen Lebens zu sein, auch der Augenblick kann genügen: *Puschkin* schildert in ‚Ägyptische Nächte' ein Fest im Palast der Kleopatra, an dem sie ihre Liebesnacht um den Preis des Lebens des Begünstigten feilbietet. Und die dazu Entschlossenen gehen in vollem Bewußtsein auf diese Bedingung ein, denn sie erscheint ihnen absolut preiswert und genehm.

In diesem Zustand ist es von größter Wichtigkeit, daß jene Energieentwicklung und Besetzung eintritt, welche *Freud* als ‚Sublimation' (s. Bd. I, Kap. 13) bezeichnete, deren Grundwesen in der psychologischen Ethik aber schon lange vor Freud bekannt war: Die Gesamtenergie des Menschen ist — mag sie auch aus vielen, sehr verschieden gerichteten Trieben und Willensrichtungen bestehen —, letzten Endes doch *eine* Größe; der Mensch kann sich nicht zugleich mehreren Leistungen mit gleicher Energie hingeben; was der einen Aufgabe zuteil wird, wird der anderen entzogen. Daher ist von größter Wichtigkeit, daß jener Augenblick der Selbstüberwindung nicht im leeren Raum der Tatenlosigkeit geschieht, sondern der übernommene Verzicht gleichzeitig durch möglichst intensive, die Seele des Menschen möglichst tief ergreifende anderweitige Leistung ausgeglichen wird.

Das sind aber nur Hilfsmaßnahmen, welche praktisch von größter Wichtigkeit sein können, den eigentlichen Kern der psychischen Situation aber nicht treffen. Dieser liegt *in der menschlichen Fähigkeit zur ‚Entscheidung'*, wodurch der Ausgang des Kampfes miteinander rivalisierender psychischer Kräfte ein grundsätzlich anderer sein kann, als er sich im Parallelogramm der physikalischen Kräfte zeigt, in dem jede Kraft ihre Auswirkung in der ihr eigenen Richtung beibringt. Neurasthenie, innere Unruhe, Unbefriedigtheit und alle damit zusammenhängenden Leidenszustände der Seele, treten nur dort auf, wo keine in die Tiefe der Seele gehende und in Fleisch und Blut eingegangene Entscheidung besteht. Wo diese vorliegt, wo z. B. ein Verzicht in vollkommen klarer Einsicht in seine Notwendigkeit geleistet worden ist, kann gewiß der Verzichtsschmerz immer noch tief in die Seele des Menschen greifen. Aber auf der Grundlage dieser Einsicht findet eine innere Umstellung des Menschen statt, die von klarer Seelenruhe getragen ist und, bei großen Lebensentscheidungen, eine Heldentat sein kann, eine Tat, die nicht zur Schwächung und Neurotisierung, sondern im Gegenteil zur Stärkung und Reifung der Persönlichkeit führt.

Wir betrachteten in der Hauptsache solche Beispiele, wo gleichartige Werte, nämlich Trieb des Augenblickes und Dauerlust des Lebens, gegeneinander standen. Sobald aber auf der einen Seite echte Sittlichkeitswerte, auf der anderen nur Genußwerte aufscheinen, hat das Ich nicht mehr bloß nach der Quantität des erreichbaren Lust- oder Unlusterfolges zu vergleichen und zu entscheiden, sondern auch nach der ethischen Gewichtigkeit des zu gewinnenden oder zu verlierenden Wertes. Wobei die Einsicht in die Höhe und den Charakter des Wertes den Entschluß des Willens zu seiner Aufrechterhaltung besonders stark festigen kann (siehe z. B. den seinen gestürzten Kameraden am Seil festhaltenden Bergsteiger). — Hier verlieren die zeitlichen und auch die quantitativen Vergleiche ihre alleinige Bedeutung und werden durch *qualitative Wertbeziehungen* ergänzt oder vollkommen ersetzt.

Drückt sich in der besprochenen ‚Entscheidung' einfach: der Sieg des stärkeren Triebes (oder Triebkomplexes) unter den miteinander konkurrierenden Trieben aus?

Wenn die Aktivität des Menschen nur aus Trieben bestünde, so könnte die Frage nicht anders als bejaht werden. Aber schon aus dem Besprochenen ergibt sich, daß das Wesen der Entscheidung nicht einfach mit dem Sieg einer physikalischen Kraft über ihre Gegenkraft vergleichbar ist. Denn die physikalischen Kräfte sind grundsätzlich alle gleichwertig und unterscheiden sich in ihrem gegenseitigen Kampf nur durch ihre Stärke. Etwas Ähnliches liegt in der Psyche vor, wenn zwei gleichwertige Triebe miteinander konkurrieren, etwa: „Soll ich einen schwarzen Kaffee oder eine Eiscreme bestellen?" — Der bewußte Wille der Persönlichkeit hat aber *einen anderen Ursprungsort als ihre Einzeltriebe.* Wir erwähnten schon den sprachlichen Unterschied: Der Wille hat immer das Ich zu seinem aktiven Subjekt: ‚Ich will'. Aber der Trieb ‚treibt mich'; das zentrale Ich ist in diesem Fall passiv: ich werde getrieben. (Wobei es gewiß auch vorkommen kann, daß Trieb und

Wille in ihrer Richtung übereinstimmen und sich gegenseitig nicht bekämpfen, sondern stützen.)

Und im Zusammenhang mit der Verschiedenheit des Ursprungsortes von Trieb und Wille kann der Wille Ziele erfassen und anstreben, welche den Trieben fremd bleiben müssen, *weil sie erst aus der Tätigkeit der ganzen Persönlichkeit, d. h. aus ihrem Wollen und Denken, aus ihrer Fähigkeit zur Abstraktion und ihrer höchsten Erkenntnisfähigkeit als ‚Werte' hervorgehen.* ‚Gerechtigkeit', deren Entwicklung im Strafrecht wir im Bd. I, Kap. 11 kurz besprochen hatten, ist z. B. ein solcher Wert, der nur im Persönlichkeitsbereich aufscheinen kann. Gewiß, die ihn erfassende Persönlichkeit reagiert unmittelbar auf ihn: er ist ihr nicht gleichgültig, ist ihr ein Wert; wie das Wasser dem Durstigen nicht gleichgültig sein kann, sondern ihm ein Wert ist. Darin liegt eine Gefühlsbindung. Ein erlebter Wert ist immer etwas Geliebtes. Aber der ihn liebende Teil des Ich ist ein anderer, als der einen guten Schluck Wein liebende: Das den Gerechtigkeitswert liebende Ich ist das zentrale Ich, zu dem das Erfassen anderer Menschen, das Sich-in-sie-Hineinversetzen, das Denken, Vergleichen und Fühlen wesensnotwendig hinzugehört, — was alles für die Liebe zu einem guten Schluck Wein nicht notwendig ist. Und auch ‚die Liebe' selbst ist in beiden Fällen ‚eine andere', wie wir dies bei der Besprechung der Gefühle noch sehen werden.

Wir stehen nun an der Grenze von Psychologie und Ethik, wohin uns das Eindringen in die zentrale Willenssphäre der Persönlichkeit mit Notwendigkeit führen mußte, dürfen dieser Spur aber nicht weiter folgen, um die durch unseren Gegenstand gezogene Grenze nicht zu überschreiten. Als das psychologische Fazit können wir aber den Betrachtungen entnehmen: Dort, wo der Erkenntnis- und Liebesbereich des zentralen Ich beginnt, erwachsen neue Werte aus dem Reiche der Ideen, durch welche die Entscheidungen des Menschen unmittelbar, und zwar im Kampf oder in Gemeinschaft mit den Einzeltrieben bestimmt werden. Wobei die Hierarchie der Persönlichkeit als die ihr eigene Struktur in diesem Kampf stets eine bestimmende Rolle spielt und der Auseinandersetzung psychischer Kräfte ein von derjenigen der physikalischen Energien verschiedenes Gepräge verleiht.

Sofern man Persönlichkeit ist, kann man (in normalem Zustand) gar nicht mehr anders handeln als *‚aus der Stellungnahme der Persönlichkeit heraus'*. Selbst im obigen Beispiel des reinen Triebkampfes („Schwarzer Kaffee — Eiscreme?") gibt die Persönlichkeit sozusagen ihren Segen zu dem Sieg des einen Triebes, wenn sie auch ‚bei der Wahl selbst' passiv bleiben mag. — Wenn sie *in ihrem Kampf mit einem Trieb siegreich wird,* ist ihre Teilnahme an der gefaßten Entscheidung einleuchtend; aber *selbst wenn sie unterliegt,* besteht selbst dieses Unterliegen in einem *Ja-Sagen des Ichs* — diesmal allerdings gegen seine bessere Überzeugung —, *ohne welches im Willenbereich der Persönlichkeit,* wie schon gesagt, *nichts geschieht!*

Kann dieser Satz in jedem Falle voll vertreten werden? Eine Klärung muß hier noch eingefügt werden: ‚Entscheidung' ist doch nur dort notwendig und auch dort nur möglich, wo nicht schon ‚eine eindeutige Stellungnahme der Persönlichkeit besteht'! Wo also zunächst noch Unterschiedenheit zwischen zwei Handlungsmöglichkeiten vorhanden war. Wenn Sie aber einen Menschen fragen: „Willst Du mitten während eines festlichen Konzertes laut ‚Kikeriki' schreien?" und ihn dann, in einer Selbstanalyse, die Frage beantworten lassen, ob er, bevor er Ihnen die negative Antwort gab, eine ‚Willensentscheidung' vollzogen hätte, — werden sie auch darauf eine strikt negative Antwort erhalten. ‚So etwas' kommt für die meisten Menschen ‚einfach nicht in Betracht', d. h. es widerspricht ihrer ganzen Willens- und Handlungseinstellung. Diejenige Eindeutigkeit der Willenseinstellung, welche durch die Entscheidung erst herbeigeführt werden soll, besteht hier schon von vornherein, kann daher nicht erst herbeigeführt werden.

Der Wille und seine Motive

In Lehrbüchern der Psychologie ist im allgemeinen recht viel von ‚Willensmotiven' zu lesen. Ob der häufige Gebrauch dieses Wortes zweckmäßig ist, wird wegen seiner, hier folgend vorgeführten *Vieldeutigkeit* zweifelhaft: Die Frage ist gewiß gut gestellt und sinnvoll: „Durch welche Motive hast Du Dich bei dieser Handlung leiten lassen?" Ihr Sinn kann sein: Was hast Du durch diese Handlung angestrebt? Was wolltest Du erreichen? Und wird ‚Motiv' in diesem Sinne gebraucht, so ist es identisch mit dem Willens*ziel*, welches, wie wir schon wissen, 1. *primärer* oder 2. *abgeleiteter Natur* sein kann. 1. „Das eigentliche Moti aller seiner Handlungen ist: berühmt zu werden!" Oder, 2. *bei sekundärem Willen:* „Welche Überlegungen (als sekundäre Motive) waren es, welche Dich so haben handeln lassen?" Das letzte, eigentliche Willensziel ist dabei schon vorausgesetzt, gefragt wird nach dem Übergang vom eigentlichen Willensziel zum abgeleiteten Willen. — 3. „Das Motiv seiner Tat (Diebstahl) war der Hunger." Hier verwendet man den Ausdruck wieder in einem anderem Sinn: Denn sein Willensziel war doch nicht der Hunger, sondern das Stillen des Hungers. Hunger war nicht Willensziel, sondern die den Handelnden treibende Kraft. 4. Und wenn man noch hinzufügt: „Aber seine Tat war auch durch die ‚gute Gelegenheit' mitmotiviert", so ist unter Motiv *wieder etwas anderes verstanden:* Weder das eigentliche Ziel der Handlung, noch die Begründung des sekundären Willenszieles, sondern gemeint sind *die den Entschluß zur Tat erleichternden Umstände.* Sagt man schließlich: 5. „Sein Verhalten, seine Handlungsweise war gut motiviert", so meint man etwas Ähnliches wie bei der Aussage: „Dieser Antrag ist gut motiviert", was bedeutet: Die Gründe für sein Verhalten, seine Handlungsweise, für das Vorbringen dieses Antrages erscheinen hinreichend oder gar zwingend.

Spricht man vom ‚Willen und seinen Motiven', so meint man wohl am ehesten dasjenige, ‚was den Willen zur Aktion bringt'. Der Wille aber braucht gar nichts, was ihn in Aktion versetzt, da er ja selbst Aktivität ist. Daher kann im Terminus ‚Motiv' leicht eine Verdoppelung jener Grundbedeutung vorkommen, welche *schon dem Begriff Wille selbst zukommt.* Aus allen diesen Gründen ist der Gebrauch des Wortes ‚Motiv' nur mit Vorsicht geraten.

Allerdings, wenn man sich die Vieldeutigkeit des Motivbegriffes klar gemacht hat und ihn in vollem Bewußtsein als Oberbegriff über die Einzelbedeutungen verwendet, kann kein Mißgriff daraus entstehen. Doch wird man zur Klärung jedes Einzelfalles dann doch noch die genauere Bedeutung aufsuchen müssen, in welcher er gerade in diesem Falle gebraucht worden ist. Diese seine Allgemeinbedeutung läßt sich am besten durch das Wort: *Beweggrund* wiedergeben, denn dieses paßt auf alle oben angeführten so verschiedenartigen Fälle.

Wunsch und Willensentschluß

Auch der vollausgebildete *Wunsch* ist eine Art des Willens. Er ist kein bloßer Trieb, denn auch das Subjekt des Wunsches ist das Ich. ‚Ich wünsche, daß das Rennpferd X (auf das ich gesetzt hatte) das Rennen gewinnt!' Der Wunsch ist zwar nicht so ernst zu nehmen wie der Wille, — wir werden sofort sehen warum. Aber in ihm hat das Ich doch schon Stellung bezogen. Während es dem Trieb gegenüber erst noch ‚im Entschluß' Stellung nehmen muß, damit aus dem bloßen Trieb ein Willensakt des Ich wird. ‚Ich habe Hunger' ist nur die *Konstatierung des Triebes* durch das Ich; ‚Ich will jetzt essen!' — bekundet den Entschluß zu essen. — ‚Ich habe Hunger', — aber aus irgendwelchen Gründen werde ich mir das Stillen des Hungers vielleicht versagen. Im *echten Wunsch* dagegen äußert sich schon die definitive Stellungnahme des Ich: ‚Ich wünsche (eindeutig!) den Sieg dieser Partei im Wahlkampf!' — Wodurch unterscheidet sich der echte Entschluß doch noch von diesem Wunsch? Ein neuer Faktor greift hier ein, ohne dessen Hilfe der Wunsch nicht zum Entschluß werden kann: Es ist der Glaube, daß die Möglichkeit besteht, das Gewünschte durch die Tätigkeit meines Willens auch zu fördern oder gar zu erreichen! Nur die *‚Möglichkeit'*, und vielleicht sogar ein nur ‚*verschwindend kleiner Grad* der Wahrscheinlichkeit', daß es auch gelingt, — *der aber muß da sein, damit aus dem bloßen Wunsch ein Willensentschluß werden kann!* Besteht die Überzeugung, daß die Aktivität meinen Willens zum Werden des Gewünschten *nichts beitragen kann,* so wird der Wunsch, wie die obigen Beispiele zeigen, dadurch nicht aufgehoben, er kann als brennender, sehnlichster Wunsch weiterbestehen; zu einem Entschluß kann er (wenn man nicht an Telekinese glaubt!) grundsätzlich nicht werden.

Ich sagte, der Wunsch ist nicht so ernst zu nehmen wie der Willensentschluß, und zwar gerade weil dem Wünschenden die Folgelosigkeit des Wunsches in der Realität bekannt ist. Da kann sich der Mensch leicht zu einem Wunsch hinreißen lassen, ihn dem anderen gegenüber auch aussprechen, wie dies im gegenseitigen *Beschimpfen* nicht selten geschieht. Rechnete aber der Mensch damit, daß in seinem Wunsch eine Verwirklichungskraft liegt, so würde er ihn vielleicht noch zügeln, wie er dies oft mit seinen Affekten tut, damit sie ihn nicht zu Handlungen hinreißen. Der ‚ernst gemeinte Fluch', an dessen reale Wirksamkeit der Fluchsetzende glaubt, ist dagegen kein bloßer Wunsch mehr, er ist eine innere Tat, — auch wenn der Fluch real unwirksam bleiben mag. Wer Zaubermittel in vollem Glauben an ihre Wirksamkeit anwendet, um den anderen zu verderben, lädt nicht weniger Schuld auf sich, wie derjenige, der real wirksame Mittel zum selben Zweck gebraucht.

Der bloße ‚Entschluß' aber ist *immer noch keine Tat,* wenn er ihr auch schon nahekommt. Denn er ist jener Willenszustand, aus dem die Tat wird. In ihm sind alle Folgezustände grundsätzlich schon enthalten. Aber das Strafrecht hat recht, wenn es den Entschluß doch nicht straft, solange er sich nicht in Handlung äußert. Denn auch noch der echte, feste Entschluß kann vor der Tat durch unvorhergesehene, im Menschen selbst auftauchende, Willensmomente und ‚Motive' aufgehoben oder verändert werden. Seine Unerschütterlichkeit unter den bestehenden Verhältnissen *beweist erst die ausgeführte Tat.*

Wie wird das Gewollte durch den Willen verwirklicht?

Wir haben eben gesehen, daß der Glaube an die Verwirklichungsmöglichkeit des Gewollten durch den Willen — Voraussetzung des echten Wollens überhaupt ist. Ich kann schlechthin nicht wollen, mich an das chinesische Wort für ‚Kronprinz' zu erinnern, weil ich dieses Wort überhaupt nie gekannt hatte. Aber im Französischen hatte ich es gekannt; wenn es mir gerade jetzt auch nicht gleich in den Sinn kommt, so besteht die *Möglichkeit*, daß es mir gelingt, es zu reproduzieren. Wie heißt ‚Dekan' französisch? ‚Doyen'! Ich brauchte nur zu wollen, und gleich war das gesuchte Wort auch schon da. Gewiß, der Assoziationspsychologe wird mit Recht sagen: ‚Weil die entsprechende assoziative Bindung stark genug war.' Hätte ich aber den Willen, den Familiennamen des gegenwärtigen Dekanes unserer Fakultät zu reproduzieren, so würde mir ‚Steinmaurer' eingefallen sein. Nur gerade der Wille, das französische Wort für Dekan zu finden, brachte den schon bestehenden Assoziationsmechanismus in bestimmter Richtung hin in Bewegung und die Reproduktion des gesuchten Wortes. Hier geschah aber alles so schnell, daß ich die Wirkungsart des Willens nicht recht dabei beobachten konnte. Beim ‚Kronprinz' geht es langsamer: da muß ich mich zuerst auf mein Willensziel, das Erscheinen des entsprechenden französischen Wortes ganz ‚einstellen'. Und schon bei dieser Einstellung spielt der Glaube an den möglichen Erfolg eine entscheidende Rolle: *Ich gebe mich dem Gedanken seines Kommens, der Realisierung seines Kommens hin.* Ich greife sein Kommen gleichsam schon vorweg und suche gleichzeitig jene Tiefenschichten meines Bewußtseins zu aktivieren, wo das Wortbild liegen könnte. Meine Gesamtausrichtung ist eine ganz andere, als wenn ich mich z. B. einer entfallenen Fernsprechnummer erinnern wollte; ich suche am anderen Ort, im Raume meiner französischen Sprachkenntnisse. In meinem Bestreben liegt also einerseits die Anregung des Bodens, dem das gesuchte Wort entspringen soll; zugleich aber auch die Einstellung auf das Erreichen, auf das noch nicht erreichte, aber zu erreichende, gleich zu ergreifende Ziel! Nun zuckte aus der Tatsache dieser Einstellung heraus etwas in mir auf, als ob es das gesuchte Wort wäre, und gleich gab ich mich ganz diesem Eindruck hin: ich ging in ihm auf! — aber er trog, das Wort erschien nicht im Bewußtsein. Doch jetzt schimmert es, regt sich, kommt ein ‚noch unbestimmtes Etwas‘ wieder der Bewußtseinssphäre näher, das meiner Einstellung, meinem Suchen entsprechen könnte! Und gleich stürze ich mich wieder in diese Möglichkeit hinein, als ob in ihr der sichere Erfolg meiner Bemühung läge: Ich sauge ihn durch meine Erwartung seines Erscheinens gleichsam heran, ich gehe auf sein Erscheinen aus, als ob sein Erscheinen das einzig Mögliche wäre, was nun geschehen wird ... Vergebens, wohl kommt das Wort succé (successeur) mir ins Bewußtsein, — das gesuchte aber ist es nicht. — Und erst beim dritten Ansatz steht das gesuchte Wort ‚dauphin‘ tatsächlich vor mir!

Man erkennt, der ‚Glaube an das Gelingen‘ und die ‚Erwartung‘ spielen nicht nur beim Entstehen des Wollensentschlusses selbst, wie wir es oben sahen, eine entscheidende Rolle, sondern auch in der Wirkungsweise des Willens bei der Verwirklichung seiner Ziele. Es ist eine bekannte Erscheinung, daß das Vergessen eines Wortes, eines Namens auch auf den Mitunterredner, den man darum fragt, leicht ‚ansteckend‘ wirkt: Das eigene Mißlingen suggeriert dem Andern das Mißlingen, er geht an die Aufgabe von vornherein nicht mit der ‚Erwartung des Gelingens‘ heran, sondern unter dem Einfluß der Mißlingenseinstellung, — und (wenn die Gedächtnisdisposition des gesuchten Wortes etwas locker war) schon ist es um den Erfolg des Bemühens getan. Ähnlich verhält es sich bei aller Suggestion.

Diese *einseitige Willenseinstellung auf Erfolg* kontrastiert durchaus mit der *objektiven Denkeinstellung*, die alles Für und Wider in reiner Wahrheitssuche gleichmäßig betrachtet und gegeneinander abwägt. Und in der Tat: wenn die Willenseinstellung zur letzten Grundlage des menschlichen Verhaltens wird, ist die Gefahr gegeben, daß das objektive

Denken verdrängt und unmöglich wird. Das ließ sich z. B. gegen den Schluß des letzten Krieges bei denjenigen Menschen beobachten, welche ihre ganze Hoffnung auf den Sieg der national-sozialistisch geführten Staaten gesetzt hatten und mit deren Niederlage alles zu verlieren meinten. Sie konnten oft, trotz handgreiflich nahender Niederlage, nicht anders, als, ihrer alles beherrschenden Willenseinstellung entsprechend, an den sehnlich herbeigewünschten Erfolg glauben. Aber eine solche einseitige Denk- und Glaubens-Einstellung braucht, trotz der Erfolggerichtetheit des Wollens, keineswegs immer zu bestehen: Der sein Ziel Herbeiwollende, dem Eindruck seiner Verwirklichung sich scheinbar ganz Hingebende und in Erwartung des Erfolges Aufgehende hat in der Regel (wenn er nämlich *sonst an objektive Denkeinstellung gewöhnt ist,* — aber auch nur dann!) auch noch eine tiefere Wissensschicht in sich, in der er weiß, daß *sein Verhalten in der Willenseinstellung* eben *nicht* dasjenige Verhalten ist, das ihm echtes Vertrauen zu seinem Denken bringen kann: nicht ‚die Einstellung reiner Wahrheitssuche'. Er weiß, daß er sich den aufblitzenden Erfolgsaussichten hingibt, als ob sie sichere Chancen wären, *damit durch diese Erfolgserwartung seine Realisierung gefördert wird,* damit die besten Bedingunngen zu seinem Eintreten geschaffen sind. Und geht es doch fehl, so ist er nicht fassungslos, wie er es sein müßte, wenn er einen echten, tiefen Glauben an das Erreichen des Erfolges gehabt hätte; sondern er findet sich damit ab, weil es ja ‚nur ein *Eindruck* des nahenden Erfolges' war, dem er sich hingegeben hatte, nicht eine ‚Überzeugung vom sicheren Erfolgseintritt'. — Nur im *Durchschnitt* muß seine *wirkliche Erwartung* tatsächlich mit der Aussicht auf das Eintreten des Erfolges übereinstimmen, — dann ist sein grundlegendes Denken (das stets noch tiefer reichen muß als seine Willenseinstellung!) objektiv auf die Wahrheit ausgerichtet; — während sich der leichtgläubige Optimist vom Wunschdenken, der Pessimist von ängstlicher Erwartung des Mißerfolges tatsächlich überwältigen und in die Irre leiten lassen.

Diese Analyse läßt sich bei jeder schwierigeren Körperleistung, z. B. beim Zielwerfen, sehr anschaulich durchführen. Beim Zielen, in der Vorbereitung des Wurfes, bin ich ganz auf diejenige Bewegung konzentriert, welche nach meinem Dafürhalten zum Treffen des Zieles führen wird, und ich lasse den Wurf erst erfolgen, wenn ich diese Bewegung in meinem Körper und der werfenden Hand schon vorzuspüren meine. Ihr gebe ich mich nun restlos hin, als ob nunmehr nichts anderes als der erwünschte Treffer daraus erfolgen könnte! Wenn jemand in diesem Augenblick in mein Bewußtsein hineinblickte, könnte er meinen, *daß volle Überzeugung, den Treffer zu tun, in mir besteht,* so sehr bin ich dem ‚vorgreifend gleichsam schon erreichten Erfolg' hingegeben. Aber er würde dabei die ‚echte Überzeugung' mit der *‚absichtlich herbeigeführten Einseitigkeit des Willenszustandes' verwechseln, welche nur Mittel sein soll, damit der Erfolg sich einstellt,* und nicht ein ‚wirklich geglaubtes Urteil': daß der Erfolg sich sicher einstellen wird. — Dementsprechend wird auch der etwa auftretende Mißerfolg nicht mit jener ‚verwunderten Enttäuschung' aufgenommen, wie sie sich dort einstellt, wo echte vorweggehende Überzeugung sich als getäuscht erweist.

Doch alle diese vom Willen angewandten Verwirklichungsmittel *setzen seine ganz unmittelbare Verwirklichungskraft schon voraus.* Denn auch die Verwirklichungsmittel selbst müssen ja verwirklicht werden! Sieht man in die Verwirklichungstätigkeit des Willens tiefer hinein, so stößt man schließlich *auf ein ganz unmittelbares Bewirken seelischer Vorgänge durch das Wollen.* Auf eben diese ‚unmittelbar ins Werden eingreifende Kraft des Willens' suchten wir die Aufmerksamkeit des Lesers zu lenken, als wir (S. 84, 95) den Kampf zwischen Trieb und Willen an Hand von Beispielen besprachen. Dieser Kampf läßt uns *den ursprünglichsten Sinn des Kraftbegriffes* erfassen: *beide Kräfte suchen sich gegenseitig aus dem Feld zu schlagen, und die siegreiche bestimmt darauf eindeutig das werdende Geschehen.* Die Einsichtsmöglichkeit in diesen schöpferischen Kampf von Trieb und Wille und seine Auswirkung im psychischen Geschehen zu leugnen, hieße sich selbst der Einsicht ins psychische und damit auch in jedes Sein zu berauben, ohne welche unser Weltbild schal und nichtssagend wird, — ein bloßes Reich wechselnder Schatten- und Lichtbilder, ohne Kraft und Leben.

Der Wille und die Zeit

Ähnlich wie man im intellektuellen Gebiet zwischen dem *vorübergehenden Vorstellen* und dem *dauernden Wissen* unterscheiden muß, muß dies im Willensgebiet zwischen *Willensakt* und *Willen* selbst geschehen. In Kap. 1 sprachen wir davon, daß eine Empfindung oder Vorstellung, die aus dem Bewußtsein schwindet, dadurch nicht schlechthin zu Nichts wird, sondern nur aus dem Bewußtseinsgebiet zurücktritt ins Reservoir des Gedächtniswissens. ‚Dort lebt sie weiter'. Und ein ungeheurer Schatz von Gedächtniswissen ist jedem von uns eigen, von dem jeweils in unserem Bewußtsein nur ein ganz verschwindender Teil vorhanden ist. Der Eintritt ins Bewußtsein ist der psychische Akt der Reproduktion. Das Bestehen der Vorstellung im Gedächtniswissen überdauert ums Vielfache ihr Gastspiel im Bewußtsein und kann daselbst viele Jahrzehnte verborgen und wohlgeborgen zugleich fortbestehen. In diesem Fortbestehen zeigt sich die Dauernatur des Ich gegenüber der Momentaneität der Empfindungen. Und hellhörig antwortet die aus dem Bewußtsein ins ‚Unbewußte' untergetauchte Vorstellung auf die Belange und Bedürfnisse des Bewußtseins und den Ruf des Willens, bereit dort einzugreifen, wo und wie sie gebraucht wird.

Noch inniger und tiefer ist die Dauernatur des Willens mit der dauernden Substantialität des Ich verbunden. Denn er ist der tragende aktive Teil des Ich selbst. Schon bei der Besprechung des Zweck-Mittelsystems stießen wir auf die Dauernatur des Willens: Denn aus demselben Grundwillen konnten sich verschiedene Einzelwillensakte im Laufe der Zeit entwickeln; sie kamen und gingen, während der sie hervorbringende Grundwille sie alle überdauerte. Und, war er ein echter Grundwille des Menschen, so blieb er bestehen während seines ganzen Lebens bis in den Tod: denn er war ja die aktive Natur des Menschen selbst. In dieser Hinsicht ist er mit der potentiellen Energie im physikalischen Sinn zu vergleichen, welche sich nur von Zeit zu Zeit, wenn sich Gelegenheit dazu bietet, in Veränderung und Bewegung äußert — in Einzelvorgängen also, die in der Zeit auftreten und vergehen —, während sie, als potentielle Energie, von der Zeit unberührt fortbesteht. So zeigt sich die einen Stein mit der Erde verbindende Gravitationskraft nur bei fehlender Stütze in der Abwärtsbewegung, während sie sich sonst nur in statischer Form des Druckes dauernd erhält.

Das Problem der Willensfreiheit

Es ist dies eine jener großen Fragen, welche die Menschheit seit jeher am tiefsten bewegten; es ist auch eine von denen, welche die Psychologie mit der Philosophie verbinden, denn sie ist beiden Wissensgebieten grundeigen. Zu ihrer Klärung muß *Willensfreiheit* reinlich von der *Handlungsfreiheit* geschieden werden: Die Handlungsfreiheit bezieht sich auf die *Außenwelt,* — und in dieser auf *die Möglichkeit, das Gewollte auszuführen.* Ein Gefesselter ist fast in jeder Hinsicht der Handlungsfreiheit beraubt. Sein Wille ist dadurch in keiner Weise getroffen. Ein schwacher Charakter dagegen, der in geistige Abhängigkeit von einem Stärkeren gerät, keiner *eigenen* Stellungnahme und Entscheidung mehr fähig ist, hat seinen Willen, und damit natürlich auch seine Willensfreiheit, verloren.

Die zweite Klärung betrifft das *Wesen der Willensfreiheit:* 1. Soll sie die *vollkommene Unabhängigkeit einer freien Willensentscheidung von allem vor ihr Dagewesenen bedeuten* und so auch *von der Beschaffenheit des Wollenden selbst?* Ist sie das Auftauchen eines Willensaktes aus dem Nichts? — Gewiß kann das unter ‚Willensfreiheit' nicht gemeint sein, denn dann wäre *der wollende Mensch* unmöglich frei: In seinem Inneren könnten dann ja, unabhängig von seiner Wesensart, seinem Weltbild, seinen Überzeugungen und seinem Charakter, plötzliche Entscheidungen entstehen, für die und gegen die er selbst nichts könnte. Solche *unabhängig von seinem Wesen* entstehenden Entscheidungen würden ihn nicht frei, sondern im Gegenteil abhängig von diesen ‚nicht aus seinem Wesen fließenden Kräften' machen! So wie er abhängig ist von den auf ihn einwirkenden Reizen der Außenwelt, die ihn zu bestimmten Farb-, Ton- oder Geruchs-Erlebnissen veranlassen. — 2. Soll Freiheit des Willens *vollkommene Willkür des Wollenden* bedeuten? Aber diese Frage unterscheidet sich nicht grundsätzlich von der vorangehenden, wenn man unter Willkür versteht: daß der Mensch *alles wollen kann, unvorherbestimmt durch seine Wesensart,* seine Überzeugungen, seinen Wertbereich, sein Lieben und Hassen. Dann könnte er z. B. wollen: einen von ihm tief verehrten und geliebten Menschen mir nichts, dir nichts plötzlich in gemeiner Weise zu beleidigen und zu behandeln. Aber in dieser Hinsicht reicht eher seine ‚Handlungsfreiheit' weiter als seine ‚Willensfreiheit': Denn er könnte eine *solche Handlung* vielleicht tatsächlich begehen (!), z. B. um sich selbst seine, (falsch verstandene!) Willensfreiheit zu beweisen. Aber nichts wäre damit bewiesen: Denn den geliebten Menschen hat er zwar beleidigt und gekränkt, — *aber: was er dabei primär und also eigentlich wollte, war doch nicht dessen Beleidigung,* sondern das Erbringen jenes mißverstandenen Beweises seiner Freiheit; — ihn wirklich ‚beleidigen zu wollen' hat er dabei doch nicht vermocht! — Man sieht daraus, daß wir ‚als Mittel zum Zweck' manches sekundär wollen können, was zum eigentlichen Ziel unseres Wollens schlechthin nicht werden kann. Das Mittelwollen ist aber nur ein durch das eigentliche Zweckwollen ‚vorbestimmtes Wollen', — also gerade das Gegenteil von dem, was mit *Willkür* gemeint ist.

„Ich kann wollen, was ich will", scheint volle Willkür zu behaupten; es ist aber nur dann ein berechtigtes Urteil, wenn es richtig gedeutet wird. Dann ist es aber nur eine Tautologie: Denn was ich will, kann ich natürlich wollen. Soll es aber heißen: „Ich kann Alles oder Beliebiges wollen", so widerspricht es dem Obenausgeführten: Nein, ich kann nur das wollen, was meiner Natur entspricht, wofür der Wille in mir veranlagt ist. Meinen Grundwillen kann ich nicht wählen, weil eben mein Grundwille es ist, ‚der wählt, wenn ich wähle', — beides ist schlechthin identisch. In diesem Sinne kann kein Wesen sich selbst wählen, *weil es schon sein muß, um zu wählen!* Was aber durchaus nicht bedeutet, daß mein tiefstes Ich nicht dennoch mit meinen einzelnen Charaktereigenschaften, Trieben und auch Willensrichtungen (Ehrgeiz, Ruhmsucht usw.) unzufrieden sein und es auch versuchen kann, deren Strebungsziele durch höhere, ihm offenbarte Werte zu ersetzen. Das vermag es, — aber doch nur, sofern in ihm selbst eben dieser nach Höherem strebende Wille schon vorhanden ist!

Und dennoch liegt in jener Tautologie ein tiefer Sinn: Denn wir hatten im zweiten Abschnitt über den Willen gesehen, *daß nichts im Wirkbereich meines Willens geschehen kann, als wozu ich meine Einwilligung gebe.* Die Macht des Willens in seinem geistigen Wirkbereich ist unbeschränkt. Und das ist keineswegs von vornherein selbstverständlich. Mein Körper ist z. B. meinem Willen zwar weitgehend, aber nicht unbeschränkt gehorsam; meine Muskeln können nachlassen auch gegen meinen Willen. Aber *mein Entschluß, dem Gegner ein Geheimnis nicht zu verraten,* hängt *nur von mir und meinem Willen ab,* — was beides ein und dasselbe ist. Und solange dieser mein Wille fortbesteht, d. h. von mir, unter der Gewalt der an mir angewandten Zwangsmittel, nicht aufgegeben wird, bleibt mein Geheimnis unberührt; erst wenn ich der äußeren Gewalt ‚mich füge', d. h. mein Wille den Entschluß, das Geheimnis zu hüten, *aufgibt,* verrate ich es.

An eben diesem Punkte ist auch der Sitz meiner Verantwortung: Für nichts, was außerhalb des Wirkbereiches meines Willens liegt, bin ich verantwortlich, *sondern nur für das, was von meinem Willen eindeutig abhängig* ist. Direkt oder indirekt: denn selbst der Tod eines Menschen, auf den ich mein Gewehr mit Tötungsabsicht abdrücke, ist nur indirekt von meinem Willen abhängig (Versagen des Gewehrs, starker die Kugel ablenkender Windstoß usw.).

Selbst die Bewegung meines abdrückenden Fingers ist es weniger direkt (Bewegungslosigkeit durch vorher eingetretenen Krampf, durch Sehnenriß usw.) als die Aufrechterhaltung meines Geheimnisses! — Und im gleichen Abschnitt sahen wir, daß selbst meine Affekte (solange ich mich im normalen Geisteszustand befinde) (s. Beispiel des Jähzornigen) sich nur mit Zustimmung meines Willens zur Herrschaft über mich entwickeln und so zu Handlungen, die *meine* Handlungen sind, führen können.

Und in diesem Sinne findet sich jene ‚Unmöglichkeit', die uns oben einzuleuchten schien (— daß nämlich ‚kein Mensch sein Urwesen und seinen Grundcharakter selbst wählen könne, weil er zum Wählenkönnen schon da sein müßte'! —), in der Natur des Menschen in unerwartet genialer Weise aufgehoben! Denn: *innerhalb des Wirkbereiches seines Willens ist jeder Mensch tatsächlich so beschaffen, wie er sein will!* Der Jähzornige will von seinem Jähzorn nicht lassen, wie der Raucher nicht von seiner Zigarette, der Trinker nicht von seiner Flasche lassen will, — sonst wäre er kein Jähzorniger, kein Raucher oder kein Trinker mehr. Sein ‚Nichtkönnen' ist letzten Endes doch nur ein ‚Nichtwollen' (man vergleiche damit *als Gegenfall:* das Nachlassen seiner Muskulatur — auch ganz gegen seinen Willen). Allerdings: nur ‚innerhalb des Wirkbereiches seines Willens', aber dieser ist so weit gesteckt, daß in ihm unser ganzes inneres und äußeres Handeln und damit der wichtigste Teil unseres Lebens hineinfällt. Und genau die Grenze seiner Wirksamkeit ist auch *die Grenze unserer Freiheit* (s. u.) *und damit auch unserer Verantwortlichkeit.*

Der Wirkbereich des Wollens könnte aber gar nicht so weit reichen, wenn er nur vom Willen und nicht von der ganzen Persönlichkeit getragen wäre. Denn damit der Wille ‚mein Wille', d. h. Wille einer Persönlichkeit sei, muß er begleitet, ja eingeleitet sein von der Erkenntnis. Dadurch unterscheidet er sich ja vom blinden Trieb. Selbst jene primitiven Beispiele, die wir für den Kampf zwischen Trieb und Willen brachten, zeigen es deutlich. Aber sie zeigten uns nur die primitiven Anfangsschichten der Persönlichkeit und ihre Beteiligung bei der Ausbildung des Willens. Erst wenn das ‚*Sollen*' sich nicht nur in der Bevorzugung des ‚dauernden Wohles' gegenüber dem ‚Augenblicksgenuß', sondern im *Unterschied zwischen Gut und Schlecht gründet, tritt ‚die Persönlichkeit*' und mit ihr auch ihr *zentraler Wille* in die Realität des Seins. Auf die genauere Schilderung des Wertbereiches von Gut und Böse gehen wir nicht ein; die Feststellung aber, daß es ihn im menschlichen Erleben gibt, darf hier ebensowenig übergangen werden, wie diejenige, daß es ein falsches und ein wahres Denken gibt. *Und erst die Vereinigung der ethischen Erkenntnis mit der eindeutigen Bestimmtheit unseres inneren Verhaltens durch den zentralen Willen läßt jenes Phänomen entstehen, das wir ‚Freiheit' nennen.*

Denn 1.: Die ethische Erkenntnis, die Stimme des Gewissens, sagt mir, was gut und was schlecht ist; was getan werden soll und was nicht getan werden darf.[1]) Und 2.: Sofern das Gebotene oder Verbotene im Wirkbereich meines Willens liegt, *hängt es von niemandem anderen als nur von mir ab*, es zu tun oder zu lassen. *In eben diesem und nur in diesem Sinne bin ich frei und daher für mein Tun verantwortlich.* Bleibt eine dieser beiden Vorbedingungen unerfüllt, so fällt damit auch die Verantwortlichkeit! Daß dies dort der Fall ist, wo der Gang des Geschehens vom Willen nicht eindeutig abhängt, sahen wir am Beispiel des Bergsteigers, dessen Muskulatur gegen seinen Willen der Übermacht des Gewichtes weichen mußte. Dies gilt aber auch für das intellektuelle Gebiet: Wird an den Menschen eine Intelligenz-Aufgabe gestellt, welche seine geistige Leistungsfähigkeit schlechthin überschreitet, so ist er auch hier der Verantwortung ledig, so verderblich die Folgen auch sein mögen, die daraus hervorgehen.

---

[1]) Die psychologische Untersuchung darf sich nicht in die Frage vertiefen, ob die Stimme des Gewissens immer das Richtige trifft, und welche ethischen Normen den Anspruch auf allgemeine Geltung machen dürfen; das ist Aufgabe der Ethik (s. des Verfassers Bd. II von ‚Denken, Wollen, Sein'). Aber *die Tatsache des Gewissens als solche* geht den Psychologen natürlich zutiefst an, — da das Wesen und Handeln des Menschen nur unter Berücksichtigung des Gewissens und seiner Wirkungsweise verstanden werden kann.

Aber auch die *zweite Vorbedingung gilt unbedingt:* Betrachten wir ein untermenschliches Lebewesen, dem das obere Stockwerk der Psyche fehlt und damit auch der Unterschied zwischen gut und schlecht unbekannt bleibt. In ihm wirken dann, wie im menschlichen Kleinkind, nur Triebe und Instinkte. Ein mit der höheren, auch ethischen Erkenntnis liierter Zentralwille fehlt schlechthin, *und damit fehlt auch eine Auseinandersetzungsmöglichkeit mit den Trieben.* Ein solches Wesen kann nicht schuldig werden, — denn es kann nicht: zwischen Bösem und Gutem stehen und dann ‚bewußt das Böse (oder Gute) wählen', — worin das Wesen der Schuld seinen Seinsgrund hat.

Worin aber auch das Wesen der Freiheit liegt. Denn: *wann fühle ich mich frei?* Ob dann, wenn ich der Lockung, der Versuchung gegen die bessere Einsicht und Überzeugung nachgebe, d. h. wenn ich *‚von meinen Trieben getrieben' und überwältigt werde?* Gewiß nicht: hier meldet sich vielmehr *das Erlebnis der Niederlage, des ‚Bezwungenwordenseins' — also das Gegenteil des Freiheitserlebnisses.*

Schon oben erwähnten wir, daß, wenn überhaupt von Freiheit des *Menschen* gesprochen werden kann, so sich diese aus dem Zusammenspiel der beiden Grundeigenschaften des Menschen ergibt: 1. *seiner Erkenntnisfähigkeit und 2. der absoluten Herrschaft des Willens innerhalb seines Wirkbereiches.* — Schon die Irreführung eines Menschen macht ihn vom Betrug und den Ansichten des Betrügers abhängig und folglich nicht mehr frei: Denn er lebt in einer Scheinwelt und wählt daher auch falsche Mittel, um zum angestrebten Ziel zu kommen. Aber das ist im Grunde genommen nur eine Art *Handlungs*unfreiheit, nicht echte Willensunfreiheit. Man stelle sich aber ein Wesen vor (und mag dies, äußerlich betrachtet, ein Mensch sein), *das den Unterschied zwischen dem Seinsollenden und Nichtseinsollenden* absolut nicht kennt. Nicht einmal im einfachsten Nützlichkeitssinn, wie wir ihn in Beispielen des Durstigen, Zuckerkranken usw. besprochen hatten — geschweige denn den Unterschied von Gut und Böse. Ein solches Wesen muß ein reines Momentan-Triebwesen sein, denn es fehlt ihm jener geistige Überbau, der eine Erkenntnisfähigkeit für komplexere Zusammenhänge voraussetzt und die Ausbildung eines vielgliedrigen Zweck-Mittel-Systemes (s. Bd. I, Kap. 9), sowie des Unterschiedes von Gut und Böse erst möglich macht. Von ihm gilt, daß im Kampf seiner Triebe tatsächlich immer der stärkste Trieb den Sieg davonträgt. — Es ist klar, daß ein solches Wesen weder frei, noch verantwortlich sein, noch schuldig werden kann, daß für ihn dasselbe gilt, was wir S. 114 von Tieren sagten.

Frei kann nur ein Wesen sein, das durch seine eigene Einsichtsfähigkeit das Seinsollende erkennt, durch seinen Willen anstrebt und durch sein Tun verwirklicht. Und in der Tat, gerade im Sieg des Willens über die Triebe und Affekte erleben wir den Triumph der Freiheit, wie sie von jeher von Dichtern, Philosophen und Psychologen geschildert wurde: „Von der Gewalt, die alle Wesen bindet, befreit der Mensch sich, der sich überwindet".

‚Absolute Autonomie' in der Anlage des menschlichen Wesens und Charakters zur Grundlage der Freiheit machen zu wollen, wäre vergebliches Bemühen, denn der Mensch ist zweifellos ‚geworden', entweder von Gott geschaffen oder von seiner Umwelt (seinen Eltern und Voreltern) hervorgebracht und durch die ihn hervorbringenden und dann formenden Kräfte des Milieu in seiner Anlage und deren Entwicklung bestimmt. Eine Selbstwahl seiner eigenen Grundanlagen und Eigenschaften ist, wie wir gesehen, in diesem Sinn ein in sich selbst widersprechendes Vorhaben. Aber alles das macht seine Freiheit im oben angegebenen Sinn nicht unmöglich. Und die Selbstanalyse bestätigt, daß wir unser Freisein weder im Sinne einer ‚autonomen Entstehung des Ich', noch im Sinne einer ‚absoluten Willkür' erleben, sondern es dort nur finden, wo wir es oben suchten: *In der autonomen Entscheidung unseres von Erkenntnis erleuchteten Willens.*

7. Gefühl

Was bedeutet das Wort ‚Gefühl'?

‚Gefühl' ist eines der vieldeutigsten Wörter unserer Sprache. Doch alle seine Bedeutungen lassen sich auf vier Hauptgruppen zurückführen: 1. ‚Ich habe das Gefühl, daß in dieser Rechnung etwas nicht stimmt, — daß Du mir böse bist, — daß morgen das Wetter besser wird.' In diesen Fällen und allen übrigen dieser Gruppe kann für das Wort Gefühl *‚Eindruck'* gesetzt werden, — der gemeinte Sinn wird dadurch nur noch klarer. 2. Der zweite Sinn ist gleichbedeutend mit ‚Tastsinn': ‚Fühlst Du diese Unebenheit?'; und manchmal wird 3. das Wort ‚Gefühl' in noch weiterem Sinn, für jegliches ‚Wahrnehmen' oder ‚Merken' gebraucht: ‚Fühlst Du, daß der Weg abwärts geht?' — ‚daß es wärmer geworden ist?' usw.

Aber gerade die von uns gesuchte 4. Bedeutung läßt sich durch einen entsprechenden anderen Ausdruck nicht adaequat wiedergeben. Sie läßt sich auch nicht definieren, *da es sich dabei um eine Letztgegebenheit handelt,* — und diese läßt sich nicht auf anderes zurückführen, daher auch nicht definieren! So konnten wir zu Anfang des ersten Bandes den ‚Bewußtseinsbegriff' nicht definieren und mußten Beispiele bringen, in denen Bewußtsein zweifellos vorhanden war; und Gegenbeispiele, wo es gerade nicht war, um durch diese Gegenüberstellung das Wesen des Bewußtseins klar hervortreten zu lassen. Und so mag auch das Wesen des Gefühles für den Anfang am besten durch sein Gegenteil herausgestellt werden: *‚Gleichgültigkeit'* ist *Gefühl-losigkeit; das ‚uns Gleichgültige'* ist das, was *keine Gefühle in uns hervorruft.* — Und damit wissen wir, daß der hier gemeinte Sinn des Wortes Gefühl gar nichts mit den drei oben erwähnten Bedeutungen zu tun hat.

Aber der Versuch einer positiven Beschreibung muß doch auch gemacht werden. Wir hörten schon Bd. I, Kap. 12, daß zwischen Empfindung, auf der einen Seite, und ‚Gefühl und Willen', auf der anderen Seite, *der* Unterschied besteht, daß Letztere: *Zustände meines Ich selbst sind;* während Empfindungen uns *‚Objekte bieten'.* — Allerdings hatten *Bren-*

tano und *Scheler* recht, als sie darauf hinwiesen, daß auch Gefühl und Willen selbst nicht objektlos sind, indem sie die uns von den Empfindungen gebotenen Objekte ‚in ihrem Sinne wandeln'. Und dies nicht dadurch, daß sie sich ihnen einfach ‚zugesellen' oder noch so eng ‚assoziativ anschließen'; sondern sie ‚*beziehen sich auf ihre Objekte*', geben ihnen (gleichnishaft gesprochen!) ihre eigenen Farben: Der von uns gehaßte und der von uns geliebte Mensch sind uns dadurch schon zwei verschieden geartete Menschen. (Siehe hierzu: „Beziehung zwischen Gefühl und seinem Objekt", S. 118, und „Affekt und Stimmung", S. 131, — wobei Stimmungen oft den Anschein erwecken ‚*objektlose Gefühlszustände*' zu sein.)

Diese durch Gefühle bedingten Unterschiede sind zwar stets *gelebt*, aber ihrem Wesen nach brauchen sie nicht auch stets ‚*konstatiert*', ins ‚Wissen' erhoben und damit objektiviert zu sein. Dadurch (s. Bd. I, Kap. 12 und 13) entstehen dann die sog. ‚unbewußten Gefühle und Willensrichtungen', deren Wirkungsart wir seinerzeit besprochen hatten.

Doch: *ohne Bewußtsein im Sinne des ‚unmittelbar bewußten Lebens'*, ohne ein Lebnis zu sein, sind *Gefühle* (nicht deren physiologische Korrelate!) *nicht denkbar*. Das ‚Lebensbewußtsein schlechthin' ist der weitere Begriff, das ‚Gefühl' ist des bewußten Lebens *wichtigste Eigenschaft*. Ein bewußtes Leben ‚in vollkommener Gleichgültigkeit' ist nur für kurze Dauer denkbar, denn vollkommene Gleichgültigkeit würde bedeuten, daß auch kein Trieb und Wille, auch kein Lebenswille mehr da wäre (weil, wie wir wissen, auf Willenserfüllung notwendig Lust, auf sein Nichterfülltsein notwendig Unlust folgt). Die Gefühle durchdringen unser Bewußtseinsleben, geben ihm seinen Wertinhalt. Ließe sich ein Leben ohne Gefühle denken, so wäre es ein Leben grau in grau. Wenn Gefühle auch nicht das Leben schlechthin sind, so sind *sie* es, die uns (neben Trieb und Willen) mit dem Leben erst innig verbinden und alle Farbenpracht ins Leben bringen. Nicht allein helle, freundliche, sondern auch dunkle Farben, bis ins Schwarz der Verzweiflung. Sie sind nicht Fähigkeiten, sondern *die wichtigsten Beschaffenheitsarten des Bewußtseins.*

Längere Zeit hindurch begnügte sich die moderne Psychologie damit, unter Gefühlen schlechthin *Lust und Unlust* zu verstehen. Durch deren Angabe erschien auch der *Umfang des Gefühles* eindeutig festgelegt. Und in der Tat spielt Lust und Unlust die größte Rolle im Gefühlsgebiet. Fast alle unsere Erlebnisse sind irgendwie auch Lust- oder Unlust-betont. Und man meinte, daß alle Gefühle aus Lust-Unlust bestehen, die sich an verschiedenen Empfindungen und Vorstellungen ‚anschließen'. ‚Neid' z. B. wäre ein Unlustgefühl, welches mit der Vorstellung eines Vorteiles zusammengeht, den ein anderer Mensch uns gegenüber besitzt (woran sich in der Regel allerdings auch noch der Wunsch ‚anschließt', daß dieses Verhältnis aufgehoben oder gar ins Gegenteil zu unserem Vorteil verkehrt werden möchte). — Und in der Tat kommen Lust und Unlust in den verschiedensten Kombinationen mit Gedanken, Vorstellungen und Empfindungen vor, und es entstehen dadurch oft scheinbar ursprüngliche neue Gefühlsarten, die aber nur neue Zusammensetzungen aus den genannten zwei Elementen sind. — Dennoch beobachte man aufs Sorgfältigste:

Die Art der Beziehung zwischen Gefühl und seinem ‚Objekt'

Die erste Frage, die wir uns nun vorlegen müssen, lautet: In welcher Beziehung stehen Lust und Unlust zu denjenigen Gefühlsobjekten, Vorstellungen, Empfindungen und Denkgegenständen, ‚an die sie sich anschließen'? Ich bekomme einen Brief, der ‚eine traurige Nachricht', d. h. eine Nachricht, die mich traurig macht, enthält. Diese Worte, ‚die mich traurig macht', sind nicht eine laxe oder nur vergleichsweise Umschreibung, sondern sie halten jeder noch so strengen Kritik stand: So, wie wir seinerzeit beim Willen beobachten konnten, daß er die *Ursache* der Verdrängung irgendeiner triebhaften Realisierungstendenz war, *beobachten wir hier unmittelbar den kausalen Zusammen-*

hang zwischen dem Auffassen der ‚traurigen Mitteilung' und dem Darauffolgen unserer Trauer. Wir sind traurig: *weil* unser ersehntes Ziel sich als unerreichbar herausgestellt hat; *weil* unser Vorschlag zurückgewiesen worden ist; *weil* ein geliebter Mensch krank geworden ist. Man kann dafür die verschiedensten Ausdrücke brauchen, die alle in ihrer Weise, aber immer dieselbe Beziehung zwischen Ursache und Wirkung beschreiben: Die Trauer wächst in uns aus der Mitteilung hervor; sie ist unsere Reaktion auf die Mitteilung; *die Mitteilung erzeugt in uns Traurigkeit,* die Traurigkeit ist unsere Antwort auf die Mitteilung usw. Nur eine Beziehung gilt für die beiden *nicht:* das ist die bloß äußerliche Beziehung der Gleichzeitigkeit oder Aufeinanderfolge!

‚Das fühlende Subjekt'

Dabei ist wohl zu beachten, daß das eigentliche Subjekt der Traurigkeit *ich selbst* bin, — nicht weniger hier als beim Willensakt. Aber wie im Gebiet des Wollens es neben dem zentralen Willen auch Triebe gibt, von denen wir sagten, daß ‚sie mich treiben', so gibt es auch im Gebiet des Fühlens Vorgänge, die nicht im Zentrum meines Ich geboren werden, sondern mir, samt den ihnen zugrundeliegenden Empfindungen, gleichsam von außen ‚aufgezwängt' werden: Der Schmerz des im Türspalt eingeklemmten Fingers ist, wie der körperliche Schmerz überhaupt, ein treffendes Beispiel: ein Gefühl der Unlust (Schmerz genannt) entsteht in mir bei starkem Druck auf die Fingerkuppe, das mich ähnlich ‚erfaßt', wie jede starke Empfindung es tut. Gewiß bin ich auch hier Subjekt der Unlust: ‚Ich erlebe sie'. Aber ich erlebe sie (ähnlich wie bei Empfindungen!) *mehr als Wirkung des äußeren Eingriffes in meinen Organismus* und als *dessen* Reaktion darauf, *als wie die ‚ihm eigene Antwort meines zentralen Ich', — jenes Ich, ‚in dem die Liebe zum erkrankten Freund lebt', und wo die Trauer über dessen Erkrankung geboren wird.*

So gibt es denn in der Tat mehr zentral und mehr peripher, mehr geistig und mehr empfindungsmäßig bedingte

Gefühle; Gefühle, in denen sich die Antwort des zentralen Ich auf die geistige Situation, und solche, in denen die Antwort des Körpers auf die körperliche Situation sich kundgibt.

Die Gefühlsart ist wesentlich abhängig von der Art des Gefühlsobjektes

Diese Zusammengehörigkeit der oben erwähnten Mitteilung und der Traurigkeit ist nun so unmittelbar, beide bilden so sehr eine Ganzheit, daß ich mein Gefühl der Trauer — gerade *dieser Trauer* — von *dieser* Mitteilung gar nicht abtrennen kann. — Schon die oben zitierten drei Beispiele zeigen *drei ganz verschiedene Unlustarten,* und nimmt man andere *noch mehr artverschiedene Ursachen des Traurigseins* hinzu, *so ändert sich auch die Art der damit verbundenen Unlust:* ‚Ich habe meinen Geldbeutel verloren!'; ‚ich habe vergessen, meinen Reisepaß mitzunehmen!' — auch hier entwickeln sich zweifellos Unlustgefühle aus der Erkenntnis dieses Verlustes, dieses Vergessens, aber sie sind weniger ‚Traurigkeit', als vielmehr *Ärger* darüber, daß mir so etwas passieren mußte. Auch im Ärger liegt Unlust, und so kann auch in unendlich vielen, ja fast in sämtlichen Erlebnissen im Laufe unseres Lebens Lust und Unlust vorgefunden werden. Nur das ‚uns vollkommen Gleichgültige' wäre ja frei davon. Und in diesem Sinne muß Lust-Unlust als eine ganz besonders wichtige Gefühlsart angesehen werden, welche im ganzen Gebiet unseres Lebens und Erlebens anzutreffen ist.

Mit dieser Konstatierung sind zwar weder alle vorhandenen Gefühlsarten erschöpft, noch auch ist die feinere Differenzierung zwischen den Gefühlen schon getroffen (Übersicht der Gefühle s. S. 126). Aber sie beginnt schon bei den oben gebrachten Beispielen: Die Unlust *ist mit ihrem Anlaß so sehr zur Ganzheit eines Erlebnisses* verbunden, daß z. B. die beiden unlustbetonten Erlebnisse, welche durch ‚gefährliche Erkrankung eines geliebten Menschen' oder durch ‚Zurückweisung einer Arbeit, auf die wir viel Mühe verwendet haben' hervorgerufen worden sind, *auch gefühlsmäßig zwei ganz verschiedene Erlebnisse sind,* wenn auch Unlust in beiden steckt. Wenn die Zurückweisung einer Arbeit uns deprimiert und vielleicht auch verärgert, so erfüllt uns die Mitteilung von der Erkrankung eines geliebten Menschen mit tiefer *Sorge*. Unlustvoll sind beide Erlebnisse, aber wie verschieden gefärbt ist die Unlust selbst in beiden Fällen! Und je größer der Unterschied zwischen den die Unlust hervorrufenden Ursachen, desto größer auch die Verschiedenheit der damit verbundenen Unlustart selbst. Nehmen wir z. B. noch die Unlust, welche durch einfache Empfindungen hervorgerufen wird, hinzu, z. B. durch Übermüdung, durch zu grelles Licht, durch Kratzen eines Nagels über Glas, durch ekelhaften Geruch oder Geschmack oder endlich durch körperlichen Schmerz: Von welcher Verschiedenheit ist das Unlusterlebnis schon in dem engen Kreis der Empfindungen als Unlust-Trägern! Was hat als Ganzes das unlustvolle Erlebnis des widerlichen Geschmackes oder Geruches mit dem beim Kratzen mit dem Nagel über Glas entstehenden gemein, — außer daß sie beide eben ‚unlustbetont' sind?

Vergleichen wir Lustgefühle, welche echte Musik (z. B. eine Beethoven'sche Symphonie) auslöst, mit der Lust, welche ein kalter Trunk auf durstige Kehle bringt: Nicht an die Wirkung der einzelnen Töne, ja nicht einmal an ihre Kombination als solche schließt sich die Lust des Musikgenusses an, sondern *an Tieferes, was dahintersteht* und was die Tonfolgen nur zum *Ausdruck* bringen, ohne es selbst schon zu sein. So wie es sich auch bei einem Gesichtsausdruck, wenn das Gesicht uns gefällt oder mißfällt, um Milde oder Liebreiz oder Klugheit oder Willenskraft oder um Verschlagenheit, Gemeinheit, Roheit, verbohrte Geistesenge oder Grausamkeit handelt. Ein strenger, willensstarker, erfahrungsgestählter Charakter und ein jugendlich seelenvolles liebreizendes Antlitz, — wie verschieden sind diese zwei Eindrücke, wie verschieden die Lust, die sie in uns hervorrufen können! — und dennoch sehen wir beide gern, ‚schließt sich Lust an beide Eindrücke an'. Wäre Lust ein Geisteszustand, der sich an die visuelle Wahrnehmung ‚nur anschließt', wie sich eine beliebige akustische Empfindung an eine beliebige visuelle in Gleichzeitigkeit anschließen kann, so wären wir bei geübter Selbstanalyse imstande, das eine vom anderen zu trennen, ohne daß der übrigbleibende Teil dadurch sich grundsätzlich veränderte. Man versuche aber, den Liebreiz der Jugend von der Lust der Betrachtung eines schönen Mädchen- oder Jünglingskopfes zu trennen, — es geht nicht, weil der Schönheitseindruck und die dabei erlebte aesthetische Lust aus der Wahrnehmung herauswachsen, durch sie gezeugt werden und ihr notwendig zugehören. Nur in rein begrifflicher Abstraktion des Denkens gelingt es uns, das eine vom anderen zu scheiden, wie wir es vermögen, die Farbe einer Figur von ihrer Gestalt durch Abstraktion zu trennen (s. Bd. II, Kap. 9), obwohl sie im konkreten visuellen Gestalterlebnis untrennbar sind. Ja, letzteres gelingt leichter, als die Trennung des Gefühls vom Träger und Erzeuger des Gefühles!

Aus alledem folgt, daß man bei der Gefühlsüberschau scheiden muß zwischen der Eigenart des Gefühles, *welche ihm durch die Eigenart seines Gegenstandes* sowie *die Tiefe der Ich-Schicht,* aus der es kommt (s. u.) vermittelt wird — und: der *Eigenart des Gefühles bei vollkommener* Abstraktion von seinem Gegenstand. ‚Geistige Lust gegenüber der sinnlichen' ist eine Unterscheidung nach dem Gegenstand der Lust und ihrem Ursprungsort im Ich. Der Lustträger kann in beiden Fällen dasselbe Ich sein, aber es kann aus verschiedenen Schichten in den ihnen eigenen Lustarten antworten, (genau so, wie wir schon beim Vergleich von Trieb und Willen verschiedene Ich-Tiefen vorfanden, aus denen ein *sinnlicher Trieb* und *der zentrale Wille der Persönlichkeit* hervorwachsen). — Die Unterscheidung *zwischen Lust und Unlust* dagegen geschieht nach dem zweiten Prinzip, das vom Gefühlsträger und der Tiefe des Ich, aus der sich das Gefühl rekrutiert, vollkommen absieht.

Beziehung von Gefühl — Trieb und Willen

Wie schon erwähnt, ist dabei *jener Trieb, Drang oder Wille, durch dessen Befriedigung oder Verletzung das Ge-*

fühl der Lust oder Unlust entsteht, nie aus dem Auge zu verlieren. Die hier vertretene Auffassung über die Abhängigkeit der Gefühle von der Willenssphäre (s. S. 73 ff.) hätte vermutlich allgemeinere Zustimmung erfahren, wenn die Abhängigkeit der Lust-Unlust vom Sein und Nichtsein und von der Stärke des Triebes überall so auf der Hand läge, wie z. B. bei Durst und Hunger. Der ‚Schönheitsdurst' des ausgesprochen aesthetisch veranlagten Menschen ist ihm aber oft selbst nicht so bewußt, wie der Trieb des Durstigen nach Flüssigkeit. Wenn aber ein so gearteter Mensch in einer landschaftlich und baulich trostlosen Gegend aufwächst, oder, bei starker Musikalität, ohne alle von außen auf ihn einwirkenden musikalischen Eindrücke, so wird ihm gewiß etwas fehlen, wonach seine Natur begehrt, und eine entsprechende Unlust, ein Unbefriedigtsein wird sich seiner Seele bemächtigen. Aber es kann sehr wohl geschehen, daß er sich des Grundes seiner Niedergeschlagenheit erst bewußt wird, wenn sich ihm Schönheit bietet und er erst dadurch erfährt, was ihm gefehlt. Nicht anders ist es auf dem Gebiete der Verliebtheit, wo der Mann erst dann erkennt, wonach seine individuelle Natur verlangte, wenn er nicht nur die Frau, sondern *die* Frau trifft, nach der sein ‚unbewußtes Sehnen' ging. Überall geht der Wille dem Gefühl voraus und trägt es.

Wie aber ist es bei *Schmerz?* Beim ‚Trennungsschmerz' natürlich ebenso! Aber beim körperlichen Schmerz, dem kein Trieb voranzugehen scheint? Nun, auch dem Trennungsschmerz geht ja kein Trieb voraus, sondern es wird durch Trennung ein Zustand erst geschaffen, *der dem früheren ‚normal befriedigten' Zustand des Zusammenseins* entgegen *ist,* — und weil der normale Zustand gebrochen wird, entsteht der Schmerz. Ein Herbeiwünschen des normalen Zustandes war während seines Bestehens gar nicht bewußt, eben weil in ihm die selbstverständliche Befriedigung enthalten war. So liegt auch im normal gesunden Zustand unseres Körpers das ‚selbstverständliche Befriedigtsein', und das Unbefriedigtsein erwacht erst, wenn er durch Krankheit oder Eingriff gestört wird. Wenn z. B.

Körperteile, welche normalerweise ‚in der Befriedigung des Zusammenseins' lebten, voneinander getrennt werden, entsteht der körperliche Trennungsschmerz — nicht anders als bei geistiger Trennung zwischen zueinander gehörenden, durch Liebe verbundenen Menschen.

Und ebenso verlangt ein jedes unserer Sinnesorgane nach Tätigkeit (s. S. 71 f.), das Auge nach Licht, das Ohr nach Tönen, die Muskulatur nach Bewegung, — und *der Mangel dieser Tätigkeit ist unlustvoll,* — derselbe Mangel wird aber lustvoll im Zustand der Übermüdung, bei Ruhebedürfnis usw.

Dementsprechend gibt es also so viele Gefühlsarten, als es verschiedene Gefühlsanlässe: Triebe, Bedürfnisse und Willensarten gibt, sofern man die Einteilung der Gefühle nach den sie bedingenden Willensfaktoren vornimmt. Da sind denn die *höheren geistigen Gefühlsträger* — und damit auch die Gefühle selbst als *‚geistige Gefühle'* — von den *‚sinnlichen'* (durch Sinnesempfindungen hervorgerufenen) *zu unterscheiden;* die *aesthetischen Gefühle* von den *ethischen* und *religiösen* und den *durch Erkenntnis getragenen Gefühlen.* Gefühle, die vom befriedigten *Machttrieb* herkommen, von denjenigen, die durch den Anschlußtrieb von Mensch zu Mensch, den *sozialen Trieb* (Liebe-Haß) ausgelöst werden. Gefühle, deren Objekt *der Fühlende selbst ist* (Selbstliebe, Überheblichkeit, Minderwertigkeitsgefühl usw.), von denen, die sich *auf andere Menschen* beziehen; und diese bieten wieder eine große Zahl und Mannigfaltigkeit: Liebe, Haß, Wohlwollen, Mißgunst, Herrscher- oder Unterwerfungsfreude, Besorgtheit, Freude an den Vorzügen des geliebten Menschen oder Neid über Vorteile oder Vorzüge des nicht oder nicht genügend Geliebten usw.

Noch ein Wort über den Unterschied zwischen *Gefühl und Wille* — einerseits, und Empfindung — andererseits: Gefühl und Wille besitzen *gegenüber der Empfindung* zweifellos mehrere wichtige gemeinsame Züge, deren wichtigster wohl darin besteht, daß sie beide ihrem Wesen nach keine Betrachtung sind und *nicht betrachtet zu werden brauchen, um zu sein.* Sie werden nicht betrachtet, sondern gelebt, weswegen sie auch eher ‚ungewußt' bleiben als die Wahrnehmung mit ihren Wissensgegenständen. So werden sie denn oft in eine Gruppe als *emotionelle Vorgänge* — dem *Intellekt* gegenüber — zusammengefaßt. Was sie aber voneinander grundsätzlich scheidet, ist der ‚statische Gegenwartscharakter' des Gefühles gegenüber der ‚dynamischen Zukunftsgerichtetheit' des Willens (wobei hier der Willensbegriff im weitesten Sinne mit Einschluß der Triebe genommen ist). Das Gefühl erfüllt mit seinem Sein die Gegenwart: Lust und Unlust sind da, — und daß unser Leben lebenswert ist, kommt nur Dank ihrem Sein. Gewiß können sie ihre Objekte auch in der Vergangenheit (Reue) oder Zukunft (Sorge) haben, aber sie selbst, Leid wie Freude, sind ihrem Wesen nach gegenwartsgebunden. — Nicht so der Wille; er ist seinem eigentlichen Wesen nach auf die Zukunft gerichtet, denn jeder Willensvorgang strebt eine bestimmte Zukunft und (im allgemeinen) eine solche, die anders wäre als die Gegenwart, also eine Änderung an. Die Lust strebt nichts an, an sich auch die Unlust nicht, denn, wenn die Unlust weggewünscht wird, so ist es schon wieder der Wille, der Trieb, der die Änderung des Zustandes herbeizuführen sucht oder wenigstens herbeiwünscht.

Natürlich muß dabei immer im Auge behalten werden, daß ja gar nicht der Wille will, sondern daß ‚ich will', nicht das Leiden leidet, sondern ‚ich leide'. — Alle einzelnen Vorgänge, und so auch ‚leiden' und ‚sich vom Leiden befreien wollen', sind im Ich aufs engste zusammengeschlossen. Der Psychologe geht aber (im Gegensatz zum Dichter!) darauf aus, die Vielheit, welche in der Ich-Einheit enthalten ist, zu differenzieren und die einzelnen Vorgänge für sich herauszuheben, — was ihm wegen der Begrenztheit seiner Geisteskraft nur durch Konzentration auf das eine und Absehen vom anderen, im sog. ‚diskursiven Denken' gelingt, und was stets die Gefahr mit sich bringt, daß er das notwendige Zusammensein und -wirken aller Bestandteile ‚in der Einheit des Ich' aus den Augen verlieren kann.

Übersicht der Gefühle und ihrer Arten

Wir wollen eine Übersicht der Erlebnisarten geben, welche, trotz weitestgehender Unterschiede immer noch als *Gefühle* bezeichnet werden dürfen:[1])

Einteilungsprinzip:

Durch Lust-Unlust zusammengehaltene Gruppe

Lust (Unlust, Schmerz)
Glück (Leid, Kummer, Gram)
Freude (Trauer)
Heiterkeit (Beschwertheit, Mißmut)
Fröhlichkeit (Verstimmtheit, Niedergeschlagenheit)
Genuß (Überdruß)
Annehmlichkeit (Unangenehmlichkeit)
Zufriedenheit (Unzufriedenheit, Ärger, Verbitterung)
Gefallen (Mißfallen, Abscheu, Ekel)
Entzücken, Jubel (Enttäuschung)

Freude (Trauer) enthalten in:

Bewunderung (Entrüstung, Empörung)
Begeisterung (Langeweile, Lebensüberdruß)
Wagemut (Furcht, Angst, Schrecken)
Hoffnung (Hoffnungslosigkeit, Verzagtheit)
Zuversicht (Sorge, Befürchtung, Verzweiflung)

Lust-Unlust-freie Gefühlsgruppe

(sich anschließende Folgen können dabei sehr wohl Lust-Unlust-betont sein)

Verwunderung, Staunen
Erwartung
Überraschung
Spannung-Lösung
Aufregung-Beruhigung
Ergriffenheit, Rührung
Scham

[1]) Siehe hierzu auch das Kap. 11 dieses Bandes: ‚Einige der wesentlichsten Erlebens- und Verhaltensweisen des Menschen'.

Einteilungsprinzip:

Auf andere Menschen (Lebewesen) bezogene Gefühle
(in denen oft schon das aktive Element des Wünschens und Wollens liegt)

Zuneigung, Sympathie	Abneigung, Antipathie
Wohlwollen	Mißgunst
Liebe	Haß
Achtung	Verachtung
Hochschätzung, Verehrung	Geringschätzung
Bewunderung	Enttäuschung, Zorn, Entrüstung, Empörung, Wut
Dankbarkeit	Rachsucht, Vergeltung
Vertrauen	Mißtrauen, Argwohn, (Eifersucht)
Freude an der Freude des Andern (Mitfreude)	Leiden an der Freude des Andern — bei Mißgunst, Haß
Freude am Leiden des Andern (Schadenfreude, Grausamkeit)	Leiden am Leiden des Andern — Mitleid, Barmherzigkeit
Freude am eigenen Übertreffen des Andern	Leiden am eigenen Übertreffen und am Ungenügen des geliebten Andern
Freude an den Vorzügen des Andern — vor allem bei Liebe	Leiden an den Vorzügen des Andern — Neid
Freudiges Hochschätzen des Andern — bei Liebe	Leiden am Hochschätzen des Andern, daher: Freude am Herabsetzen des Andern — Hohn, Spott

Auf das ‚eigene Selbst' bezogene Gefühle:

Selbstliebe (Selbstablehnung)
Selbstzufriedenheit (Unzufriedenheit)
Eigenwert-Gefühle (Eigenunwert-Gefühle; Gewissensbisse, Reue)
Hochmut (Demut)

Überheblichkeit (Minderwertigkeitsgefühle)
Sicherheit (Unsicherheit, Verlegenheit, Verwirrung)
Freude an:
Schmeichelei (Verletztsein)
Geltung, Eitelkeit, Ehrgeiz, Ruhm (Bescheidenheit)

Einteilungsprinzip:

Lust und Unlust, die sich aus besonders umfassenden und die ‚Lebensformen' (Spranger) bildenden Trieb-Willens-Gruppen ergeben:

Freude an:	*Mißfallen an:*
Besitz	Armut
Schönheit	Häßlichkeit
Berührung mit Menschen	Einsamkeit
Macht	Machtlosigkeit
Freiheit	Freiheitsberaubung
ethischen noethischen } Werten religiösen	deren Fehlen

Da fällt zunächst auf, daß die Anzahl der Gefühle, an denen Lust-Unlust nicht direkt beteiligt ist, einen nur relativ kleinen Teil des Gefühlsbereiches ausmacht. Und auch hier wird sich Lust-Unlust in der Folge oft anschließen: Wenn z. B. Überraschung als solche auch weder Lust- noch Unlust-betont zu sein braucht, so ist das, was sie bringt, oft ausgesprochene Lust oder Unlust. Man sieht auch, einen wie großen Reichtum an Unterschieden die Gefühle aufweisen, die sich auf uns selbst und noch mehr auf unsere Mitmenschen beziehen, und die auch wieder in der Hauptsache Lust oder Unlust betont sind. Wie dasselbe auch für die letzte Gruppe gilt, welche die Haupttriebfedern geistiger Art in sich vereinigt, aus deren Befriedigung oder Unbefriedigtsein sich wiederum Lust oder Unlust ergibt.

Bei diesem Tatbestand ist es nicht verwunderlich, daß der Ausdruck ‚Gefühl' oft mit Lust-Unlust überhaupt identifiziert wird. Wundt war der erste Experimentalpsychologe, der diesem Paar die beiden anderen hinzugefügt hatte: Erregung-Beruhigung und Spannung-Lösung. Es sind keine Empfindungen, denn sie sind Reaktionen und Zustände des Ich. Wobei allerdings der Übergang durchaus fließend ist: Ist doch Ermüdung und Frische und Hunger und durch schlechte Verdauung hervorgerufener körperlicher Zustand auch ein ‚Zustand des Ich‘. Wie überhaupt die von den allgemeinen Organ-Empfindungen ausgehenden Zustände den Gefühlen zweifellos nahekommen.

Außerordentlich schwer ist auch die Einordnung des *körperlichen Schmerzes:* Daß Unlust dabei gewöhnlich stark beteiligt ist, ist fraglos; aber diese Unlust scheint (genau wie eine Tast-Empfindung) an einer bestimmten Stelle des Körpers aufzutreten; und gäbe es nicht wollüstige Schmerzen, die Lust statt Unlust bringen sollen (ohne aufzuhören Schmerzen zu sein), so würde man kaum zu der Formulierung kommen, daß die Unlust im Schmerz nicht ‚die Eigenart der Schmerzempfindung selbst‘, sondern ‚eine Stellungnahme, eine *Antwort* unserer vitalen Sphäre auf die Schmerz-*Empfindung*‘ ist. — Am deutlichsten ist wohl der lust-unlustfreie Gefühlscharakter in der zu zweit angeführten Gruppe beim lust-unlustfreien ‚Staunen‘.

Intensität und Tiefe des Gefühles

Das Gefühl ist rein phänomenal genommen mehr Ich-gelagert und zentriert, mehr eine Antwort des Ich auf seinen Gegenstand, als die Empfindung; besonders als es eine Empfindung (oder gar Wahrnehmung) der Fernsinne ist, welche sich z. B. als ‚Farbe eines äußeren Gegenstandes‘, als ‚Lärm eines vorüberfahrenden Wagens‘ bietet.

Ebenso wie die Empfindungen besitzen die Gefühle *Intensität.* Die Freude über ein Geschenk kann stärker oder schwächer sein; eine Speise kann gut oder, z. B. bei Hunger, ‚besonders gut‘ schmecken. Aber fast noch wichtiger als ihre Intensität ist ihre *Tiefe,* welche *Empfindungen überhaupt nicht kennen.* Eine scheinbar kaum merkliche Unlust, deren Ursprung aber nicht an der Oberfläche (wie etwa die Unlust eines Nadelstiches) liegt, sondern von denjenigen Triebfedern kommt, welche unser Wesen konstituieren (ein kaum merklicher Kratzer an unserem Ehrgefühl; ein leiser Verdacht einer tödlichen Erkrankung eines geliebten Menschen; ein geringer Zweifel am Gelingen unseres Lebenswerkes), unterscheiden sich von oberflächlichen, wenn auch starken Unlusterlebnissen durch ihre *Tiefe.* — Durch die Tiefe ihres Wesens unterscheiden sich auch die Menschen voneinander. Alle Menschen können starke Unlust-Erlebnisse haben, aber nicht aller Menschen Erlebnisse haben dieselbe Tiefe. Hier liegt auch der Unterschied zwischen einem ‚bloßen Individuum' und einer ‚echten Persönlichkeit'. Eine Persönlichkeit ist sowohl in tief gelegenen Triebfedern des Willens als auch in entsprechend tiefen Gefühlen verankert. Und es ist nur selbstverständlich, daß Gefühle, die in den ‚unser Grundwesen aufbauenden Triebfedern' begründet sind, auch selbst ‚*fest*' und *dauernd* sein müssen, — es müßte denn unser Wesen selbst sich ändern.

Hier ist der Ort auch des Begriffes ‚Gemüt' in seiner alten, guten Bedeutung — also ohne alle Beziehung zur verflachenden ‚Gemütlichkeit' — zu gedenken. Denn: ‚er hat Gemüt' bedeutet die Gewichtigkeit seines Gefühlswiderklanges auf Eindrücke und Situationen des Lebens. Und ein tiefes Gemüt meint die Tiefenlagerung seiner Gefühle. Aber der Begriff Gemüt umfaßt mehr als die Einzelgefühle, nicht umsonst besteht die Bezeichnung ‚Gemütskrankheit'. Sie erfaßt nicht allein die Gefühlsvorgänge als solche, sondern auch ihr ganzes Gelagertsein und ihre Wirkungsweise in der Persönlichkeit. Rein empfindungs-begründete Gefühle, wie die Unlust eines eng-lokalisierten körperlichen Schmerzes, sind aus dem Gemütsbegriff von vornherein ausgeschlossen. Durch ‚Gemüt' ist das innerste seelische Leben der Persönlichkeit in seinem Gesamtzusammensein gemeint, wobei das Hauptgewicht auf der Seite des Gefühlsmäßigen liegt.

Affekt und Stimmung. — Deren Beziehung zur Aufmerksamkeit und zur Beobachtung

Mit Recht unterscheidet man auch zwischen den beiden Äußerungsformen der Gefühle: den *Affekten* und den *Stimmungen.* Der Leser wird bei Durchsicht der Tabelle die einen von den andern leicht scheiden können. Zorn, Jähzorn, Schrecken sind Affekte; Heiterkeit, Niedergeschlagenheit treten eher als Stimmungen auf. Die Affekte sind sowohl durch ihre Stärke als auch vor allem durch ihre *Zeitform* charakterisiert: Sie wachsen im allgemeinen rasch, dauern nicht allzulang an und nehmen in ihrer Stärke oft auch wieder rasch ab, während Stimmungen im allgemeinen eine längere, manchmal sehr lange Dauer aufweisen. Während die Kurve der Affekte mehr in die Höhe steigt, ist die Kurve der Stimmungen mehr in die Länge gestreckt. Die am Affekt beteiligten Empfindungen treten im allgemeinen noch deutlicher hervor als bei Stimmungen, wenn auch z. B. die depressive oder euphorische Stimmung durchaus von typischen körperlichen Erscheinungen begleitet sind.

Durch die starke Inanspruchnahme des Bewußtseins und der ganzen verfügbaren psychophysischen Energie des im Affekt Befindlichen *verliert sein Denken an Klarheit und Weite.* Der gegenwärtige Affekt beherrscht das ganze Gegenwartsbewußtsein, selbst naheliegende Folgen der aus dem Affekt resultierenden Handlungsweise kommen oft nicht ins Bewußtsein; daher werden Affekthandlungen mit Recht anders abgeurteilt als aus kühler Vorbedachtsamkeit entstehendes Tun. Und dennoch enthebt der Affekt den Menschen nicht der Verantwortung, da auch er selbst vom Menschen ‚zugelassen' wird (s. Bd. I, Kap. 11 u. Bd. II, S. 82). Demgegenüber können schwächere Gefühle, vor allem positiver Art (‚Interesse' am Denkobjekt) den Denkprozeß vorteilhaft beeinflussen. Eine Folgeerscheinung der ‚Bewußtseinsausfüllung durch Gefühle' ist auch die Tatsache, daß sich Gefühle, und je stärker sie sind um so mehr, während ihres aktuellen Bestehens vom Gefühlsträger selbst *schlecht beobachten lassen.* Die starke Besetzung des Bewußtseins durch Affekte ist aber nur eine Teilursache dieses Sachverhaltens. Nicht weniger trägt dazu bei, daß die Grundeinstellung des stark emotionell bewegten Menschen eine grundsätzlich andere ist als die eines Beobachters: Dieser geht auf möglichst genaue Konstatierung des Erlebniszustandes, also auf eine nüchtern-kühle Betrachtung seines Objektes aus, während der stark Fühlende in seinem Zustand als solchem aufgeht (s. Kap. 4). Der während eines Zornaffektes sich selbst Beobachtende verschiebt so sehr den Bewußtseinsschwerpunkt vom Erleben aufs Beobachten, daß der Zorn dabei gar nicht mehr ‚normal fortexistieren' kann. Ganz falsch aber wäre die Behauptung, daß sich Gefühle während ihres Bestehens überhaupt nicht unmittelbar feststellen und beobachten lassen. Es gibt Gefühle, welche sich der Beobachtung gegenüber als durchaus standfest erweisen. So wird die Unlust des Zahnschmerzes durch Einstellung der beobachtenden Aufmerksamkeit auf sie nicht geringer. Und manche Gefühle, vor allem Stimmungsgefühle, lassen unmittelbare Beobachtung nicht weniger als Empfindungen zu.

Hier mag auch auf eine leicht sich einstellende Verwechslung aufmerksam gemacht werden: Durch Richtung der Aufmerksamkeit auf den Beobachtungsgegenstand wird dieser in der Regel in seinem Sein, seiner Klarheit und Deutlichkeit *gehoben*, — warum ist dies bei Richtung der Aufmerksamkeit auf Gefühle (und Willensvorgänge) gerade umgekehrt? Die Antwort ergibt sich aus der Grundunterscheidung, die wir schon Bd. I, Kap. 12 und Bd. II, Kap. 4 durchgeführt hatten: Das Empfindungs- und Wahrnehmungs*objekt* ist etwas, was durch gesteigerte Betrachtung nur gewinnen kann, denn *sein phänomenales Sein besteht ja im Betrachtetwerden.* Das Gefühl aber verlangt Erlebnis*hingabe,* welche das Gegenteil von Betrachtung ist. Beide nehmen die psychophysische Energie für sich in Anspruch, beide schließen sich wegen der Bewußtseinsenge gegenseitig aus. Falsch aber wäre es, wenn man sagen wollte: „Der Zornaffekt *konzentriert ‚die Aufmerksamkeit auf sich'* und schließt dadurch alle anderen psychischen Vorgänge aus", — von ‚Aufmerksamkeit' wird man nur dort mit Recht sprechen, *wo es um Objektauffassung und nicht um Erlebnisse oder gar um Lebnisse geht,* die man nicht betrachtet, sondern denen man sich hingibt.

Gefühle, und so auch Affekte als ihre Unterart, besitzen (s. o.) in der Regel ein bewußtes Objekt, auf das sie sich richten, von dem sie hervorgebracht worden sind (ein ‚leckerer Bissen' eine ‚gefällige Farbenkombination', ein ‚geliebtes Antlitz'). Auch bei *Stimmungen* läßt sich nicht selten der Grund angeben, aus dem sie herauswachsen. Die gedrückte Stimmung des Volkes, das vor einer Hungersnot oder einer Niederlage steht, ist unmittelbar auf ihre Grundlage zurückzuführen. Nicht selten sind aber auch die Fälle, wo sich die Ursache der Stimmung im Dunkelbewußten verbirgt und auch der davon Betroffene selbst nicht recht anzugeben weiß, warum er fröhlich oder depri miert ist. Endlich gibt es auch Fälle, wo die Stimmung so sehr aus dem Zustand der Persönlichkeit herauswächst, daß sie nur in ihr selbst ihren Grund hat: Die Stimmung eines gesunden, jugendlichen Menschen ist im allgemeinen fröhlicher als die des höheren und hohen Alters. Alle Lebensprozesse vollziehen sich rascher, stürmischer und tragen an sich schon größere Tendenz zur Fröhlichkeit. Die Lustgefühle des Alters nehmen eher die Form der abgeklärten Heiterkeit an, die ihre Grundlage nicht im körperlich frischen Geschehen, sondern in der geistigen Schau der Welt vom überlegenen Standpunkt aus besitzt (wenn es zu einer solchen Schau überhaupt kommt!), ansonst eine gewisse Verstimmung und Verdrossenheit oder gar Schwermut sich des alternden Menschen leicht bemächtigt.

Doch hängt die Form der Zeitkurve der Gefühle sowohl in ihrem Ansatz und Ausklang als auch in ihrer Lust-Unlust-Qualität stark von der individuellen Veranlagung des Menschen ab: So gilt auch jetzt noch, trotz erreichter Verfeinerung und Einführung ganz andersartiger Einteilungsprinzipien, die alte Vierteilung der Menschen in fröhliche Sanguiniker, trübselige Melancholiker, leicht verärgerte, brüsk reagierende Choleriker und aus ihrer Ruhe nicht zu bringende Phlegmatiker. (Genaueres hierzu Kap. 12).

Der ‚Gefühlsgrund' und die ‚Echtheit' der Gefühle

In diesem Zusammenhang ist von größtem Interesse die Frage, ob der ein Gefühl Erlebende auch noch ‚in einem tieferen Sinne' wissen kann, *warum er dieses Gefühl hat?* Wir hörten eben, daß er bei Stimmungen manchmal nicht einmal die Ursache seiner Depression oder Fröhlichkeit anzugeben imstande ist. Schließt sich dagegen das Gefühl an eine *bewußte Empfindung* an, so ist die Beantwortung der Frage leicht, da das Hervorgehen des Gefühles aus der betreffenden Empfindung unmittelbar beobachtbar ist: Sie (die Empfindung oder Wahrnehmung) ist es ja, die ihm gefällt oder mißfällt. Fragt man aber, z. B. bei einer Geschmacks-Empfindung, noch weiter: ‚Und *warum* schmeckt (gefällt) Dir der Zucker?', so ist zwar die Antwort rasch bei der Hand: „Weil er süß ist". Fragt man aber noch weiter: ‚Und *warum schmeckt Dir das Süße?*' — so bleibt diese Frage unbeantwortet und wird geradezu als sinnlose Frage zurückgewiesen: „Es schmeckt mir eben!". De gustibus non est disputandum, — ist nur eine Folge dieser Ratlosigkeit; dem einen schmeckt eben das, dem andern jenes.

Erst im höchsten Gefühlsgebiet, bei ethischen, ästhetischen und religiösen Gefühlen wird sie für den Vertreter der absoluten Wertauffassung wieder sinnvoll und beantwortbar: ‚Warum gefällt Dir eine gerechte Handlung, die mit Verzicht auf Eigenvorteil durchgeführt wird? Warum gefällt Dir Geistesgröße, Großmut, Kühnheit, Freiheitsliebe?': „Weil dies alles *schlechterdings Werte sind!*", d. h. etwas, *was seiner Natur nach anstrebenswert ist* und, einmal erreicht und realisiert, Befriedigung, oft sogar *Befriedigung und Freude höchster Art auslösen muß.* Nur innerhalb des zentralen Persönlichkeitsgebietes wird hier Frage und Antwort sinnvoll. Wir stehen wieder in der Vorhalle der *Ethik.*

Erst innerhalb der Persönlichkeitsgefühle scheint auch die Frage nach der *‚Echtheit'* der Gefühle auf. Das Tier sowie das kleine Kind hat nur echte Gefühle, weil es sich selbst nicht zum Objekt hat und sich daher auch nicht beeinflussen und betrügen kann. Während der reifende und erwachsene Mensch oft ‚so sein will', z. B. ‚großmütig oder barmherzig oder liebevoll und neidlos', — weil er diese Tugenden schätzt und (nicht selten außerdem:) weil er *gerne vor sich selbst in ihrem Glanze stehen möchte.* Und er vermag es nicht selten zu erreichen, daß er ein entsprechendes Verhalten nicht nur nach außen trägt, sondern auch in seinem Innern ein ‚entsprechendes Fühlen' entwickelt. Und nun kommt alles darauf an, wie tief er dabei mit seinem ‚Selbstvervollkommnungswillen' ansetzt: Wenn es ihm damit ‚bis zum Grund seiner Seele' ernst ist, so können die entsprechenden Gefühle wirklich in ihm erwachen und sich in echtem Werdeprozeß zu echter Fühlweise entwickeln. Sobald es ihm aber eben nicht nur auf *‚das So-sein'* ankommt, sondern auch auf das nur *‚So-Erscheinen' vor anderen* oder (was noch gefährlicher, weil noch schwerer zu durchschauen ist!) *vor sich selbst,* — so ist das ganze Vorhaben von vornherein verloren und vertan, und was dabei herauskommt, ist entweder Betrug nach außen oder Selbstbetrug und *Unechtheit des Fühlens* und damit auch seines ganzen Wesens. In Lebenssituationen, wo der Mensch sich ‚restlos stellen muß', wird man, wird er vielleicht auch selbst gewahr, daß alles nur aufgetragene Stukkatur war und keine echte Substanz dahinter, daß sein Fühlen *‚unecht'* war.

Gefühl und Verantwortung

Subjekt im weiteren Sinn ist stets das Ich, selbst dem Trieb gegenüber, denn auch der Trieb ist ja letzten Endes ‚mein Trieb'. Im engeren, präzisen Sinne aber ist nur der Wille *aktive Äußerung meiner Persönlichkeit.* Ähnlich steht es auch mit den Gefühlen: sie alle sind meine Gefühle; aber nicht in ihnen allen äußert sich meine zentrale Persönlichkeit. Wenn z. B. in einem Menschen ein ihm wohlbekannter, aber von ihm nicht anerkannter, sondern stets bekämpfter sadistischer oder homosexueller Charakterzug sich regt, so kann er für diese seine Eigenart als solche nichts. Sie ist ihm mit in die Wiege gelegt worden. Wie er sich aber dieser Tatsache *willentlich gegenüberstellt,* darin äußert sich erst seine Persönlichkeit; hier ist sie *durch und durch Subjekt, das Stellung nimmt.* So ist das Ich, im eigentlichen Sinn, *aktives Subjekt nur derjenigen Gefühle, die aus der Gesamtheit der Persönlichkeit, aus ihrem Ethos, ihrer ästhetischen Weltauffassung, ihren Überzeugungen, ihrem ganzen geistigen Bereich entstehen; und derjenigen, die aus ihrem seelischen und vitalen Bereich herkommen, erst dann, wenn das Ich ihnen gegenüber Stellung genommen und zu ihrem Sein und Wirken ein (vielleicht auch nur widerstrebendes) ‚ja' gesagt hat.*

Gerade weil sich das einheitliche Ich in Fällen tiefer Freude oder ebensolchen Leides als das eigentliche Subjekt freut oder leidet, ist ein *gleichzeitiges echtes Sichfreuen und Leiden,* das aus demselben zentralen Ichbezirk kommt und sich auf dasselbe Objekt bezieht, *nicht möglich;* — außer wenn Leid und Freude selbst sich nicht widersprechen, sondern zu einem Mischgebilde gegenseitiger Durchdringung und Ergänzung zusammentreten, wie dies in ‚Wehmut', ‚Sehnsucht', ‚Heimweh' usw. der Fall ist. Sehr wohl möglich ist dagegen, daß das Persönlichkeits-Ich heiter bleibt, auch wenn der sinnliche Ich-Teil, z. B. durch körperlichen Schmerz, leidet, — sofern der Schmerz nicht gewisse Grenzen überschreitet und die übrigen Gefühle verdrängt.

Gefühlsdauer in der Dauer der Zeit. ‚Erinnerte Gefühle'

Wie diejenigen Empfindungen, die an die Eigenart unseres Körpers gebunden sind, trotz Adaptation, sehr lange Zeit hindurch bestehen bleiben und man ihr Fehlen deutlich merkt, wenn sie einmal wegbleiben, so steht es auch bei Gefühlen: Die Stimmung des echten Melancholikers bleibt Grämlichkeit über sein ganzes Leben, mit nur seltenen Lichtblicken. Aber auch andere Gefühle, Liebe, Haß, Achtung, Dankbarkeit usw., können fürs Leben bestehen bleiben. Dabei beherrschen sie das Bewußtsein natürlich nicht mit ständig gleicher Intensität. Sie werden von anderen Bewußtseinsinhalten zurückgedrängt, treten vor und dann wieder zurück, — sie stehen dabei aber immer unter grundsätzlich anderen Bedingungen als die Empfindungen der äußeren Sinne. Denn diese brauchen (in der Regel! —

s. Bd. III) zu ihrem gleichwertigen Wiederauftreten als Empfindungen denselben Außenreiz, andernfalls sie nur als *Vorstellungen* wiederauftauchen können. Der Reiz welcher ein Gefühl (z. B. eine Verletzung unseres Ehrgefühles) hervorgerufen hat, kann aber schon längst vergangen sein; das bloße Wissen um seine Tatsächlichkeit und die Erinnerung daran genügt, damit das Gefühl der Verletztheit mit neuer, unter Umständen sogar größerer Intensität wiederauflebt. Da wir wissen, daß im Gefühl der Antwortcharakter des Ich auf die ihn hervorrufende Situation viel stärker enthalten ist als bei Empfindungen, wird dieser Tatbestand sofort verständlich, sobald man hinzunimmt, daß die geistigen Gefühle sich an das bloße Wissen mit fast ebenso großer Unmittelbarkeit und Stärke anschließen wie an sinnliche Eindrücke. Die Nachricht vom Tod eines geliebten Menschen wirkt kaum weniger Leid zeugend als das sinnliche Wahrnehmen seines Todes. Die Reproduktion eines Gefühles steht demnach unter ganz anderen Bedingungen als diejenige einer Empfindung. — Im intellektuellen Gebiet gilt eine entsprechende Unveränderlichkeit des reinen Wissens im Laufe der Zeit gegenüber dem zwischen Empfindung und Vorstellung bestehenden tiefgreifenden Unterschied: Sofern kein direktes Vergessen sich einstellt, ändert sich das Wissen nicht im Laufe der Zeit: Wenn ich etwas erfahren habe, wenn ich etwas weiß, bleibt das Wissen bei der zehnten Reproduktion dasselbe, wie es im Moment der Kenntnisnahme bestanden hatte.

Haben sich allerdings die Gefühl-setzenden Umstände inzwischen geändert, so wird auch das Gefühl nicht mehr in seiner ursprünglichen Kraft und Weise auftreten. Sonst aber können Gefühle durch gedankliche Rückversetzung in die frühere Situation der Vergangenheit immer wieder ‚originär' und nicht als bloße ‚Vorstellungsgefühle' wiedererlebt werden.

Von diesem lebhaften Wiedererleben führt nun eine kontinuierliche Stufenfolge bis zum *bloßen Denken an das einmal gewesene Gefühl*, an die Gefühle anderer Menschen, an Gefühle überhaupt. Hier gelten dieselben Stufen und Abstriche bei der ‚bloßen Erinnerung an das ursprüngliche Erlebnis', wie wir sie im Kap. 9 fürs Denken kennenlernen werden. Immer mehr tritt im Laufe der Zeit der bloße Vorstellungs-, Betrachtungs- und Wissenscharakter an Stelle des lebendigen Wiedererlebens vor. Immer mehr ‚denken' wir sie nur, wodurch sie immer mehr nur ‚betrachtet' (als ‚wiedererlebt') werden; an ihrer Unmittelbarkeit dadurch einbüßen, — nicht aber ebenso unbedingt auch *an der Richtigkeit der gedanklichen Erfassung ihrer Eigenart im Denken* (vergl. Kap. 1 ‚Der Mensch und die Zeit', Anm. S. 9).

Liebe und Haß

> *„Wenn ich mit Menschen- und mit Engelszungen redete und hätte der Liebe nicht, so wäre ich ein tönend Erz oder eine klingende Schelle."*
>
> *1. Korintherbrief, Kap. 13*

Wenn wir an unsere Übersichtstabelle der Gefühle zurückdenken, so ließe sich über viele der angeführten Gefühle noch sehr vieles sagen: Was ist der Unterschied zwischen *Fröhlichkeit* und *Heiterkeit?* Wodurch unterscheidet sich *Entzücken* von *Bewunderung?* Was ist der tiefere Grund dafür, daß der eine die Vorzüge seines Mitmenschen *zu schätzen weiß,* der andere aber darunter leidet und seinen Mitmenschen um dessen Vorzüge *beneidet?* Da aber von allen Gefühlen (wenn man sie überhaupt noch als Gefühle mit Recht bezeichnen darf und nicht eine ganz eigene Kategorie — *M. Scheler* — für sie vorbehalten soll) *Liebe und Haß* die bedeutsamsten und folgereichsten sind, sollen einige Worte über sie hier schon gesagt werden (s. Kap. 11!).

Liebe im weitesten Wortsinn steht hinter jeder Bindung, welche uns mit der Umwelt positiv verknüpft. Denn mit Recht wies schon *Platon* darauf hin, daß die Liebesbeziehungen zwischen Menschen nur ein besonders wichtiger Fall der Liebe sind. Wir lieben auch Tiere und Dinge, Landschaften, ein altes Haus mit Garten, in dem wir aufgewachsen sind; wir lieben auch Ideen und ideale Werte, die Freiheit, die Gerechtigkeit usw. Wer die Arbeit seines Berufes nicht liebt, ist schlimm daran. Liebe durchwirkt unsere sämtlichen Beziehungen zu uns selbst, zu anderen Menschen, zur realen und idealen Welt. Bis zu einem gewissen Grad gilt das für viele, für die meisten Menschen. Denn stellt man sich einen Menschen vor, der zu gar nichts in seinem Leben, seiner Umgebung Liebesbeziehungen hätte, so könnte er auch nicht sein Leben lieben und müßte seinen natürlichen Lebenstrieb verlieren. — Der *Haß* kann, wenn er als tätiger aktiver Haß, z. B. als Rachebedürfnis, auftritt, die Liebe im Haushalt des Lebens bis zu einem gewissen Grade ‚ersetzen': denn ein Mensch kann auch von Haß leben (!). Tritt er jedoch als Abscheu oder Überdruß auf, so entfremdet er den Menschen dem Leben und dem Sein, — denn in diesen Gefühlsarten liegt jene negative, abweisende Gefühlseinstellung, die der passiven Form des Hasses oder der Gleichgültigkeit eigen ist. — Die absolute Gleichgültigkeit ‚allem gegenüber' löst aber alle Bande des Lebens: Wer weder liebt, noch haßt, lebt nicht mehr.

Mitleid und Mitfreude: reicht das ‚Sympathieprinzip' zu deren psychologischer Durchleuchtung? Liebe und Haß als die dabei entscheidenden Faktoren

Manche Psychologen und Philosophen versuchten, Liebe und Haß auf Lust-Unlust zurückzuführen, indem nach ihnen Jemand oder Etwas dann ‚geliebt' wird, wenn *seine Vorstellung sich mit Lust verbindet; gehaßt, wenn sie mit Unlust verknüpft ist.* Aber im Liebes- (und Haß-) Erleben, liegt viel mehr *Aktivität* als in der bloßen Vorstellung, deren Inhalt sich mit Freude verbindet. Das wird uns besonders deutlich, wenn wir von höheren Arten der Liebe sprechen, während sich die Liebe zu Dingen obiger Beschreibung eher fügt.

Dieselben Denker versuchten auch sowohl die höheren Arten der Liebe als auch des *Mitleidens* und der *Mitfreude* auf das sog. *Sympathieprinzip* zurückzuführen: Unsere Sympathie zu Mitmenschen erwachse aus zwei, jedem

Menschen eigenen Fähigkeiten: Ein jeder hat sich in seinem Leben schon selbst gefreut und selbst gelitten. Freude und Leid haben nun ihre eigenen ausdrucksvollen Äußerungen im Mienenspiel, in Körperbewegungen, Lautbildungen (Lachen, Stöhnen) usw. Gefühl und diese Äußerungen sind nach dieser Lehre so stark miteinander ‚assoziiert', daß das bloße Wahrnehmen der Äußerungen dem sie Wahrnehmenden mit größter Anschaulichkeit *auch selbst den Leidenszustand, dem sie entspringen, aufzwingt.* Der Mitleidige *leidet also selbst mit* beim Sehen fremder Schmerzen, — *daher* entsteht in ihm auch das Bestreben, den Leidenden von seinen Schmerzen zu befreien. Und diese ihm aufgezwungene sinnliche Anschaulichkeit des Leidens wird durch den *zweiten* assoziativen Faktor noch erhöht: Er selbst litt (wenn wir hier zunächst einen körperlichen Schmerz ins Auge fassen, — aber dasselbe gilt ebenso auch für geistige Leiden) *unter ganz bestimmten Lebensumständen,* in einer bestimmten Lebenssituation, z. B. wenn er geschlagen oder noch ärger körperlich mißhandelt wurde. Auch wir haben, wenigstens grundsätzlich, Ähnliches schon erlebt, und von da her haben sich auch bei uns *diese und ihnen ähnliche Lebensumstände* innig *mit dem Leidenserlebnis* assoziiert. Und wenn wir nun einen Menschen oder ein Tier unter ähnlichen Bedingungen sehen (z. B. einen Blinden, der mit raschen Schritten auf einen vorragenden Eisendorn zuschreitet und sich ihn, nichts ahnend, im nächsten Augenblick ins Auge bohren wird; einen Fuchs, der mit blutigem Fuß im mitleidslosen Fangeisen steckt), so taucht in uns das seinerzeit erlittene Leiden anschaulich wieder auf und läßt uns mit dem Leidenden — ‚mitleiden'.

M. Scheler war es, der die Unvollkommenheiten dieser Auffassung klar durchschaut hat. — Daß die beschriebenen Bindungen zwischen dem Leiden und den *Leidensäußerungen* — einerseits — und der *Leidenssituation* — andererseits — bestehen, ist nicht zu bezweifeln (ob sie allerdings nur assoziativer Provenienz sind, ist eine Frage, die wir hier nicht weiter erörtern). Ob aber damit auch das *Wesen des Mitleidens* erschöpfend geschildert ist, ist eine ganz andere Frage. Wäre dem so, so könnte es keine *Schadenfreude* und noch weniger *Grausamkeit* geben! Denn jeder Mensch müßte unter den geschilderten Umständen mit dem Leidenden immer mitleiden! Während die Lebenswirklichkeit zeigt, daß *Freude über das Leiden des andern* nicht selten, vielleicht nicht viel seltener vorkommt als echtes Erbarmen. Und wann tritt das eine, wann das andere auf? Die Antwort ist eindeutig: Wenn der leidende Mitmensch gehaßt wird, wenn er ein Erbfeind des sein Leiden Wahrnehmenden ist, an dem Letzterer vielleicht gar selbst Rache üben, ihn also leiden lassen möchte, — wird sein Mißgeschick auch kein Mitleiden des andern wachrufen, vielmehr wird der Betrachter an seinem Leid sich freuen, statt mitzuleiden! Liebt er ihn aber, dann, erst dann wird er echtes Mitleid mit ihm fühlen. Und je inniger er ihn liebt, desto stärker wird sein Mitleid sein. Bei großer Liebe nimmt der Liebende, wenn er es kann, selbst die Schmerzen des Geliebten gern auf sich, um ihn davon zu befreien!

Aber nicht erst die große Liebe führt zu Mitleiden: Das bloße *Wohlwollen* genügt schon für dessen Auftreten. Denn: den leidenden Fuchs *lieben* wir in diesem Sinne nicht, aber wir fühlen Wohlwollen zu ihm, — wie zu allem Lebendigen und, in diesem Falle, zu einem in der Tierreihe schon relativ hochstehenden Lebendigen. Der Bäuerin dagegen, deren Hühnerstall derselbe Fuchs vor kurzem ausgeräumt hat, die ihn infolgedessen als ärgsten Feind haßt, wird die Racheeinstellung wohl näher liegen und der Gedanke leicht sich einstellen: ‚So geschieht dir's recht'!

Ohne durch Wahrnehmung ausgelöste *anschauliche Vorstellung des fremden Leidens* (Sympathieprinzip) mag das elementare Mitleid tatsächlich unmöglich sein (auf höheren Entwicklungsstufen genügt allerdings schon ein bloßes Wissen); aber mindestens *Wohlwollen* muß hinzukommen, damit *Mit-leid* daraus wird: Liebe und Haß entscheiden darüber, ob aus der Vorstellung fremden Leidens Mitleid oder Schadenfreude und haßerfüllter Triumph entsteht. Fehlt aber schon die Fähigkeit des ‚Sicheinfühlens' in fremdes Leid, so entsteht weder Schadenfreude noch Grausamkeit, sondern: gefühllose ‚*Rohheit*' in der Beziehung zu Menschen und Tieren. Denn *echte Grausamkeit* setzt das Sicheinfühlen ins Leiden des andern geradezu voraus: Der Grausame freut sich ja, *weil* der andere leidet!

Liebe in ihrer Abhängigkeit vom Liebesobjekt. Scheinliebe und echte Liebe.

Haß wie Liebe können nicht nur verschiedene Intensitäten, sondern auch verschiedenste Qualitäten besitzen. ‚Ich liebe diesen Wein!', bedeutet in der Tat nicht mehr, als daß sein Genuß mir Freude, Sinnenfreude bereitet. Nur auf seine Beziehung zu mir, nur auf seine *Verwendung zu meiner Genugtuung* kommt es mir an. Und wenn ich höre, daß irgendwo in der Welt, wo sie sowieso *keinem Menschen zugänglich waren (!)*, zehntausend Tonnen dieses ‚geliebten Weines' zugrunde gegangen sind, wird mich das völlig kalt lassen: denn ‚an sich' und ‚als dem Menschen sowieso nicht mehr zur Verfügung stehend', ging mich der Wein auch gar nichts mehr an!

Und nicht selten ist selbst die Beziehung von Mensch zu Mensch von ähnlicher Art. *Wenn* Tolstoj recht haben sollte mit seiner Schilderung *Napoleons (Krieg und Frieden)*, so wären für diesen alle Menschen nur Schachfiguren, deren jede ihm nur soviel wert war, als er sie zu seinen Zwecken verwenden konnte. Und gar nicht selten verbinden uns mit Menschen nur jene Annehmlichkeiten, die sie *uns* durch ihre Freundlichkeit, ihre angenehme Umgangsformen, ihre Fröhlichkeit, ihren Witz u. dgl. bieten. Und wir meinen sie zu lieben, aber wir lieben sie fast nur wie der Weinfeinschmecker den guten Wein liebt. Die echte Liebe greift viel tiefer in die Substanz des Geliebten selbst hinein. Sie liebt ‚ihn in-ihm-selbst' und nicht nur in seiner Beziehung zu mir. Nicht seine ‚Verwendung' zu unserer Unterhaltung, Freude oder Nutzen kommt für sie in Betracht, sondern sein Lebenswandel, sein Erfolg, sein Glück, sein Sein, seine Seele als solche. Wenn der ‚egoistisch geliebte Mensch' verreist, so verfolgen ihn unsere

Gedanken nicht: ist er doch durch seine Abreise für uns irrelevant geworden. Wir bedauern seine Abreise, er wird uns hie und da fehlen; eigentlich aber nicht er, sondern jene Unterhaltung und Freude, die er uns brachte. Und wenn er in der Fremde stirbt, so wird sein Tod auf uns einen geringeren Eindruck machen als seine Abreise, wodurch er für uns ja auch schon nicht mehr ‚verwendungsfähig' geworden war. — In alledem ist *echte Liebe* und ihre Auswirkungen in unserem Verhalten — *das direkte Gegenteil:* Der geliebte Mensch mag sich in uns unzugänglichen Ländern befinden, wir mögen wissen, daß wir nie mehr mit ihm zusammentreffen: Nicht der noch so schmerzliche Augenblick der Trennung brachte uns den Hauptschmerz, sondern *die Nachricht tut es, die von seinem Mißgeschick, von seinem Leid, vielleicht von seinem Tod erzählt.* Denn: *sein Sein* und *sein Glück* sind es, *auf die es uns ankommt;* denn *ihn als solchen* und ganz nur ihn ‚in ihm selbst' und *gar nicht irgendwie ‚für uns'* lieben wir ihn.

Und nicht allein Menschen, sondern auch ganz andere Realitäten und Gebilde lassen sich so lieben, z. B. das Heimatland, für das gar mancher mit innerer Freude das Leben hingibt, damit es auch nach seinem Tode fortbesteht; das Kunstwerk, das einen so hohen inneren Wert mir bietet, daß seine Vernichtung mich wie der Tod eines Freundes treffen könnte; oder auch Ideen, für deren Verwirklichung so viele Menschen ihr Leben gelassen haben.

8. Wahrnehmen (Empfinden und Denken)

‚Objektivierung' — als gemeinsamer Grundzug von Empfinden, Wahrnehmen und Denken — gilt nicht ‚ebenso': fürs Fühlen!

Nochmals das Bewußtsein: Der letzte Objektivierungsgrund aller psychischen Einzelvorgänge

Wahrnehmen und Denken pflegt man nicht zusammen zu behandeln, da dem Denken Eigenschaften zugeschrieben werden, die sich im Wahrnehmen nicht finden. Gewiß gibt es solche, aber in der Grundbeschaffenheit herrscht zwischen Denken und Wahrnehmen eine Übereinstimmung, die sie von allen übrigen psychischen Vorgängen unterscheidet, — außer von den ‚wohl ausgebildeten Empfindungen', wenn wir diesen Begriff so fassen, wie dies in Bd. I, Kap. 7 geschah. Denn letzten Endes lautet die vielleicht treffendste Bestimmung einer Empfindung: sie ist *‚erlebtes Objekt'* (selbstverständlich nicht unbedingt ‚Objekt' im Sinne einer ‚Substanz', eines Dinges — s. S. 151 ‚Wahrnehmen der Dinge' —, sondern nur im Sinne eines ‚Gegebenen', das ebensogut ein Zustand, ein Vorgang, selbst im eigenen Ich, sein kann). Diese Bestimmung trifft ebensogut die Gesichts-, als die Gehörs-, Geruchs-, Geschmacks- oder Tastempfindung.

Nun haben wir aber inzwischen das *Wesen der Gefühle* sowie das ‚Erleben' in seiner Beziehung zum ‚Betrachten' kennen gelernt (Bd. II, Kap. 4). Und dabei hatten sich uns *gesamt-körperliche Empfindungs-Zustände* geboten, welche dem *Gefühlszustand* sehr nahe kommen (so z. B. körperliche Frische der Jugend gegenüber der Beschwertheit des hohen Alters), so daß man nicht umhin kann, in jenem primitiven Urzustand des erwachenden Bewußtsein, *wo deren charakteristische Merkmale noch nicht zur vollen Ausprägung gekommen sind*, einen kontinuierlichen Übergang zwischen Gefühl und Empfindung anzuerkennen.

Wir wissen (Bd. I, Kap. 13), daß das *‚wissende Bewußtsein'* das Gefühl nicht unbedingt zu begleiten braucht, daß man leiden und glücklich sein kann, *ohne zu wissen*, daß man es ist. Aber ebenso können in halbwachem, übermüdeten oder halb betäubten Zustand, sowie bei abgelenkter Aufmerksamkeit, auch Empfindungen auftreten, die, wie es *Leibniz* ausdrückte, nicht ‚apperzipiert', sondern nur ‚perzipiert' sind, und daher *gerade den Wissenscharakter noch kaum besitzen*. Dasselbe gilt von den Empfindungen aller jener Sinnesgebiete, die sich in einem relativ wenig entwickelten Zustand befinden, die noch nicht imstande sind, uns etwas Bestimmtes, wohl Charakterisiertes zu bieten; deren Bietungen vielmehr noch nebulos und nicht zur Eigenständigkeit und Gegenständlichkeit gekommen sind.

Bis zu einem gewissen Grade besitzen aber doch sämtliche Bewußtseinsvorgänge ‚in nuce' auch schon etwas vom ‚Objektcharakter', — der sich dann immer deutlicher bis in die Region des klaren Denkens hinauf entwickelt! Diese Grundanlage des Bewußtseins führt sich auf die letzte Grundbeschaffenheit des psychischen Lebens selbst zurück: Auf die *Seinsbeziehung zwischen dem zentralen, den Momentanzustand überdauernden Ich und seinen Einzelzuständen.* Wir wissen ja aus den Erörterungen von Bd. I, Kap. 8, daß sich das Bewußtsein nicht einfach auf das Zugleichsein und Aufeinanderfolgen der einzelnen psychischen Prozesse reduzieren läßt, daß es über sie hinaus den *Bewußtseinsträger* gibt, der sie in ‚*einem* Bewußtsein' der Gleichzeitigkeit und Aufeinanderfolge vereint besitzt, und der *sie überschaut,* indem *nur er ‚zugleich wissen kann vom Hören, Sehen, Riechen usw.*, und auch *von der Aufeinanderfolge des Empfindungswechsels'.* Und in eben dieser Grundbeziehung des Bewußtseinsträgers zu den einzelnen seelischen Vorgängen, *in der Einlagerung des einzelnen Lebensvorganges ins übergeordnete Ich-Ganze* ist auch der Keim zur Bildung des Subjekt-Objektverhältnisses gelegen: Denn einerseits geht der Bewußtseinsträger im Einzelnen nicht auf; dieses bleibt nur ‚sein Bestandteil' — und: *wird von ihm als solcher erlebt.* Andererseits geht auch das einzelne Erlebnis im Ganzen *nicht einfach unter,* sondern *behält seine Individualität bei. Und als solcher ‚individueller Bestandteil' wird es vom Bewußtseinsträger auch erfaßt:* Nur von dessen Zentrum aus kann ja Sehen, Hören, Riechen usw. gleichzeitig erlebt und überblickt werden; nur vor ihm verbinden sich die sich zeitlich folgenden Töne zu einer Melodie. *In ihm* und zugleich *vor ihm* geschieht die Vielfalt des Einzelerlebens und wird — eben dadurch — *sein ‚erlebtes Objekt'.* Und so ist *das Verhältnis des Bewußtseinsträgers zu den Einzelerlebnissen die letzte Grundlage zur Bildung des Subjekt-Objektverhältnisses überhaupt.* — Die Eingliederung des Bestandteiles in den Bewußtseinsstrom des Ganzen beinhaltet zugleich auch seine Ausgliederung ‚als Individualbestandteil', sofern der Bestandteil vor dem Bewußtseinsträger als solcher auch fortbestehen bleibt. Nur in nebulosen, undifferenzierten Gesamtgebilden geht er im Ganzen nahezu auf und unter, und hört damit auch auf, ein einzelnes Erleben zu sein. Ansonst er dem Bewußtseinsträger gegenüber zunächst ‚*Erlebnisobjekt*‘ wird, dann, bei fortschreitender Verselbständigung, ‚Objekt der *Wahrnehmung*‘ und schließlich ‚Objekt *des Denkens*‘, — dabei, immer ausgesprochener, ‚*Objekt der Betrachtung*‘ werdend — und zugleich auch in immer umfassendere, gliederreichere und weiterreichende Objektsysteme eingehend.

Beim untermenschlichen Lebewesen können vermutlich nur Sinneseindrücke, *sofern sie Umweltsvorgänge oder Vorgänge des eigenen Körpers* vermitteln, zu Wahrnehmungsobjekten werden. *Der Mensch kann aber auch seine eigenen Gefühle und Willensvorgänge zu Betrachtungsobjekten machen:* er kann ‚sich selbst erkennen‘, wobei allerdings niemand über jene Grenze der Selbsterkenntnis gelangen kann, die ihm durch die Grundlage seiner eigenen Natur gezogen ist, d. h. niemand kann sich selbst vollkommen erkennen.

Im oben skizzierten Sinn sind nun alle sog. ‚intellektuellen Vorgänge‘ — Empfindung, Wahrnehmung und Denken — miteinander wesensverwandt; während die bewußte Konstatierung bei Fühlen und Wollen leicht zurücktritt und rudimentär bleibt, — solange sich nicht besondere Interesserichtungen dieser Sphäre bemächtigen und sich der Mensch, sei es zur Überwindung schwieriger seelischer Situationen, sei es als Seelenforscher und Dichter, sei es als wissenschaftlicher Psychologe, der Erforschung seiner eigenen Gefühle und Willensvorgänge zuwendet und das zum *Forschungsobjekt* macht, was ansonsten zwar als seines Lebens Schwerpunkt nach wie vor bestünde, aber nicht zum Objekt seines Wissens geworden wäre.

Aus eben diesem Grund hatten wir, seinerzeit schon, bei der Besprechung der Empfindung sie als das ‚elementare Wissen‘ bezeichnet: Jede Empfindung besitzt einen Inhalt, den sie uns als Objekt bietet, nicht ohne daß dieses Objekt, als Bestandteil unseres Lebensstromes, zugleich auch als ‚Lebnis' fortbestünde. Und diese letzte Eigenschaft kann bei der *Empfindung* so sehr vorherrschen, daß sie die Hauptsache ausmacht, — weswegen die Empfindung auch noch im Bd. I für sich besprochen wurde. In der *Wahrnehmung* dagegen setzt die *verarbeitende Betrachtung* so stark ein, daß von einem bloßen ‚subjektiven Erleben' keine Rede mehr sein kann, und das Wahrgenommene sehr deutlich *als Wahrnehmungsobjekt* auftritt.

Das Wiedererkennen; das Einordnen in qualitative, räumliche und zeitliche Systeme; die Außenwelt

Wohl das erste und Hauptsächlichste, was die Verarbeitung an der Empfindung leistet, um sie in eine Wahrnehmung zu verwandeln, ist die *Wiedererkennung und damit auch deren Einordnung in ein qualitatives und quantitatives System.* Wir sprachen schon seinerzeit davon, daß wir kaum ‚ein Licht sehen können', ohne es sofort auch schon in seiner Farbqualität aufgefaßt, damit wiedererkannt und ins Farbsystem eingefügt zu haben; kaum einen akustischen Eindruck aufnehmen, ohne sofort schon seine Provenienz als akustische Äußerung eines Menschen, eines Tieres, eines Musikinstrumentes, eines fallenden Brettes oder eines vorüberfahrenden Tramwagens wiederzuerkennen. Zugleich aber zeichnet sich auch jener entscheidende Schritt, den wir Bd. I, Kap. 7 bei der Empfindung *in nuce* vorgefunden hatten, in der Wahrnehmung mit aller Entschiedenheit ab: Es ist dies die *räumliche und zeitliche Lokalisierung* des Wahrnehmungsobjektes. Wir nehmen die Druckempfindung in der Hand, im Fuß, im Rücken oder am Kopfe wahr. Sie erscheint also in der Regel eingeordnet in ein größeres räumliches System. Und ihre Lokalisation ist um so bestimmter, je höher entwickelt das Sinnesorgan ist, dem sie zugehört. Wir hörten schon, daß die Lokalisierung in den Fingerspitzen unvergleichlich feiner, genauer ist, als im Rücken. Beim Gesichtssinn ist sie feiner als beim Gehörsinn oder gar Geruchsinn (beim

Menschen!). Zahnschmerzen werden sehr unsicher lokalisiert. — Unter bestimmten Bedingungen läßt sich's aber bis zu jener Elementarstufe herabsteigen, wo eine bestimmte Lokalisierung überhaupt nicht mehr stattfindet. Je schwieriger die Auffassungsverhältnisse durch Ablenkung der Aufmerksamkeit, durch Kürze der Reizdauer usw. werden, desto ungenauer die Lokalisation. Beim Tragen von Umkehrbrillen gibt es Übergangszustände, während deren man schlechthin nicht bestimmen kann, ob das gesehene Bild aufrecht oder umrecht steht, ob der Pfeil nach rechts oder nach links zeigt. Ähnliche Verhältnisse gelten auch für die zeitliche Lokalisierung. Die sichere und genaue Lokalisation des Wahrnehmungsobjektes bedeutet schon einen höheren Verarbeitungsstand seiner Auffassung und kann für die Abhebung der echten Wahrnehmung gegenüber dem primitiveren Empfindungszustand verwendet werden. Eine ‚reine Empfindung' sollte überhaupt in kein übergeordnetes System aufgenommen sein, also weder in räumlichem, noch in sonst irgendwelchem (also auch nicht in qualitativem!) Sinn ‚lokalisiert' sein, — eine Anforderung, welcher eine ‚bewußte Empfindung' kaum jemals entsprechen kann! Daher kennen wir eigentlich nur *die Richtung*, welche von voll entwickelten Wahrnehmungen zu elementaren Empfindungen führt, ohne jemals bis zu einer ‚reinen Empfindung' gelangen zu können!

Die Lokalisation einer ganzen Reihe von Sinnesempfindungen vollzieht nun den, zunächst rätselhaft erscheinenden, Schritt: über die Peripherie unseres Körpers hinaus — in die Außenwelt! So nehmen wir schon mit unserem Tast- und Temperatursinn nicht bloß eine Kälte- und Tastempfindung wahr, sondern ‚die kalte Oberfläche einer Metallplatte'; wir tasten deren Größe und Form ab, wir schätzen ihr Gewicht usw. Auch schon die Einstellung unserer niederen Sinne ist beim Wahrnehmen von vornherein ‚nicht nur' (und oft sogar ‚überhaupt nicht'!) auf das subjektive Erleben als solches gerichtet; dieses dient uns nur *als Vermittlung der Beschaffenheit jener Objekte, die dahinter stehen und unsere Umwelt sind!* Jener Übergang *von Wirkung zur Ursache,* der sich nicht in abstrakt begrifflichem Denken, sondern *im anschaulichen Erfassen der Außenwelt* vollzieht, — und von dem wir schon früher sprachen —, stellt sich bei höheren Sinnen und vor allem beim optischen Wahrnehmen in besonders ausgesprochener Weise ein: Obwohl es doch zweifellos ist, daß unser Auge es ist, das den optischen Eindruck vermittelt, wissen wir *im unmittelbaren Sehen* nichts davon: die gesehene Welt steht einfach vor uns da. So ähnlich wie wir auch beim Tasten nichts von jener Vermittlung wissen, welche die zentripetalen Nerven zwischen Hand und Gehirn leisten, wo doch die (vom physikalischen Teil des Fernsehprozesses noch übertroffenen!) physiologischen Vorgänge stattfinden: Unsere Tasteindrücke ‚sitzen in den Fingerspitzen' und ‚nicht im Gehirn' — wie unsere Gesichtseindrücke ‚vor uns' und oft ‚in weiter Ferne' — und nicht in unserem Auge oder gar unserem Gehirn lokalisiert sind.

Dieses Hinausspringen des visuell Wahrgenommenen aus unserem eigenen Körper zu beliebig weit entfernten Orten der Außenwelt veranlaßte uns damals schon, daran zu zweifeln, ob man beim Sehen überhaupt noch von bloßem Empfinden und nicht schon von vornherein von *Wahrnehmen* sprechen müßte. Denn neben dem Wiedererkennen, und somit Einfügen des Wahrgenommenen in die Gesamterfahrung unseres Lebenslaufes, ist der in der Auffassung der *Außenwelt* liegende, gesteigerte Objektivierungscharakter für die Wahrnehmung (und ganz besonders für unsere Gesichtswahrnehmung) bezeichnend. Damit erschließt sich uns ja überhaupt erst die uns umgebende *weite Welt,* vom nächstgelegenen getasteten Gegenstand bis zum viele Kilometer weit von uns entfernten Berggipfel! Man wäre geneigt zu sagen, ‚bis zum fernsten Stern', wenn die experimentelle Psychologie nicht gezeigt hätte, daß wir zwischen einem mehrere Kilometer entfernten Licht und einem Stern, bei Ausschluß indirekter Kriterien, nicht mehr zu unterscheiden vermögen.

Die Rolle der Aufmerksamkeit

Von größtem Interesse ist es, daß hierbei schon die *Aufmerksamkeit* von entscheidender Bedeutung sein kann. Wenn wir eine Sonde (einen Bleistift) in die Hand nehmen und (bei geschlossenen Augen) mit deren Spitze die Form irgend eines Gegenstandes abtasten, so richten wir die Aufmerksamkeit ganz auf jenen von uns mehr oder weniger entfernten Gegenstand. Die Vermittlung geht selbstverständlich über die Tast- und Druckempfindungen unserer Hand, unserer Finger, — aber auf diese achten wir nicht, unsere Aufmerksamkeit ist ganz beim abgetasteten Gegenstand, dessen Gestalt vor unserem Geist entsteht, als ob unsere Tastorgane vorne an der Spitze der Sonde, des tastenden Stabes lägen! Richten wir nun aber unsere Aufmerksamkeit auf unsere Hand, so ändert sich das Erlebnis von Grund auf: nun treten die *früher nur vermittelnden Vorgänge* in Hand und Fingern als solche deutlich hervor, nun befinden wir uns mit unseren Wahrnehmungen nicht außerhalb unseres Körpers, sondern an dessen Peripherie, bei der tastenden Hand und ihren Fingern. — Eine solche Umrichtung der Aufmerksamkeit nützt uns *beim Sehen* nichts mehr: Im Auge selbst, auf dessen Netzhaut treffen wir beim gewöhnlichen Sehen schlechthin keine Empfindungen an (es sei denn bei geschlossenen Augen und starker Augenlidbestrahlung, wobei man den Eindruck einer gleichsam am oder im Auge gelegenen Röte hervorrufen kann). Normalerweise liegen sie alle in der Außenwelt, vor uns! Aber es ist kaum zu bezweifeln, daß es im Laufe des philogenetischen Entwicklungsprozesses des Sehens Anfangsstufen gegeben haben muß, bei denen die jetzt gleichsam unmittelbare Fernwahrnehmung des Gesichtssinnes noch nicht möglich war und ein ähnlicher Zustand auch beim Gesichtssinn bestanden hatte, wie er jetzt noch für den ‚Sondenversuch' des Tastsinnes gilt.

Es sei besonders hervorgehoben, daß auch Geburtsblinde darauf eingeübt werden können, mit einem Taststab Formen der Gegenstände zu erkennen, und daß sie mit je einem Taststab in jeder Hand ausgerüstet auch *Entfernungen* der getasteten Gegenstände aus der gegenseitigen Stellung der Stäbe zunächst, gewiß, *nur erschließen*, bald aber auch schon den Eindruck gewinnen, sie *unmittelbar zu ertasten, also ‚tastend wahrzunehmen‘* (s. Bd. III).

Wahrnehmen der ‚Dinge‘ und ‚Menschen‘

Unmittelbar und mittelbar wahrgenommene Eigenschaften. — Wirkung gleichzeitig Mitgesehenen und Nachwirkung früher Gesehenen.

Ein weiterer wichtiger Schritt, der sich im Objektivierungsprozeß der Außenwelt im Laufe der Wahrnehmungsentwicklung einstellt, ist die *materielle* (substantielle) *Verselbständigung ihrer Objekte.* Für das Kleinkind besteht das visuell Aufgefaßte nur solange, als der Wahrnehmungseindruck dauert. ‚Aus den Augen — aus dem Sinn‘ gilt hier in seinem extremen Sinn, denn das *Nichtgesehene* ist hier das *Nichtseiende.* Und es ist ein ungeheurer Fortschritt der Wahrnehmung, wenn das Wahrgenommene sich *vergegenständlicht;* wenn nicht mehr bloß Farben und Helligkeiten, sondern *Dinge* erfaßt werden und erst damit nun die *‚wirkliche Welt‘* dem Kinde gegenüber tritt. Ein sicheres Zeichen für diese Entwicklungsstufe ist z. B. die Erwartung des Kindes, daß der unters Bett rollende und seinen Blicken entschwindende Ball auf der anderen Seite des Bettes wieder hervorkommen wird. Die in gewisser Entfernung gesehene und *herbeigesehnte* Milchflasche zeigt auch schon früher, daß die Gesichtseindrücke für das Kind mehr als bloße Farb- und Formerlebnisse geworden sind.

Derselbe ‚Taststab des Sehens‘ führt uns nicht allein in die weite Welt unserer visuellen Umgebung, sondern oft auch noch viel tiefer in sie hinein. Denn die wahrgenommene Außenwelt dient uns nicht selten selbst als ein bloßes Anzeichen für ein ‚anderes Sein‘, *das sich noch dahinter birgt.* Zum Wichtigsten gehört hier die Erfassung des *Gesichts- und Gestaltsausdruckes unserer Mitmenschen.* Die ‚Deutung‘ dieses Ausdruckes darf man nicht ins abstrakte Denken und Erschließen verlegen, denn der Eindruck eines zornigen, unentschlossenen, verzweifelten, leidenden oder heiteren Menschen ist ebenso ‚scheinbar unmittelbar' wie andere Wahrnehmungs- und Gestaltseindrücke, wie z. B. die ‚gesehene Schwere' eines Marmorblocks oder die Hitze eines entfernten glühenden Eisens. Auch hier geht unsere Wahrnehmung über das unserem Auge ‚unmittelbar' Gebotene hinaus (denn weder die Schwerkraft noch den Wärmezustand des Gesehenen kann uns unser Auge unmittelbar mitteilen). Aus welchem Grunde und mit welchem Recht dies geschieht, ist eine Frage für sich: In den beiden letzten Beispielen war es zweifellos *die vorangegangene Erfahrung*, welche uns über die Schwere und Temperatur der gesehenen Gegenstände belehrt hatte.

Ob dies aber auch bei der *Ausdrucksauffassung* so ist, kann in manchen Fällen mit Recht bezweifelt werden. Die Beseelung der Natur ist nicht allein Sache dichterischer Auffassung: Für den Primitiven lebt die ganze Natur, der Fels, der Fluß, Mond und Sonne. Die Scheidung in lebende und leblose Natur ist vielmehr ein Phänomen höherer Kulturentwicklung (s. S. 239). — Aber viele Ausdruckssymbole sind auch für uns unmittelbar verständlich und geben uns mehr, als es die visuelle Empfindung als solche vermöchte. Der zornige oder sanfte Gesichtsausdruck, die drohende Faust, des Feindes oder der auf den Nacken des Besiegten gesetzte Fuß des Siegers und viele andere Ausdrucksäußerungen sind unmißverständliche, ‚selbstevidente' Symbole, zu deren Deutung es keiner vorangehenden Erfahrung bedarf. Während es andere Symbole gibt, die nur durch Erfahrung deutbar werden und sogar von Volk zu Volk ihren Sinn wechseln, wie z. B. die bejahenden und verneinenden Kopfbewegungen bei verschiedenen Völkern ganz verschieden ausgeführt und gedeutet werden. — Aber, ob selbstevident oder nur durch Erfahrung erlernt — einmal ‚in Fleisch und Blut' eingegangen — werden die hinter dem empfindungsmäßig Aufgefaßten miterfaßten körperlichen oder psychischen Prozesse und Kräfte *mit Recht zum Wahrgenommenen gerechnet:* denn sie machen den Eindruck des ‚unmittelbar sinnlich-anschaulich Aufgefaßten'.

Und manches, was in Wirklichkeit nur aus gehäufter lebenslanger Erfahrung in die Wahrnehmung hineingetragen wird, kann nachher nur durch wissenschaftliche Untersuchungen als auf diesem Weg entstanden nachgewiesen werden. So wird der Leser gewiß der Überzeugung sein, daß sein *oben-unten Sehen* ein nicht weniger unmittelbarer Bestandteil der Gesichtswahrnehmung sei wie die gesehenen Farben und Helligkeiten. Im dritten Bande werden wir aber erfahren, daß das Oben-unten-Sehen eine durch den Gesichtssinn nur von anderen Sinnesgebieten *übernommene* Eigenschaft ist, wie Schwere und Wärme in den oben gebrachten Beispielen (Innsbrucker Versuche mit oben-unten oder rechts-links umkehrenden Brillen in Bd. III). — *D. Katz* hatte nachgewiesen, daß wir selbst in unser Farbensehen vieles hineintragen, und daß man eine Farbe merklich anders sieht, je nachdem ob man sie als ‚Flächen- oder als Oberflächenfarbe' auffaßt (Bd. III). — Aber nicht nur Farben, auch Formen sehen wir anders, je nachdem wir sie in so oder anders gestaltete Figuren hineinsehen (die sog. Sinnestäuschungen).

Und nicht nur *unmittelbar* Mit-Wahrgenommenes, sondern auch schon Wochen Zurückliegendes kann noch diese Wirkung ausüben, wenn es vorher in Dauerversuchen Wochen und Monate lang auf unsere Sinnesorgane eingewirkt hatte (Innsbrucker Versuche mit verzerrenden Brillen). *Nicht allein der gegenwärtige Reiz also, sondern die ganze Vergangenheit gestaltet unsere Wahrnehmungen.* Nach Abnahme der Brille können noch wochenlang dort Farben gesehen werden, wo man sonst keine sieht; Formen zeigen Verzerrungen, die in Wirklichkeit nicht bestehen. Und selbst Ruhe und Bewegung erweisen sich in unserer visuellen Wahrnehmung nicht als letzte unveränderlich gegebenen Größen: Dasselbe Objekt, das im selben Zustand sonst bewegt gesehen wurde, wird in Abhängigkeit von vorangehenden Eindrücken als ruhend, und ein früher ruhend wahrgenommenes in Bewegung gesehen. Mit anderen Worten: Was wir als unsere eindeutig durch unsere Sinne gegebene Wahrnehmungswelt betrachten, erweist sich als von einer großen Zahl von Bedingungen abhängig, durch deren Wirkung sie vielfach ergänzt und umgestaltet wird. Wobei ihr dieser Einfluß in der Regel und *unter den gewöhnlichen Lebensumständen* nicht etwa schadet, sondern wesentlich zugute kommt! Der Wahrnehmende kommt dadurch der ‚wirklichen Welt' näher, — worunter wir zunächst nichts weiter verstehen wollen, als daß er sich mit Hilfe der so umgestalteten Wahrnehmungswelt in der ihn umgebenden wirklichen Welt besser orientieren kann, als es der Fall wäre, wenn die Wahrnehmung in eindeutiger Abhängigkeit von dem auf unsere Sinnesorgane nur eben gerade jetzt einwirkenden Reiz stünde. — Doch von diesen Abhängigkeitsbeziehungen der Wahrnehmung später (in Bd. III) Genaueres und mehr. Hier beschäftigte uns nur der grundsätzliche Aufbau der Wahrnehmung.

9. Das Denken

„Platon der göttliche und der erstaunliche Kant vereinigen ihre nachdrucksvollen Stimmen in der Anempfehlung einer Regel zur Methode alles Philosophierens, ja alles Wissens überhaupt. Man soll, sagen sie, zweien Gesetzen, dem der *Homogeneität* und dem der *Spezifikation,* auf gleiche Weise, nicht aber dem einen zum Nachteil des anderen, Genüge leisten." *Schopenhauer:* ‚Über die vierfache Wurzel des Satzes vom zureichenden Grunde.'

Wesen des Zeichens und seine Deutung

Wenn wir das Ebenbetrachtete überschauen und uns diejenigen Grundzüge ins Gedächtnis zurückrufen, welche die Wahrnehmung von der bloßen Empfindung unterscheiden, erkennen wir, daß wir uns schon mitten im Gebiet des *Denkens* befinden. Denn was ist ‚*Wiedererkennen*', was ist ‚*Einordnen in übergeordnete räumliche, zeitliche oder qualitative Systeme*'; was ist die ‚*Erfassung kausaler Zusammenhänge*' und der Übergang von Wirkung zur Ursache oder von Ursache zur Wirkung; was ist das, was uns über das bloße

Empfinden zum *Erfassen der Welt der Materie* und des *fremden Erlebens,* der fremden Seele, also *,zum Begriff der Substanz'* führt, — *was ist das anderes als Denken:* als derjenige psychische Vorgang, der uns über die Grenzen des bloßen Empfindens hinausführt, der uns erst die ,wirkliche Welt', die Welt der materiellen oder geistigen Substanz, die Welt der Beziehungen und des Geistes erschließt?! Die Wahrnehmungswelt ist die vom Denken verarbeitete Welt des Empfindens. Und da unser Denken nie oder nur höchst selten ausbleibt, kennen wir auch nur die mit seiner Hilfe erfaßte und gestaltete Welt, — nicht aber ,das schlechthin denkfreie Reich *des bloßen Empfindens'*.

Schon der Übergang vom ,Ausdruck' (z. B. dem Gesichtsausdruck) zu dem sich ,darin Ausdrückenden' enthält in sich ein *,Deuten';* und so stehen wir mit den letzten Ausführungen des vorangehenden Kapitels beim Problem des *Zeichens und seiner Deutung* als einem der ursprünglichsten und wesentlichsten Denkgebiete.

Die Wahrnehmung des Mitmenschen führt uns, wie die Erfahrung des Alltags zeigt, über seinen Körper hinaus und in seine Seele hinein. Gewiß gibt es da nicht selten Täuschungen, wie es solche auch in der Welt der Sinnendinge gibt (s. oben Wahrnehmungstäuschungen). Aber ebenso gewiß könnte die menschliche Gemeinschaft nicht in ihrer gegenwärtigen Form existieren, wenn sich die Menschen nicht in den meisten Fällen des Lebens doch *gegenseitig richtig verstehen würden.* Unter den von ihnen verwendeten Verständigungsmitteln nimmt die *Sprache* eine besondere und ausgezeichnete Stellung ein. Weitaus die meisten Wörter unserer Sprachen gehören nicht zu den natürlichen, selbstevidenten Symbolen. Sie müssen erlernt werden und gelten innerhalb jeder Sprache nur, weil ihr Gebrauch in diesem Sprachgebiet ,allgemein akzeptiert' wurde.

Die reine Assoziationspsychologie nimmt an, daß ,Deutung' nichts anderes als die Auswirkung einer festen assoziativen Bindung zwischen dem Zeichen und dem Gedeuteten sei. Und dort, wo es sich um bloße *,Anzeichen'* handelt (z. B. Sehen des Blitzes — Erwarten des Donners), kann und muß man nicht selten eine reine assoziative Bindung zwischen den beiden Eindrücken annehmen. Aber auch im Gebiet des bloßen Anzeichens besteht in der Seele des Wahrnehmenden oft mehr als bloße zeitliche Berührung der beiden Gegebenheiten, so z. B. auch die Erfassung ihres kausalen Zusammenhanges, der sie in einer ganz besonderen Weise zusammenhält (z. B.: „Das sind Überreste eines Lagerfeuers, *also* waren Menschen da!"), — wobei also *Deutung gleich bewußter Übergang von Ursache zur Wirkung oder von Wirkung zur Ursache ist.*

Ganz eindeutig wirkt sich aber dieses Verhältnis im *Deuten der eigentlichen Zeichen* aus. Denn: *ein Zeichen* ist (im Gegensatz zum bloßen ‚Anzeichen'!) *ein mit bestimmter Absicht vom Zeichengebenden gesetzter sinnlicher Reiz.* Mit *der* Absicht nämlich: daß er *von dem ihn Wahrnehmenden* nicht bloß als ein x-beliebiger Reiz, sondern: als *ein zum Gedeutetwerden gesetzter Reiz* aufgefaßt wird. (Das *unwillkürliche* Erröten ist kein Zeichen der Beschämung, sondern nur ein Anzeichen für den Kundigen, der es auf seine psychische Wurzel zurückzuführen weiß. Das Falten der Hände dagegen ist ein *Zeichen* der Demut, Bitte oder Abbitte.)

Erst damit ist das Zeichen ‚als Zeichen aufgefaßt'; jedoch ist auch damit nur erst sein ‚allgemeiner Zeichensinn', nicht auch sein *spezieller Sinn* verstanden! Der im Gebirge Unkundige, der ein sechsmal pro Minute wiederholtes Aufleuchten eines Lichtes oder sechsmaliges Rufen wahrnimmt, wird es an seiner Regelmäßigkeit *als Zeichen* leicht erkennen, jedoch immer noch nicht wissen, *was* mit dem Zeichen (nämlich ‚Bergnot'!) *ausgedrückt werden soll.* Der spezielle Sinn des Zeichens wird also erst verstanden, wenn, vom Zeichen ausgehend, *jene Gedanken, Gefühle, Wollungen erlebt werden, welche ‚in das Zeichen hineingelegt worden sind', d. h. ‚welche der Zeichensetzende im Zeichenempfänger durch das Zeichen erwecken wollte'. In jedem Zeichen liegt die Aufforderung: ‚Du sollst bei diesem Zeichen an das und das denken'* oder *‚das und das tun'!*

Eine *Verständigung* muß also zwischen dem Zeichensetzenden und dem das Zeichen Wahrnehmenden (sofern das Zeichen nicht ‚selbstevident' ist) vorausgegangen sein, damit der Sinn des Zeichens richtig *verstanden* werden kann. Und eine solche Verständigung wird bei Erlernung jeder Sprache (ob der Muttersprache durch das Kind oder einer Fremdsprache) zwischen dem Lernenden und dem Lehrenden stets in die Tat umgesetzt. Das Zeichenverstehen setzt also voraus die Auffassung des im Zeichen niedergelegten und zum Ausdruck gebrachten Willens eines anderen Menschen oder einer Sprachgemeinschaft; und die Deutung des Zeichens ist die Befolgung dieses Willens, indem das gedacht wird, was bei diesem Zeichen *gedacht werden soll.*[1]) Das Verstehen und richtige Deutung des Zeichensinnes ist also ein viel komplizierterer Vorgang als eine bloße Assoziation; daher setzt er auch schon eine gewisse Intelligenz voraus und kann das Sprechen von Menschen, welche dieses Intelligenzminimum nicht erreichen (Idioten), nicht erlernt werden, selbst wenn ihr Assoziationsmechanismus hinreichend (normal) arbeitet.

Die Assoziation allein genügt also für das ‚echte Verstehen von Zeichen als Zeichen' nicht.[2]) Dennoch können Zeichen uns erst *durch lange Anwendungs- und Übungszeit, also erst auf assoziativer Grundlage,* so ‚in Fleisch und Blut' eingehen, wie dies z. B. bei den Worten unserer Muttersprache der Fall ist; wodurch erst ihr so selbstverständlicher Gebrauch zustandekommt, daß uns die Muttersprache, auch unter den schwierigsten Bedingungen, stets dienstbereit zur Verfügung steht, und wir aus dieser engsten Bindung zwischen Wort und Sinn auch jenen naiven Menschen gut verstehen können, welcher sich darüber wundert, wie tref-

[1]) *Zeichen, die ich für mich selbst setze, werden von einem solchen Willensakt stets begleitet:* „Wenn ich auf diesen Knoten im Taschentuch blicke, *soll ich* an die Verabredung von heute Abend denken!" — und vergesse ich, *woran ich denken soll,* so sagt mir der Knoten immer noch: „Ich soll an etwas denken!" — auch noch sein allgemeiner Sinn enthält in sich ein Sollen.

[2]) Nichtsdestoweniger kann die Wahrnehmung des Zeichens auf dem Wege über den ‚mittelbaren Reflex' (s. Bd. III, ‚Umkehrversuche') auch ohne ein solches Verstehen seinen Dienst aus dem bloßen Assoziationsmechanismus verrichten, — was mit dem Verstehen des Zeichens nicht verwechselt werden darf!

fend doch in seiner Muttersprache die Wörter zur Bezeichnung der ihnen entsprechenden Gegenstände gewählt seien: „Da heißt z. B. der ‚Tisch' lateinisch ‚mensa', französisch ‚table', russisch ‚stol', — deutsch aber heißt er: ‚Tisch' — *und er ist ja doch auch ein Tisch!*"

Phantasie und Erinnerung: ‚Ich-bedingter' und ‚objektiv bedingter' Vorstellungsverlauf

Im Gegensatz zum Wahrnehmen, dessen Reize von außen kommen, könnte man (was die reine Assoziationspsychologie auch tut) nur diejenigen psychischen Vorgänge für das *eigentliche Denken* ausgeben, die sich ohne derzeitige Außenreize und nur *auf Grund des Assoziationsgesetzes zu geordneten Vorstellungsverläufen verbinden*, — denn: *erst sie scheinen das geistige Leben des Menschen vom Zwang der auf ihn einwirkenden Reize seiner Umgebung zu befreien.* — In Kap. 2 lernten wir Vorstellungen als reproduzierte Empfindungen oder Wahrnehmungen kennen. Durch den Besitz der Vorstellungen kann das Lebewesen einzelne Wahrnehmungen und deren ganze Komplexe und Aufeinanderfolgen in seiner Erinnerung oder Phantasie heraufbeschwören, deren seinerzeitige Reize gegenwärtig fehlen. *Und dieses Vermögen hebt das Lebewesen ohne Zweifel auf eine bedeutend höhere Seinsstufe hinauf.* Aber, wie wir schon wissen, spielt beim Auftauchen von Vorstellungen und ihrer Aneinanderreihung das Assoziationsgesetz nicht jene alles beherrschende Rolle, die ihm die extreme Assoziationspsychologie zudachte, indem sie in ihm ‚das Denkgesetz schlechthin' sah. Vielmehr gelten *alle jene Verarbeitungen*, die wir schon beim Wahrnehmen als auf Denkvorgängen beruhend kennen lernten, *natürlich auch für das Vorstellungsleben.*

Hier müssen wir allerdings noch feinere Unterschiede treffen. Das Vorstellungsleben ist vom Vorstellenden in sehr verschiedenem Grade abhängig: Gewiß, eine *Wahrnehmung* kann ich nur dann haben, wenn der Außenreiz mir dazu verhilft, während die *Vorstellung* vom Außenreiz unabhängig zu sein scheint. Da sie aber nur auftritt, wenn der Außenreiz sie in mir als Empfindung *doch einmal schon gesetzt hatte,* — ist sie ihrer Natur nach doch nur eine ‚reproduzierte Empfindung oder Wahrnehmung'. Blindgeborene haben auch keine visuellen Vorstellungen. — Wann und wie sie von nun an in mir *wiederauftritt,* hängt von mir, z. B. *auch* von den assoziativen Bindungen ab, die zwischen ihr und anderen Wahrnehmungen und Vorstellungen bestehen. Immerhin ist es eine zweifellose Tatsache, daß dabei nicht nur ‚schon früher gewesene Vorstellungsgemeinschaften', sondern auch *neue Zusammenfügungen* möglich sind, — sonst würde es nicht den *Begriff der schöpferischen Phantasie,* keine Dichter und keine Forscher geben (s. S. 51 ff.). — Auch der *Einfluß meines Willens auf den Vorstellungsverlauf* ist sehr bedeutend: Will ich mich z. B. diesem oder jenem Vorstellungsbereich hingeben, so *hängt das im allgemeinen von mir ab.* — Soweit gewiß, — nun aber: wie dann der *Vorstellungsverlauf weiter ausfällt,* hängt ganz davon ab, ob ich dabei *frei phantasieren* oder mich z. B. *an etwas Bestimmtes erinnern* will. Im ersten Fall kann ich mir vorstellen, daß mein Freund W. den gestrigen Abend im Kino oder zu Besuch oder auf einem Spaziergang verbracht hatte. Die *ungebundene Phantasie* ist mir also in doppeltem Sinne freigegeben: Sowohl 1. welche Vorstellungsgruppen ich bevorzuge, als 2. welche Vorstellungskombinationen dabei zustandekommen, steht mir frei. Die *Erinnerung dagegen ist nur im ersten und nicht im zweiten Sinne von mir abhängig! Auf die Frage* nach dem gestrigen Abendaufenthalt meines Freundes W. stellt sich nur *die eine* Vorstellung beharrlich und unverrückbar ein, die ihn in seinem Heim und mich als seinen Gast zeigt.

Und das ist nicht etwa ihr Nachteil, — so wenig die noch strengere Bindung der Wahrnehmungen an den Einfluß der Außenwelt ihr Nachteil ist: Denn in dieser Abhängigkeit des Wahrnehmens und Vorstellens von der Außenwelt oder der Vergangenheit liegt *ihre Beziehung zur Wirklichkeit!* Der Inhalt der einen wie der anderen *ist vom objektiven, von mir unabhängigen Sein geleitet, das ihr Objekt ist.* Und richte ich mich danach, so wird mein Verhalten (in den meisten Fällen!) sowohl der Außenwelt als der Vergangenheit (und Zukunft) gegenüber *zweckmäßig* sein; *ich finde mich zurecht und orientiere mich richtig dort wie hier.* — Und auch mein Weltbild, sofern es sich darauf aufbaut, weist einen einheitlichen, widerspruchslosen Charakter auf — oder es nähert sich ihm wenigstens. Während beides zu wildesten Widersprüchen in sich selbst sowie zu den Daten der Erfahrung führte, wenn es sich nur auf die Willkür der Phantasie aufbaute.[1])

Denken und Handeln. — ‚Begreifen'. — Erfassen einer Situation

Kommen nun auch schon im einfachsten praktischen Leben *Verhaltungsweisen* vor, die sich auf echte Denkvorgänge aufbauen? Die geistreichen, mit Recht weitbekannten Tierversuche von *W. Köhler* sind vielleicht die beste Antwort auf diese Frage: Das Greifen eines Schimpansen zwischen den Gitterstäben seines Käfigs nach einer außerhalb liegenden Banane ist natürlich ein rein instinktives Verhalten. Aber: wenn die Banane so weit weg liegt, daß die Hand des Affen sie nicht mehr erreicht, und alle vom Instinkt geleiteten Versuche, sie zu erreichen, zu keinem Ziele führen, so daß sie nun aufgegeben werden und sich der Affe anderem Tun, z. B. dem Spiel mit einem Stock zuwendet, — dann aber, mitten im Spiel, beim Blick auf die Banane plötzlich innehält, zu ihr hinläuft und sie mit Hilfe des Stockes heranschiebt und erst dann ergreift, — mußte in ihm eine neue Kombination zwischen dem in der Hand gehaltenen Stock und der außerhalb des Käfigs befindlichen Banane zustande gekommen sein! Er hat die neue Situation überschaut oder vielleicht zunächst auch nur ‚unklar gefühlt', sich aber doch schon in seinem Verhalten danach gerichtet.

---

[1]) Gemeint ist natürlich nicht die Phantasie des echten Dichters, die nichts weniger als Ordnungslosigkeit ist und an ästhetische, im Dichter unmittelbar wirkende Gesetze ebenso gebunden ist, wie die Wahrnehmung an die Gesetze der Außenwelt.

Warum sollte man in diesem Überschauen der räumlichen und physikalischen Möglichkeiten einer Situation nicht schon den ersten Keim zu einem echten Denkakt sehen? Aber vielleicht war es nur Zufall, daß er den Stock gerade in der Hand hielt, als er die Banane wiedersah und dann den Stock nur verwandte, weil er ihn gerade in der Hand hielt? Aber selbst dann: *wenn er von nun an immer bei zuweit wegliegenden Bananen, sobald er einen Stock sieht, ihn ergreift und zum Heranschieben der Banane verwendet, muß er die Situation:* „weitab liegende Banane, durch Stock verlängerter Arm, Möglichkeit sie heranzuschieben!" *erfaßt haben,* um von nun an in dieser Situation den Stock zu ihrer gewünschten Lösung immer zu verwenden!

Wir komplizieren mit Köhler die Situation: Die Banane liegt, für den Affen sichtbar, in einem am Boden befestigten U-förmigen, offenen Gebilde, dessen drei Wände etwa vier cm hoch sind, und dessen vierte freie Seite *dem Käfig abgewandt ist.* Natürlich versucht es der Schimpanse (und genau ebenso tun es kleine Kinder) zunächst die Banane mit dem Stock, trotz der behindernden Wand, direkt auf sich zu zu bewegen. Wenn er dann aber nach einigen mißlungenen Versuchen sein Verhalten plötzlich ändert und die Banane, statt sie auf sich zu zu bewegen, von sich weg auf die offene Seite des Kästchens hinschiebt, sobald diese erreicht ist, sie nach rechts oder links schiebt, um sie dann erst am Kästchen vorbei erfolgreich auf sich zu zu bewegen, — so ist dabei die psychische Lage des Affen nicht mißzuverstehen: Er hat die räumlich-physikalische Situation, in der die Banane sich seinem Standort gegenüber befand, überschaut und ‚begriffen'. Denn nur aus diesem Begreifen heraus konnte er die Aufgabe, vor welcher er stand, in dem gewünschten Sinne lösen.

Rein ‚assoziativ' bewirkt könnte die Lösung nur dann eintreten, wenn er sie einem anderen Affen (oder Menschen) abgesehen hätte, denn die Assoziation hält ja nur das zusammen, was irgendwie schon einmal zusammen gewesen ist. Solche Beispielslösungen lagen bei den Experimenten Köhlers nicht vor. Auch mußte ich bei meinen Vogel-(Tauben-)Versuchen mit gewisser Verwunderung feststellen, daß die dem einen Vogel angelernte Lösung (Ziehen an einer Schnur, worauf aus dem in etwa 40 cm Höhe angebrachten Gefäß, an dem die Schnur befestigt war, die begehrten Körner herunterfielen), welcher die anderen Vögel jeden Tag mehrmals zuschauten, nur von einer einzigen Taube — die sich auch sonst als besonders unternehmungslustig zeigte — übernommen und nachgemacht wurde. Alle anderen würden eher Hungers sterben, als daß sie an der so leicht zu ‚schnabel-habenden', Futter bringenden Schnur gezogen hätten! Es scheint, daß sie den Kausalzusammenhang zwischen ‚Ziehen und Körnersegen' nicht verstanden, beides nicht in einer (der Gestaltpsychologe würde sagen:) ‚Kausalgestalt' zusammensahen, und daß in ihnen daher auch nicht entsprechende Bindungen entstanden zwischen dem Sehen der vorliegenden Handlungssituation und dem dazu gehörenden Benehmen.

Etwas ‚begreifen' wird also im Fall der geschilderten Affenversuche zu definieren sein: eine Objektsituation, räumlich, zeitlich und kausal überschauen. *Läßt sich aber diese Beschreibung nicht auf das anschauliche Denken ganz allgemein ausdehnen?* — Sehen wir zunächst von den beiden weiteren, entscheidenden Denkfaktoren — ‚Frage' und ‚Abstraktion' — ab. Worin bestehen denn die gedanklich zu erfassenden Sachverhalte, wie sie uns unsere Wissenschaften am häufigsten bieten, als immerwieder in bald statischen, bald dynamischen, kausalgebundenen Objektsituationen, die (vergleichsweise ausgedrückt) das gewaltige Ausmaß eines gotischen Domes in ihrer hierarchischen Struktur erreichen können, *die aber ihrem Wesen nach doch nichts anderes sind, als Strukturen von Objekten und ihren gegenseitigen, in der Hauptsache räumlich-zeitlichen, ursächlichen und logischen Beziehungen?* Sie beginnen in einfachsten Fällen mit einer rein räumlichen oder zeitlichen Struktur primitivsten Charakters, mag sie in unserem Vorstellungsgebiet entstanden oder uns im Wahrnehmungsfeld geboten und von uns *erfaßt* worden sein. Denn auch im letzten Fall müssen wir die Fähigkeit besitzen, die in der

Wahrnehmung liegende Struktur *als solche auch aufzufassen* (s. Kap. 3). Diese Fähigkeit ist (unter anderem z. B. auch auf musikalischem Gebiet) außerordentlich verschieden unter die Menschen verteilt. Auch räumliche Strukturen werden verschieden leicht erfaßt: Was den meisten Sehenden ‚in die Augen springt', bietet dem Blindgeborenen, der zur selben Auffassung mit Hilfe des Tastsinnes gelangen soll, unvergleichlich größere, aber keineswegs unüberwindliche Schwierigkeiten (da sein Raumsinn — im Gegensatz zu oft ausgesprochenen Vermutungen neuerer Psychologen — *grundsätzlich* derselbe ist wie der des Sehenden). — Was ist das ganze Schachspiel (das Musterbeispiel eines Denkspieles) anders als die Aufforderung zur Überschau einer räumlichen, durch gewisse Bewegungsregeln *logisch beherrschten* Situation, die zu einer bestimmten Endsituation geführt werden soll?[1])

Induktive und deduktive Wissenschaften. — ‚Frage', ‚Aufgabe' und deren ‚Lösung'. — Die schöpferische Zusammenarbeit des Bewußtseins mit dem Unbewußten

Welche Wissenschaft wir auch ins Auge fassen wollen, immer sind es Objektstrukturen, die sie bringt, wenn auch die Objekte und die zwischen ihnen herrschenden Strukturen von verschiedenster Art sein können. Die kausalen Strukturen können wir *am unmittelbarsten* im eigenen psychischen Erleben erfassen und übertragen sie dann auf das Handeln anderer Menschen und Lebewesen (Geschichte, Biographie, Dichtkunst, Psychologie) und schließlich auch auf die Objekte der physikalischen Forschung — wo die meisten Gesetze (in der sog. klassischen Physik) nichts anderes als kausale Zusammenhänge zum Inhalt haben. —

[1]) Nicht aus dem Auge zu verlieren ist, daß, eine ‚zeitliche Situation zu überschauen und zu erfassen', etwas ganz anderes bedeutet, als was die rein assoziative Psychologie unter der ‚zeitlichen Berührung als Grundlage zur Bildung assoziativer Zusammenhänge' versteht: Das eine Mal ist es die *Betrachtung einer zeitlichen Struktur;* das andere Mal ist gemeint *das reale Abfließen der psychischen Vorgänge in der zeitlichen Aufeinanderfolge* und die dadurch entstehenden assoziativen Zusammenleimungen zwischen den sich folgenden Vorgängen, — so daß ein Bewußtseinsvorgang, wenn er auftritt, die mit ihm assoziativ verbundenen ebenfalls ins Bewußtsein ruft.

Neben Wissenschaften, welche die zwischen ihren Objekten bestehenden Zusammenhänge nur *aus der regelmäßigen Aufeinanderfolge* erschließen (induktiv gewonnene Gesetzmäßigkeiten), gibt es solche, *denen sich die Objektzusammenhänge unmittelbar erkennbar bieten:* So die letzten Zusammenhänge, wie sie in jedem echten Denkakt — als Objekt der Logik — erkennbar werden; die Gesetzmäßigkeit des Raumes und alles Räumlichen — in der Geometrie; des menschlichen Handelns — in der verstehenden Psychologie und auf ihrer Grundlage auch in der Geschichte. Auch Wissenschaften, deren Objektgebiet ein erst aus der Natur des Menschen Gewordenes ist, wie die Sprachwissenschaften, finden sich vor einem ‚objektiven Sachverhalt' (mag er noch so komplexer Art sein), den in seiner Ganzheit und Differenziertheit zu überschauen ihre Aufgabe ist.

Und da die Summe der Wissenschaften sämtliche Hauptdenkrichtungen umfaßt und das oben Aufgeführte auch für die hier nicht aufgezählten Wissenschaften gilt, so kann man verallgemeinernd sagen: Alles Denken besteht im Überschauen einer Objektstruktur; angefangen mit dem Auffassen des einzelnen Objektes einer Empfindung (welches wir seinerzeit ‚das primitivste Wissen' genannt hatten) — bis zur ungeheuren Komplexität eines wissenschaftlichen Weltbildes.

Daß sich der Denkcharakter dabei in höheren Denkregionen kompliziert und neue Züge dazutreten, ist richtig, aber sehr viele seiner Grundzüge sind schon in den einfachsten Denkakten enthalten. So haben wir z. B. noch nicht alles hervorgehoben, was schon in den erwähnten Tierversuchen *Köhlers* enthalten war: Dazu gehören die *Aufgabe* und damit auch die *Frage;* denn jede Aufgabe enthält in sich die Frage: ‚Was ist zu tun, um zum ersehnten Ziel (z. B. dem Besitz der Banane) zu gelangen? Wie ist die Aufgabe zu lösen?' In der Frage ist immer ein Willensmoment enthalten; dieses kann, wie bei den Tierversuchen, primär auf Erreichen eines vital begehrten Zieles ausgerichtet sein, und nur sekundär nach dem Prinzip der Zweck-Mittelbeziehung (s. Bd. I. Kap. 9) zur Suche nach dem geeigneten Mittel führen: Man steht bei solchen Aufgaben vor einer Situation, durch die man nicht befriedigt ist und die man in eine andere verwandeln möchte: *Ausgangssituation* und *angestrebte Endsituation* sind im Bewußtsein gegeben, — die eine in der Wahrnehmung, die andere im Vorstellen. Es *fehlt aber noch das Wissen von der zwischen beiden vermittelnden ‚Übergangssituation'*, d. h. jenem Geschehen, welches die eine Situation in die andere überführen könnte. Das Hervorbringen der Vorstellung dieser Übergangssituation ist das Werk der *durch den zielgerichteten Willen aktivierten schöpferischen Phantasie*. Das angestrebte Ziel fällt dem schöpferischen Denken *als Antwort auf seine Frage, als Ergänzung jener unvollständigen Übersicht zu einem inhaltlich zusammenhaltenden Ganzen ein.*

Ohne daß eine Vorstellung von diesem Übergang der einen Situation zur anderen in der Seele des Lebewesens wenigstens anklingt, ist (wenn es nicht durch angeborenen Instinkt diktiert wird) kein zweckmäßiges Handeln möglich. So muß auch im Schimpansen während seines zunächst erfolglosen Hin- und Herschiebens der Banane innerhalb des U-Kästchens — in einem bestimmten Augenblick die ‚Umfahrungsvorstellung der Banane um die Seitenwand des Kästchens' und ihre ‚dadurch erlangte Befreiung von der ihr Herangeschobenwerden behindernden Wand' klargeworden (‚Aha! — Erlebnis' von *K. Bühler*) oder wenigstens angeklungen sein, — denn die Worte *Goethes* gelten nicht allein vom Menschen: „der gute Mensch in seinem *dunklen Drange* ist sich des rechten Weges wohl bewußt".

Oft, und bei Tieren vielleicht sogar noch öfter als beim Menschen, entstehen zweckmäßig gerichtete Handlungen, ohne daß Weg und Mittel vorher schon ins *klare* Bewußtsein getreten wären; ihre Vorstellung wirkt aus dem Dunkelbewußten, dabei dennoch das Richtige treffend. Aber wenigstens im Dunkelbewußtsein muß sich die *Vorstellung jenes Zwischengliedes zwischen der Ausgangs- und der Endsituation* gebildet haben, *nach dem ein Suchen in dem vor einem Problem stehenden Wesen stattfindet.* In der Frage: ‚Wie erreiche ich die Banane — oder ein beliebiges anderes, mir zunächst noch unerreichbares Ziel?' liegt schon der Ansatz zu diesem Suchen: ein Heranziehen des ganzen Wissens- und Phantasiebesitzes, aus dem die zwischen Anfangs- und Endsituation klaffende Kluft geschlossen werden könnte. Auch hier bewährt sich die dunkelbewußte Schicht unserer Psyche: Denn sie bleibt nicht unberührt durch diese Aufforderung unseres Willens, durch sein ‚Ziehen und Saugen', es möge uns das einfallen, was zum Übergang von der ersten zur zweiten Situation hinführt. Müßte alles, was uns zur Lösung komplexer Aufgaben in den Sinn kommen könnte, tatsächlich ins klare Bewußtsein eingehen, so würden wir kaum je mit unserer Aufgabe fertig werden. Vielmehr *findet die Trennung entsprechend der Willensforderung zum großen Teil schon im Dunkelbewußten oder Unbewußten statt, und nur die einigermaßen passenden Antworten stellen sich auch im Klarbewußten ein,* — aus denen dann entweder durch weitergehende Überlegung oder durch rein empirisches Ausprobieren die beste Antwort gewählt wird.

Diese Fähigkeit zur Suche nach gewünschter Ergänzung des Gedachten durch Einfälle aus im Moment noch dunkel- oder unbewußten Partien der Seele, wo das unser Bewußtsein kolossal überragende Wissen und Können schlummert, *ist eine letzte Eigenschaft der Seele,* welche den Verkehr zwischen Bewußtem und Unbewußtem betrifft. Das Unbewußte ist in der normalen Psyche vom Bewußten nicht abgeschnitten, nicht ‚verdrängt', sondern arbeitet im Einklang mit dem Bewußten; es ist szs. ein Resonanzboden von höchster Empfindlichkeit, der auf alle Vorgänge des Bewußten reagiert; *das* liefert, dessen das Bewußtsein gerade bedarf; Antworten gibt auf Fragen, die ihm das bewußte Ich stellt, — und nicht selten sogar von sich aus Handlungen und Verhaltungsweisen anregt, die durch das Bewußtsein noch nicht bedacht und beschlossen wurden, aber in Richtung der Bewußtseinstendenzen liegen. Wenn man an unsere Unterscheidung des Bewußtseins im Sinne des Wissens oder des ‚unmittelbaren Lebens' denkt (Bd. I., Kap. 13), so wundert man sich nicht darüber, daß das im ersten Sinne Nichtbewußte, d. h. nicht zum Wissensobjekt Gewordene, in Lebens- und auch Denkprozessen ein so inniges Zusammenwirken mit dem Bewußtsein aufrechterhält, ohne welches das höhere Geistesleben allerdings überhaupt unmöglich wäre.

Urteil und Glaube

Bei unseren letzten Überlegungen hatten wir es nicht mit einer wilden, richtungslosen, sondern mit einer streng zielgerichteten Phantasie zu tun, deren hohe Entwicklung zur Lösung sowohl praktischer als theoretischer Aufgaben eine conditio sine qua non ist. Das Ergebnis der in der Aufgabe liegenden Frage, ihre Beantwortung, ist eine *Behauptung*, ein *Urteil.* Denn im Urteil wird immer etwas behauptet: entweder ‚Es ist!' (‚Es ist nicht!') — Existentialurteil, oder: ‚Es ist so!' (‚Es ist nicht so!') — Qualitätsurteil. — Beide, *Frage* und *Urteil*, gehören zu den wichtigsten Elementen des Denkens und stehen in engster Wesensbeziehung zueinander. Denn jede ernst gemeinte Frage setzt voraus die (wenigstens grundsätzliche) Möglichkeit ihrer Beantwortung, die nichts anderes als ein Urteil ist. In jeder ernsten Frage liegt *die Suche nach der wahren Antwort.* Und wenn wir jetzt nochmals an die anschaulichen Situationen der Tierversuche zurückdenken, bei deren Lösung wir schon von echtem, wenn auch primitivem Denken sprachen, so lag darin stets als Antwort auf die Frage *das anschauliche Urteil:* ‚So wird es gehen'.

Auch schon wenn ich zwei verschieden lange, parallel gezogene Linien vor mir sehe (gleichgültig ob als Wahrnehmung oder in der bloßen Vorstellung)[1]) und ich sie

[1]) Man verwechsle nicht den Glauben an das Bestehen der beiden parallelen Linien als von mir unabhängiger Außenweltsgegenstände, wie es die Dinge meiner Umwelt sind, mit dem Bestehen der Parallelität, wie sie hier gemeint ist: Die beiden von mir vorgestellten Linien besitzen das Merkmal der Parallelität, auch wenn sie gar nicht als wirkliche Dinge außerhalb von mir existieren. Wie die vorgestellte rote Fläche eben eine rote und nicht eine grüne oder blaue Fläche ist, — selbst wenn sämtliche Farben in der mich umgebenden Wirklichkeit gar nicht, sondern nur in meinem Vorstellen existieren!

‚parallel sehe' und ‚die eine kleiner als die andere sehe', so liegen in beiden anschaulichen Gegebenheiten *Wiedererkennungsurteile:* Ich subsumiere das mir hier Gegebene unter den Begriff der Parallelität, des Kleiner usw. Und an die Richtigkeit dieser Subsumierung ‚glaube ich'. Wahrnehmen (oder Vorstellen) und das Wahrgenommene (oder Vorgestellte) ‚in seiner eindeutigen Bestimmtheit auffassen', heißt: es als ‚so und so beschaffen beurteilen'. *Das Urteil ‚Es ist so' ist nichts anderes als eine eindeutige Auffassung, — der sich keine andere Auffassung neben- oder entgegenstellt.* Damit erweist sich das Urteil als dem Glauben aufs innigste verwandt. Und von solchen eindeutigen Auffassungen, also Urteilen, sind unsere Wahrnehmungen tausendfach durchwirkt.

Und was heißt ‚glauben'?[1]) Ist das ein besonderer Denkvorgang neben Empfinden, Wahrnehmen, Vorstellen, oder ist es nur ein besonderer Zustand innerhalb ihres Gebietes? Sicher glauben wir nicht an dasjenige, was uns z. B. unsere Erinnerung bietet, wenn das von ihr Gebotene in einem fort sich verdrängt und wechselt: Bald sehe ich meinen Freund W. *am selben gestrigen Abend:* im Theater, im Kino, in seinem Heim. Das sind verschiedene Vorstellungsmöglichkeiten, von denen sich *keine zur Eindeutigkeit und damit zum Urteil festigt.* Tritt aber statt vieler verschiedener (sei es von Anfang an oder nach reiflichem Überlegen) *nur eine einzige* unverrückbar mit dem gestrigen Abend verbunden auf, geschieht *in der Erinnerungsvorstellung etwas Ähnliches wie in der Wahrnehmung*, wenn mir z. B. mein Freund W. ‚leibhaftig gegenübertritt' und sich sein Hiersein ‚mir eindeutig bietet', so *glaube ich* meiner Erinnerung, glaube daran, daß mein Freund W. den gestrigen Abend tatsächlich zu Hause mit mir zusammen verbracht hatte.

---

[1]) Der Leser möge unter Glauben ja nicht bloß das ‚blinde Glauben' verstehen! Das Wort Glauben ist hier in seinem weiteren Sinne gefaßt: Auch von dem, was wir erkennen, glauben wir doch (wenn auch ‚höchst berechtigt'), daß es so ist, wie wir es erkannten, und auch im ‚sicheren Wissen' ist *Glaube*, — wenn auch nicht ‚blinder Glaube'.

Der höchste letzte Glaubenszustand ist dies allerdings noch nicht: Denn durch Überlegungen über mögliche Wahrnehmungs- und Erinnerungstäuschungen kann mein Glaube an das persönliche Hiersein oder an den gestrigen Aufenthaltsort meines Freundes vielleicht erschüttert werden, — damit fiele die Eindeutigkeit meiner Auffassung und also auch das Urteil in sich zusammen. Aber ein anderes Beispiel erweist sich widerstandsfähiger: ‚Wenn a = b und b = c ist, so ist auch a = c'. Hier scheint die erkannte Beziehung von a zu c *über allen möglichen Zweifel erhaben*, d. h. das Denken ist ‚eindeutig feststehend', und damit auch der Glaube unverrückbar da: Wir haben es zu tun mit einem *allgemeinen und allgemeingültigen Urteil.*

Beziehung des Glaubens zum Fühlen, Wollen und Erkennen. — Das Urteil muß seiner Natur nach wahr oder falsch sein. — Die Erkenntnis

Im religiösen Gebiet wird Glauben oft mit dem Willen eng verbunden. Nicht mit Unrecht, denn von unserem Willen hängt jene Bewußtseinslage mit ab, aus welcher der Glaube, *selbst der Erkenntnisglaube,* entspringt. Wir sprachen schon bei Gelegenheit der Gefühle davon: Wogegen sich unsere Natur *auflehnt,* wird oft gar nicht in jener Klarheit und Deutlichkeit ins Bewußtsein aufgenommen, daß eindeutige Gedankenbildung, d. h. eine Glaubensüberzeugung daraus entspringen könnte. Und woran *wir glauben wollen* präsentiert sich unter Einfluß von Gefühl und Wunsch von seiner besten Seite, mit Hintanhalten aller Faktoren, die dagegen sprechen; so daß sich hier der Glaube *nicht auf jener objektiven Grundlage bildet,* die *für jede ‚echte Erkenntnis' unumgängliche Voraussetzung ist.* — So muß man auch für den religiösen Glauben, wie für jeden Glauben, von Seiten des Willens ‚offen sein'.

Unser Glauben (also unser Urteilen) erweist sich aber nicht selten auch als voreilig, z. B. wenn uns neben zwei vorhandenen Möglichkeiten, von denen aber eine ausgeschlossen werden konnte, eine dritte Möglichkeit *nicht einfällt:* Dann glauben wir fest an die Realisierung der zurückgebliebenen einen Möglichkeit, während in Wirklichkeit sich die dritte, die uns nicht einfiel, realisiert! Dadurch erweist sich unser Glaube als irrig, aber er war da, und sein Charakteristikum war nach wie vor: die für uns *eindeutige, in unserem Innern unwidersprochene Gegebenheit des vorgestellten oder wahrgenommenen Tatbestandes.* Das Glauben ist also nicht ein neuer besonderer Denkakt, sondern nur die eindeutige Festigkeit, mit der sich uns das Geglaubte bietet. *Das Geglaubte ist das ‚in unwidersprochener Eindeutigkeit Auftretende' und hiermit ‚für wahr Gehaltene';* — das aber manchmal dennoch ‚mit Unrecht' für wahr gehalten wird: *das Geglaubte ist also nicht immer das Wahre, aber stets das ‚für wahr Gehaltene'.*

Doch gibt es Fälle, und wir hatten mit Absicht schon ganz im Anfang unserer Untersuchung (Bd. I., Kap. 4) auf sie hingewiesen, wo sich *uns alle maßgebenden Bestandteile einer vorgestellten Struktur mit absoluter Klarheit und Deutlichkeit bieten* (man denke an die Frage: „Wie viele Tangenten lassen sich an einen Kreis ziehen von einem außerhalb des Kreises und in gleicher Ebene mit ihm gelegenen Punkt aus?"). Derartig eindeutig beschaffene Situationen können auch absolut eindeutig vorgestellt werden und sind dann nichts anderes a*ls ‚evidente anschauliche Urteile'*. Sie bilden eine Gruppe *echter Erkenntnisse.*

Von ihrem berechtigten Wahrheitsanspruch und von der Beziehung der Wahrheit zur Transzendenz des Wahrnehmens, Vorstellens und Denkens hatten wir schon an der oben erwähnten Stelle (I, 4) gesprochen. Sonst müßten wir es hier tun. Denn die psychologische Behandlung des Denkens *ohne Erwähnung seiner Ausrichtung auf die Wahrheit,* und seines berechtigten Wahrheitsanspruches, *ist vollkommen unmöglich.* Daß dabei der Objektcharakter des Wahrnehmens und Denkens entscheidend ist, leuchtet ein.[1]) Weder Gefühle noch Willensakte können wahr oder falsch sein. Wenn man von falschen, d. h. ‚unechten Gefühlen' spricht, so sind sie nur ‚gespielt, um zu täuschen', d. h. um *falsche Urteile* hervorzurufen. Die nur gespielten Gefühle sind nicht ‚falsche', sondern überhaupt keine Gefühle; nur deren äußere Merkmale sind vom Willen des Menschen erzeugt, während die Gefühle selbst fernbleiben (s. S. 134 f.). *Dagegen können und müssen Denkakte, ihrer eigensten Natur nach, im eigentlichen, originären Sinne: wahr oder falsch sein.*

Das *erkennende Denken* wird nun ebenso *von einer objektiven, über mein individuelles Ich hinausragenden Kraft geleitet,* wie die Wahrnehmungen von den (inneren oder äußeren) Sinnesreizen erzeugt und geleitet werden: *Die logischen, unserem Denken einsichtig gegebenen Beziehungen zwischen Vorstellungen oder zwischen Begriffen stellen jenes unzerbrechliche Gerüst der letzten Erkenntnisse dar,* nach dem sich unser theoretisches Denken ebenso orientiert, wie es das anschauliche Wahrnehmen unter dem Einfluß der Sinnenreize tut. — Daß der Mensch auf diese Weise *über sich hinaus in die objektive Welt hineinsehen und hinausgreifen kann,* verdankt er letzten Endes der ontologischen Tatsache, daß er selbst *nicht schlechterdings eine Welt für sich,* sondern nur *ein Teil der großen Welt ist, an der er teilnimmt* (Bd. I, Kap. 4).

Eines tiefgehenden, nach allem Besprochenen allerdings nur selbstverständlichen Unterschiedes zwischen Erkenntnis (der ‚verstehenden Überschau einer Situation') und der bloß assoziativen Verknüpfung ihrer Einzelglieder muß noch gedacht werden: Die Einsicht hat den unermeßlichen praktischen Vorteil gegenüber der Assoziation, daß sie sich nicht erst aus der vielfach wiederholten, eingelernten

---

[1]) Zur Erinnerung nur ein Beispiel: Das Urteil: „Um genau dieselbe Tageszeit wie heute hat es vor zehntausend Jahren in der Landschaft, wo jetzt Innsbruck steht, geregnet" — bezieht sich auf ein dem Denkakt selbst transzendentes Ereignis, welches vor zehntausend Jahren geschehen sein soll. Dieses Ereignis muß entweder stattgefunden oder nicht stattgefunden haben, ein Drittes gibt es nicht. Daher muß auch das Urteil notwendig wahr oder falsch sein, — ein Drittes gibt es auch für das Urteil nicht.

und eingeübten Bindung ergibt, sondern schon die Individualsituation eindeutig erfaßt. Sie schafft z. B. mit einem Zug die frühere, als falsch erkannte Überzeugung ab, mag sie auch schon jahrzehntelang bestanden haben, und ersetzt sie durch die in ihr selbst liegende neue Erkenntnis (während sich die rein assoziativen Bindungen dagegen oft noch lange Zeit zu sträuben suchen). Wie unendlich viel beweglicher der menschliche ‚Verstand' dadurch geworden ist gegenüber dem schwerfällig und mit vielen Verlusten arbeitenden, wenn auch im Lauf der Generationen sein Ziel, die Erhaltung der Art, doch sicher erreichenden Assoziationsmechanismus (s. Bd. II, S. 25 ff.), leuchtet ein.

Das Denken und die Abstraktion. — Wesen und Werden der Allgemeinbegriffe

Der psychologisch vorgebildete Leser wird schon lange den dritten Grundbestandteil des Denkens, den *Begriff*, und damit auch die Behandlung der *Abstraktion* vermißt haben, deren Einführung gewöhnlich als der erste entscheidende Schritt ins Gebiet des eigentlichen Denkens angesehen wird. Uns kam es aber darauf an zu zeigen, daß auch in der Anschaulichkeit des Wahrnehmens und Vorstellens ein echtes Denken enthalten ist, und daß das anschauliche Wahrnehmen seiner Natur nach teilweise auch schon zum Denken gerechnet werden muß. Denn in ihm finden sich echte Denkfaktoren vor, Vergleiche, Mengeneindrücke, Beziehungen mannigfachster Art, Abhängigkeiten kausaler, logischer, räumlicher Art usw.

Dennoch ist es richtig, daß das Denken in der Abstraktion seine besondere Zuspitzung erhält, *und daß Abstraktionsprozesse auch schon in den Denkbeispielen, die wir bisher im Auge hatten, eine größere Rolle spielten, als uns bisher bewußt geworden war.*

Natürlich besteht das Wesen der Abstraktion nicht bloß im Negativen, nicht bloß im ‚Absehen', sondern ebenso *im positiven Beachten* desjenigen, was nach dem Abstraktionsakt übrigbleibt. Vergleichsweise ist das Wesen der

Abstraktion auch schon im Bau unserer Sinnesorgane präformiert: Jedes Sinnesorgan faßt ja nur die ihm adäquaten Reize auf und sieht ab von allen übrigen (s. Anm. S. 64); und unser Auge hat durch die Scheidung des Zentralgebietes des deutlichsten Sehens von undeutlichen peripheren Sehen auch schon *innerhalb* des Sehgebietes jene Trennung vollzogen, welche dann erst die *Aufmerksamkeit in einer dem Willen und dem Interesse des Lebewesens* eigenartig angepaßten und *dienstbaren Weise verwirklicht:* Wenn sich meine Aufmerksamkeit auf eine Gegebenheit stark konzentriert, so schwinden für mich oder verblassen zum mindesten alle jene Wahrnehmungen und also jene Weltwirklichkeiten, die sonst zu meinem Gesamtwahrnehmen gehören.

Dieser Auffassungseinschnitt in die konkrete Wirklichkeit kann von doppelter Art sein: Entweder sehe ich nur *den Teil* der Welt, also z. B. nur *den* realen Gegenstand, auf den sich meine Aufmerksamkeit richtet; also etwas, was *einen Bestandteil der konkreten realen Welt bildet und ‚als deren Bestandteil für sich existiert‘*. Oder aber, und darauf kommt es uns gegenwärtig an, gehe ich in meiner ‚Auflösung der realen Welt‘ noch weiter, indem ich selbst den bestimmten Gegenstand *nicht in seiner real unauflösbaren Konkretheit,* sondern *‚auf seine einzelnen Merkmale und Eigenschaften hin‘* betrachte, die für sich in dieser abgetrennten Weise konkret gar nicht existieren können; während doch der ‚konkrete Einzelgegenstand‘ in der Welt der Dinge zwar nur als Bestandteil der Welt, aber als solcher doch auch für sich besteht. Ich achte z. B. *nur auf die Farbe* oder die *Gestalt* oder die *Größe* der mir vorgewiesenen Figur (man denke an die Kap. 2, S. 24 geschilderten Abstraktionsversuche und die Aufmerksamkeit S. 62 ff.). Im ‚Erleben‘, wo der Objektcharakter noch nicht voll ausgebildet ist, wo ich ‚in der Fülle des Erlebens aufgehe‘, kann sich eine solche Differenzierung nicht leicht einstellen. Um so verständlicher ist ihr Auftreten *beim Betrachten,* wo das Objekt von Anfang an schon *als mein Betrachtungsobjekt* (ob in der Wahrnehmung oder in der

Vorstellung) *mir gegenüber steht:* Hier kann sich meine Aufmerksamkeit auf beliebig gesonderte Teilgebiete richten, — entweder auf konkrete Einzelteile des Objektes oder aber auf dessen *Merkmale, Eigenschaften,* die *konkret nur ‚am Objekt'* bestehen können, *durch meine Aufmerksamkeit aber, von ihm getrennt, ‚für sich' betrachtet werden.*

Nur mit Hilfe dieser Betrachtungsart entsteht auch unsere Wahrnehmungswelt. Denn: sehe ich die konkreten Einzeldinge der Welt als ‚grün', als ‚rot', ‚blau', ‚gelb', — so sehe und erkenne ich wieder ihre *in früherer Betrachtung aus dem konkreten Eindruck des Gegenstandes herausgelösten und für sich betrachteten Merkmale.* Daher und nur daher kann ich das Gras ‚grün' und die Blätter des Baumes *‚ebenso grün'* sehen; den Vollmond ‚rund' und das Rad, den Teller und das Zifferblat *‚ebenfalls rund'.* Und was vom Gesichtssinn gilt, gilt von sämtlichen Sinneswahrnehmungen: *Wären sie an die einzelnen Individualeindrücke gebunden, so stünde die Welt nicht in jener Verbundenheit vor uns da, wie wir sie tatsächlich sehen, hören, tasten, schmecken.* Könnten wir das Merkmal ‚rot' nicht von Apfel, Blume, Kirschen, Lippen, reifen Beeren usw. *für sich abtrennen,* so könnten wir es auch nicht an allen Orten, wo es vorkommt, wiedererkennen. Denn: alles andere darf in diesem Falle wechseln, wenn nur die Farbe bleibt, so hält ihre Farbengleichheit die verschiedensten Dinge zusammen: ‚Sie sind alle rot!'. Und da solche *Subsumtionen unter ‚Allgemeinbegriffe'* (wie man ‚die Röte, die Dreieckigkeit, die Gerechtigkeit, die Schönheit' usw. nennt) unsere Wahrnehmung erst möglich machen, indem erst das *Wiedererkennen* die Empfindung zur Wahrnehmung erhebt, erkennen wir, daß die Wahrnehmung und damit auch die Wahrnehmungswelt tatsächlich erst *durch das Denken* wird, *durch Allgemeinbegriffe und ihre Anwendung auf die konkreten, durch Empfindung uns vorgeführten, Individualfälle.*

Und *‚wie' denken wir uns nun die Röte, die Dreieckigkeit, die Geschwindigkeit, die Schönheit, die Kraft, die*

Gerechtigkeit usw.? Sicher nicht, indem in mir einfach die Vorstellung eines roten, eines dreieckigen konkreten Gegenstandes auftaucht; denn die gedachte Röte *darf ja an den Einzelgegenstand nicht gebunden sein,* sonst könnte sie nicht sein *sowohl an diesem wie auch an jenem* und an beliebig vielen anderen Gegenständen! Nehmen wir an, ein Gegenstand von einer von mir ‚bisher nie gesehenen Farbe' steht vor mir; mich interessiert an ihm nur seine Farbe ... nein, nicht ‚seine Farbe', sondern ‚*die* Farbe', die ich da sehe, die will ich besonders deutlich in mich aufnehmen, unabhängig von allen anderen Eigenschaften, der Form, der Größe usw.; die *Besonderheit gerade dieser Farbnuance* will ich *erfassen* und mir merken, um sie nachher, mag sie dann, mit welcher es auch immer sei, Größe, Form usw. verbunden sein, wiederzuerkennen. Diese Beachtung nur der Farbnuance als des mich interessierenden Betrachtungsobjektes bietet hier gewiß keine besonderen Schwierigkeiten, — und dennoch ist damit gerade das erreicht, was wir suchten: *Ein neuer Allgemeinbegriff ist von mir erfaßt. Ein neuer Denkinhalt,* der an keinen konkreten Individualgegenstand gebunden ist; mit dessen Hilfe ich von nun an ‚die gleiche Farbe' an diesem und an jenem und an beliebig vielen anderen Individualgegenständen erkennen kann. Man stelle sich nur vor, um den Fall in seiner Bedeutsamkeit zu würdigen, ich hätte bis dahin niemals *rot* gesehen. Nun habe ich die Eigenart der Röte zum erstenmal wahrgenommen und für sich von allen übrigen Eigenschaften des gesehenen Gegenstandes abgetrennt: *nun besitze ich den für mich neuen Begriff der ‚Röte', die ich überall wiedererkennen kann.*

Vielleicht noch deutlicher wird das Gemeinte, wenn man statt der Farbe mit der Zahl oder mit einer Gestalt (s. S. 24) exemplifiziert: Ein Kind soll Zahlen kennen lernen. Drei Gegenstände der verschiedensten Art, drei Bälle, drei Bleistifte, drei Puppen usw. werden ihm gezeigt. Doch liegt in dieser Vervielfachung der Dreiereindrücke nur ein pädagogischer Kunstgriff, der die Aufmerksamkeit des Kindes auf dasjenige lenken soll, *worin alle diese*

Gruppen, trotz ihrer sonstigen Verschiedenheit, *miteinander übereinstimmen.* Grundsätzlich ist für die Bildung des Begriffes ‚drei' diese Vorarbeit nicht notwendig: Wäre die Aufmerksamkeit des Kindes von vornherein gerade auf die Mengeneigenschaft der Gruppe gerichtet, so könnte in ihm der Begriff ‚drei' ebenso gut *aus einem einzelnen Eindruck* heraus entstehen, — wie der Begriff der ‚Röte' im vorangehenden Beispiel sich auch an einem einzelnen Wahrnehmungsfall bildete, da die Aufmerksamkeit des Betrachters als gerade auf dieses Merkmal gerichtet angenommen war. Wichtiger als die Vielheit der Dreiergruppen ist es, daß das Kind auch Einer-, Zweier und Vierergruppen sieht: *denn erst gegenüber diesen andersartigen Mengen hebt sich die ‚Dreier-Gruppe' in ihrer besondern Eigenart* — nicht nur als ‚Vielheit', sondern als eine *‚besondere Vielheit' ab.* So wie auch im Farbenbeispiel es wichtig ist, daß der ‚rot' zum erstenmal Sehende vorher andere Farben schon gesehen hatte, damit sich ihm die *Eigenart gerade dieser neuen Farbe* von den anderen Farben abhebt. — Wäre es sein schlechthin *erster Farbeindruck,* so würde ihm nur die *Farbigkeit* gegenüber dem von früher her gekannten ‚farblosen schwarz-weiß-Eindruck' und nicht die ‚Röte' auffallen, welche die neue Farbe *von den anderen bunten Farben charakteristisch unterscheidet.* Und wäre es seine *erste Gesichtsempfindung,* so könnte sich ihm auch bloß das *für den Gesichtseindruck gegenüber allen anderen* ihm schon bekannten Empfindungsarten *Typische dabei herausheben!*

Nun noch ein Schritt weiter: Dem, den Begriff der ‚Drei' schon beherrschenden Kind wird (unter anderen Figuren) ein ‚Dreieck' gezeigt. Am Dreieck fallen ihm nun auf die drei Schnittpunkte, diese (so nehmen wir an) interessieren das Kind, nicht die Größe, Farbe oder Lage der Figur, sondern nur eben die ‚drei Schnittpunkte' der drei geraden Linien als Kennzeichen dieser Figur. Damit ist dem Kind der neue Begriff ‚Dreieck' geworden, denn nun ist ihm jede geschlossene Fagur, mag sie groß oder klein sein, mag sie diese oder jene Farbe, Lage haben, ja mag sie diese oder jene Winkelverhältnisse aufweisen, sobald sie nur ‚drei Schnittpunkte' besitzt: ein ‚Dreieck' (s. auch S. 174). Wobei vollkommen unwesentlich ist, ob sich die Bezeichnung der Figur von selbst im Kinde bildet oder sie ihm von außen angetragen wird; denn nicht auf die Bezeichnung, sondern auf das Werden des bezeichneten Denkinhaltes im Kinde kommt es an.

Die so entstandenen abstrakten Begriffe durchwirken unsere Wahrnehmung und unser Denken ganz und gar, und ohne sie wären beide nicht denkbar. Im Wahrnehmen liegt aber noch eine andere Art von Begriffen, deren Bedeutung nicht geringer ist. Und wenn die abstrakten Begriffe zu *Sokrates* und *Platon* als ihren Entdeckern führen, so führen die *Individualbegriffe* zur Philosophie *Spinozas*.

Individual-Begriffe

Der Hauptunterschied zwischen einem Begriff und einer konkreten Vorstellung ist die allseitige Bestimmtheit der Letzteren im Gegensatz zur vereinfachten Bestimmtheit des Begriffes, in dem nur eine einzige oder nur wenige Eigenschaften *(Merkmale)* gemeint sind, während von allen übrigen abgesehen ist. Was dabei zurückbleibt, kann aber entweder das *allgemeinste Abstrakte* sein, wie Röte, Dreieckigkeit, Gerechtigkeit, Etwas usw., oder aber im Gegenteil *das Individuellste!* Die Vorstellung oder Empfindung gibt uns nämlich zwar ein mehr oder weniger allseitig Bestimmtes, aber nicht eigentlich das Individuelle. Der Begriff des Individuellen muß sich erst bilden, sofern er uns nicht schon angeboren ist und daher szs. nur auf Gelegenheit wartet, wo er eingesetzt werden kann. Und das geschieht erst in dem Augenblick, wo die Empfindungen des Kindes schon einen ausgesprochenen Wahrnehmungscharakter annehmen und dazu übergehen, mehr *Vermittlerinnen* der hinter ihnen liegenden, sie erzeugenden *Kräfte und Objekte*, als bloß subjektive Erlebnisse zu sein. Wenn das Kind die es umgebende Welt als aus materiellen *Dingen* und *geistigen Wesen* aufzufassen beginnt, tritt der von uns gesuchte Begriff *des Individuums, der Substanz, der Identität* in Anwendung (s. S. 151). Der Begriff der ‚Gleichheit' (Gleichheit der Farbe, der Gestalt usw.) führt in die Welt der Allgemeinbegriffe, derjenige der ‚Identität' in die ihr polare Welt der Dinge und Individuen.

Auch diese muß vom Kind erst nach und nach erkannt werden. Zuerst genügt die Änderung des äußeren Eindruckes der Mutter, das Aufsetzen eines breitkrempigen Hutes, das Anziehen eines neuen Kleides, damit sie für das Kind zu einem fremden, ‚unbekannten' Eindruck wird, vor dem das Kind unter Umständen erschrickt und in Weinen ausbricht. Nach und nach wird aber die Mutter ‚als die *identische Person*' hinter dem äußeren, auch stark veränderten Empfindungseindruck so sicher herausgeschält, daß ihre Identität (auf die es nunmehr ankommt!) trotz all dieser Änderungen bestehen bleibt. — *Identität — als Grundbegriff für unsere Auffassung der materiellen und geistigen Dinge und Individualitäten — läßt erst vor uns die ‚wirkliche Welt' entstehen.* Denn nun kann mein Mitmensch auf mich den verschiedensten Empfindungseindruck machen: er kann stehen, sitzen, liegen, sogar auf dem Kopf stehen, gehen, laufen, schlafen oder wachen, er mag vom kleinen Kind zum großen Mann herangewachsen sein, — er bleibt für mich ebenso derselbe Mensch, wie beim Allgemeinbegriff das Dreieck — Dreieck bleibt, mag seine Form, Farbe, Lage und Größe noch so verschieden sein. Und ebenso bleibt mein Taschenmesser dasselbe Taschenmesser, es mag offen oder zu, neu oder durch den Gebrauch beschädigt, verrostet usw. sein. Aus solchen mit sich selbst identischen Einzeldingen und Lebewesen baut sich unsere Umwelt auf (s. auch Abschn. 4 von Kap. 8).

Gewiß, wir schließen auf die Identität des Objektes in der Regel aus der Gleichheit des in uns von ihm hervorgerufenen Eindruckes, und einen gut Maskierten werden wir nicht gleich als unseren guten Freund wiedererkennen. Aber das Wesentliche ist, daß es bei unserem Außenweltswahrnehmen nicht bei übereinstimmenden Eindrücken bleibt, sondern daß wir über sie hinaus noch das *identische*

Ding, dasselbe Lebewesen (unseren Hund), *denselben Menschen* denken, die nicht identisch sind mit den Empfindungen, — welche uns von ihnen, ihrem Sein, ihrer Anwesenheit oder Abwesenheit nur berichten. Die moderne Physik hat zwar den Begriff der *materiellen Substanz* (denn um diese handelt es sich, s. Bd. I, Kap. 8) weitgehend aufgelöst; aber keiner Wissenschaft wird es je gelingen, diejenige Substanz, *die jeder als die Identität seines Ich erlebt* und die er entsprechend auch in seiner Frau, seinem Kind, seinem Freund annimmt, wegzudisputieren. Hier stehen wir vor einem letzten Grundprinzip im Aufbau unserer Welt.

Das anschauliche und das unanschauliche Denken

Und nun befinden wir uns vor einer jahrhundertalten Frage, die in der Psychologie der letzten Jahrzehnte eine besonders große Rolle gespielt hatte: Ist das Denken letzten Endes doch nichts anderes, als das *sinnlich anschauliche, mehr oder weniger klare Vorstellen von Empfindungs-Gegebenheiten mitsamt den Beziehungen, welche sich in ihnen und zwischen ihnen, ebenfalls in anschaulicher Gegebenheit vorfinden?* — Lange Zeit war die moderne Psychologie der ihr selbstverständlich erschienenen Überzeugung, daß dem gar nicht anders sein kann: da es ja nur Empfindungen gäbe, die uns das Denkmaterial stellen. Bis durch Versuche von Osw. *Külpe* und seinen Schülern der Blick der Psychologen auf die Tatsache gelenkt wurde, daß man wahrgenommene Sätze doch sehr wohl verstanden haben kann, ohne dabei anschauliche Vorstellungen im Bewußtsein nachweisen zu können. „Gerechtigkeit ist die höchste Tugend." „Physikalische Gesetze ruhen auf kausalen Beziehungen" usw. Wir haben die Sätze gelesen und so weit verstanden, daß wir ihnen beistimmen oder sie ablehnen können, — aber was läßt sich bei der Selbstanalyse an anschaulichen Gebilden dabei nachweisen? Selbst bei Einzelwörtern, die eher zu anschaulichen Vorstellungen anregen, kann man oft nur wenig finden: Was ‚Beziehung' heißt, weiß ein jeder Gebildete und er wird in jedem Einzelfall die Frage richtig beantworten können, ob es sich um eine Beziehung handelt oder nicht. Aber was stellen wir uns anschaulich beim Wort ‚Beziehung' vor? Vielleicht steigt dabei dem einen die eine, dem andern die andere sog. ‚stellvertretende Vorstellung' auf: etwa zwei Linien, die in einer räumlichen Beziehung zueinander stehen, oder zwei Zahnräder, die in Kraftbeziehung stehen, oder zwei Menschen, die in Liebes- oder Haßbeziehung sind. Aber alle diese Vorstellungen können ja immer nur einen ‚Anwendungsfall' des Begriffes Beziehung bringen, und würden wir nicht mehr dabei denken, so kämen wir gar nicht zum *Allgemeinbegriff ‚Beziehung', welcher sämtliche Fälle umfaßt,* da in ihm nicht bloß die räumliche oder Kräfte- oder Liebesbeziehung, sondern die ‚Beziehung schlechthin' gedacht ist. Gewiß helfen uns die anschaulichen Einzelfälle nicht selten, da wir aus ihnen den gesuchten Begriff abstrahieren können. *Aber erst nachdem die Abstraktion vollzogen ist, wird ‚der Begriff gedacht.* — Und sofern eben die konkrete Vorstellung stets allseitig mit allen Eigenschaften der Objekte, die ihren Inhalt bilden, behaftet ist, kann sie als solche den Begriff nie gleichwertig vertreten'; *sie kann nur Anlaß werden zu einer abstraktiven Verarbeitung, als deren Resultat erst der Begriff dasteht.*

Dabei kommt es bei der Frage nach der ‚sinnlichen Anschaulichkeit' des Begriffes auf die Beschaffenheit seines Gegenstandes an: auf das, was mit ihm gemeint ist. Nehmen wir wieder den Begriff der ‚Röte' (gemeint ist die möglichst reine gesättigte Röte, nicht auch deren verschiedene Mischungen und Nuancen, nicht z. B. rosa, orangerot usw.): Dabei muß gewiß von Form und Größe, von der raum-zeitlichen Gegebenheit des Rot-Eindruckes und von dem roten *Gegenstand,* also von der körperlichen Substanz, ‚die rot ist', vollkommen abgesehen werden, aber doch gewiß nicht von der Rotqualität selbst, die ich wahrnehme oder vorstelle! Daher kann man mit Recht sagen: ‚Ich nehme wahr (oder stelle mir vor) die Röte als solche!' — sofern man nämlich nach all den vollzogenen Abstraktionen von Wahrnehmen noch sprechen will. Jedenfalls ist mir von nun an ‚das Wesen der Röte' vertraut. — Worauf es uns dabei ankommt, ist dies: Ginge mir die Möglichkeit der Rotwahrnehmung und auch der Rotvorstellung *vollkommen verloren,* so wäre damit auch mein Rotbegriff *leer* geworden, denn seinen Inhalt bezieht er doch primär nur aus der Wahrnehmung und sekundär dann auch aus der Vorstellung. Ich würde mir nicht mehr denken können, was ‚Röte' ist, als es ein Blindgeborener kann, dem die Farbenbegriffe vollkommen fehlen.

Die ‚unanschaulichen Begriffe' sind ‚Begriffe vom Unanschaulichen'

Aber das gilt nur für diejenigen Begriffe, *deren eigentlicher Sinn aus der Welt unserer Sinnesorgane stammt,* — *so* groß ihr Bereich auch sein mag, der ja unsere ganze sinnliche Welt erfaßt. Aber in derselben Welt finden sich auch Begriffe, die schlechthin *nicht sinnlichen Ursprunges* sind und auch *deren Sinn nicht etwas rein Sinnliches* meint, wie dies beim Begriff Röte immer noch der Fall ist. Schon der oben gebrachte Begriff *‚Beziehung' kann unmöglich so abstraktiv-sinnlich gedacht werden, wie der Begriff ‚Röte'.* Beziehungen können schon in der rein materiellen Welt von der verschiedensten Art sein, so daß keine Einzelvorstellung seinen Sinn erschöpfen kann; dazu treten die Beziehungen seelischer und geistiger Art und schließlich die Beziehungen, welche zwischen abstrakten Begriffen selbst bestehen. Dies alles in eine abstrakt-*sinnliche* Vorstellung hineinzubringen, ist absolut unmöglich; dennoch besteht der Begriff ‚Beziehung' ohne allen Zweifel zu Recht, — und wir verstehen ihn, wissen ihn zu gebrauchen und könnten ohne ihn in unserem Denken überhaupt nicht auskommen. — Aber soll man sich darüber wundern? Wir wissen ja, daß die Allgemeinbegriffe durch Abstraktion entstehen: und wenn die *negative Abstraktion jegliche sinnliche Eigenschaft ergreift und ausschließt, so darf im Ergebnis der Abstraktion eben nichts Sinnliches mehr vorkommen!*

Entweder also gibt es ein Denken, welches sich auf Nichtsinnliches richtet, — oder nicht. Im ersten Fall muß es auch Begriffe geben, an denen vergeblich irgendwelche sinnlichen Merkmale gesucht werden, außer dem Symbol, dem Wort, an welches sie angeschlossen werden. *Daß es ein solches Denken aber gibt, steht außer allem Zweifel* und kann von jedermann an sich selbst mit dem Begriff ‚Beziehung' und mit jedem entsprechend dazu geeigneten anderen Wort (Gerechtigkeit, Urteil, Eigenschaft usw.) leicht nachgeprüft werden.

Noch haben wir die zweite Hauptgruppe der Begriffe, die *Individualbegriffe*, nicht nach ihrer anschaulichen oder unanschaulichen Denkbarkeit befragt. Man wäre geneigt zu erwarten, daß gerade die Individualbegriffe auch im Denken in anschaulicher Individualität auftreten werden. Denn was kann konkreter sein als ‚mein Sohn, mein Bruder, mein Freund oder mein Hund, mein Taschenmesser, meine Armbanduhr' usw.?! — Gewiß, Dinge und Lebewesen sind das Konkreteste, was es gibt, — nicht aber sind sie deswegen auch das sinnlich Anschaulichste, wie man es anzunehmen geneigt wäre: Denn (so meint man) was ist mir denn sinnlich anschaulich gegeben, wenn nicht Dinge und Lebewesen? — Doch man bedenke: gerade ihre Individualität, ihre materielle oder seelische Substanz, ihre Identität kann ja mit den Sinnen überhaupt gar nicht erfaßt werden! Wie wir doch schon das eigene Ich nicht sehen, hören oder tasten können: weil es zwar Träger aller dieser Vorgänge, nicht aber selbst eine zu sehende Farbe, ein zu hörender Ton o. dgl. ist! Der Sinn der Individualbegriffe: ‚Ich' (oder ein beliebiger ‚anderer Mensch') ist also ein ‚grundsätzlich nicht sinnlicher', kann also mit den Sinnen nie erfaßt, noch mit sinnlichen Mitteln je gedacht werden.

Aber nicht allein die psychischen Substanzen können nur unsinnlich, nur unanschaulich gedacht werden, *sondern auch die materiellen Dinge*, sofern man unter ‚Ding' nicht dessen einzelne Eigenschaften (Farbe, Form, Härte usw.) versteht, die ja gerade das sind, was wir mittels unserer Sinnesorgane an den Außenweltsdingen wahrnehmen, sondern:

dasjenige, *was diese Eigenschaften zusammenhält;* dasjenige Etwas, *das* wir als ausgedehnt und farbig und fest und von gewisser Form und mit bestimmten chemischen und physikalischen Eigenschaften ausgestattet denken, — *und das dasselbe bleibt, trotz Wechsel seiner Eigenschaften, trotz Ort- und Zustandswechsel, also: der Träger aller dieser Eigenschaften, — die materielle Substanz.* Zwei Wassertropfen können in allen ihren Eigenschaften einander vollkommen gleich sein, dennoch sind sie numerisch, d. h. ihrer Substanz nach, zwei Tropfen. *Descartes* hatte vollkommen recht, als er dieses ‚individuelle Etwas' — in seinem berühmten, durch Temperaturwechsel in sämtlichen Eigenschaften veränderten Wachsstückchen — *als von der Vernunft gedacht und nicht von den Sinnen wahrgenommen behauptete.* Denn ein Sinnesorgan zur Auffassung der materiellen Substanz besitzen wir nicht. Und dennoch kommen wir nicht aus ohne jenes Etwas zu denken, welches nicht Farbe, noch Härte, noch Schwere, noch eine der anderen physikalisch-chemischen Eigenschaften *ist,* sondern: ‚das sie hat', — *das ihr gemeinsamer Träger ist,* ohne den sie nicht existieren könnten, weil sie nur ‚an ihm', als ‚seine Eigenschaften' gedacht werden, und ohne den sie (wenn sie ohne ihn existieren könnten!) sich ‚vereinzelnen' müßten, wie unsere Einzelerlebnisse ohne das Ich, dessen Erlebnisse sie sind, zerflatterten, — wenn sie ohne Ich überhaupt sein könnten!

Und wenn diese Begriffe nicht aus unseren Sinnesdaten abstrahiert werden können (wie das bei Röte, Härte usw. sehr wohl geschieht), so können sie auch nicht aus der sinnlichen Erfahrung der Umwelt herstammen. Sie müssen entweder angeboren sein oder herkommen aus der inneren Erfahrung. Was insofern keinen grundsätzlichen Unterschied ausmacht, als sie letzten Endes *in beiden Fällen* uns angeboren sein müssen: Das eine Mal als schon in unserem Denken angelegte *Denkweisen;* das andere Mal als in unserem Sein bestehende *Seinsweisen,* die wir in der unmittelbaren Selbstbeobachtung vorfinden und, wie z. B. den Begriff der Kausalität oder Substanz, zur Grundlage unseres Weltbildes machen.

Doch besteht kein Zweifel, daß *'Vernunftwahrheiten'* (wie z. B. der Satz des Widerspruches: 'dasselbe kann zur selben Zeit nicht: sein und nicht sein' — und: 'nicht: so sein und zugleich nicht so sein') zu den Grunderkenntnissen unseres Denkens gehören, die es nicht aus der bloßen Beobachtung durch Induktion abgeleitet haben kann. Hier sah schon *Leibniz* in seiner Polemik gegen *Locke* vollkommen klar, *als er den Unterschied der Tatsachen- und der Vernunftswahrheiten einführte,* den *Kant* in seiner Weise fortgeführt hat. Vernunftwahrheiten gelten *allgemein und notwendig.* Wir *sehen ihre Notwendigkeit ein* und stellen nicht nur *ihre Tatsächlichkeit fest.* Und nur das Letztere *kann uns die Erfahrung vermitteln,* die dann erst vermittels der Induktion zu allgemeinen Sätzen weitergeführt werden kann. Weder Logik noch Mathematik bedürfen der Induktion. Aus dem Wesen der Position und der Negation selbst ergibt sich deren gegenseitige Unvereinbarkeit, wie sie der 'Satz des Widerspruches' feststellt; sowie aus dem Wesen des Kreises und der an ihn vom gleichen Außenpunkt gezogenen Tangenten sich einsichtig ergibt, daß es zwei und nur zwei solche Tangenten geben kann und muß.

Gibt es in unserem Denken überhaupt letzte Erkenntnisse, *Axiome,* in denen sich die letzten Begriffsbeziehungen kund tun, und nach denen sich unser Denken von Anfang an schon richtet, indem es die Gültigkeit dieser Urbeziehungen mit Selbstverständlichkeit zur Richtschnur seines Verlaufes nimmt, so gibt es *angeborene Denkgesetze,* die zugleich *letzte Erkenntnisse* sind. Und daran ändert nichts die Tatsache, daß wir uns auch in diesem Gebiet manchmal irren, und daß, je unentwickelter das Denken noch ist (bei kleinen Kindern, geistig Zurückgebliebenen oder Tieren), desto unsicherer auch die Denkgesetze im Urnebel unseres Bewußtsein wirken. Denn sicher wäre die Annahme ungerechtfertigt, daß im primitiv nebulosen Urbewußtsein, wo selbst die Sinnesempfindungen sich noch durchaus unklar zeigen, — die Denkgesetze schon mit voller Klarheit auftreten und mit unfehlbarer Sicherheit den ihnen entsprechenden Denkverlauf lenken würden.

Das originäre Denken und das Denken in Symbolen

Die Behandlung des unanschaulichen Denkens macht uns unter anderem auch darauf aufmerksam, daß man ein zweifaches Denken unterscheiden muß: Ein Denken *in Originärbegriffen* und ein Denken *in Symbolen,* nämlich in Worten einer Sprache. Wenn ich in einem Vortrag über Farbentheorien von ‚rot' spreche, — ja, auch eben jetzt, als ich das Wort rot hinschrieb, — stellte ich mir ‚rot' *nicht anschaulich vor,* und dennoch war mir das Wort nicht leer, sein Sinn war ein ganz bestimmter und ganz anderer, als wenn ich grün oder gelb hingeschrieben hätte. Konnte ich also ‚rot' doch denken, ohne es auch nur im geringsten im Bewußtsein anschaulich vorzustellen? Der Leser möge sich daran erinnern, was wir über den so intimen Verkehr zwischen dem Bewußten und Unbewußten sagten und über die Auswirkungen, welche aus dem Unbewußten nicht selten in Form von Anregungen, sogar von Handlungen ins Bewußtsein eingreifen. Im Unbewußten ist ja unser ganzes Wissen enthalten, von dem wir ins Bewußte jeweils nur einen verschwindend kleinen Teil gleichzeitig hinaufheben können. Und dennoch, wenn wir ein Wort, eine gut eingeübte Bewegung, eine Formel, einen Gedanken, eine Erinnerung, die momentan nicht im Bewußtsein sind, gerade brauchen, antwortet das Unbewußte sofort mit deren Realisierung, mit deren Übersiedlung aus dem Unbewußten ins Bewußte. Und *dieser Bereitschaft sind wir uns auch bewußt.* Man denke z. B. an den Zustand vor einer Prüfung über ein weites Gebiet, das man unmöglich gleichzeitig ins Bewußtsein heben kann; und dennoch ist es nicht sinnlos, sich zu fragen und zu prüfen: ‚Sitzt das Gelernte? Beherrsche ich es?' Und man fühlt die Antwort, obwohl man dabei kaum mehr als dies und jenes Einzelne mehr oder weniger klar reproduziert, vielleicht sogar überhaupt gar nichts, aber man fühlt (hat den begründeten Eindruck): ‚Ja, es sitzt; ich beherrsche es.' Das ist die beruhigende Antwort aus dem Unbewußten oder Vorbewußten an das bewußte Ich. So wie auch umgekehrt eine Unruhe aus dem Unbewußten aufsteigen kann, von der das Bewußte sich gar nicht gleich klar darüber werden kann, woher und warum sie kommt.

So steht es auch mit dem Wort ‚Röte': Ich verstehe es und gebrauche es sinnvoll, auch wenn ich im Bewußtsein seinen Sinn (der originär nur im abstraktiv-sinnlichen Vorstellen erfaßt werden kann!) nicht voll auftreten lasse; aber aus dem Unbewußten sind genügend Richtkräfte da, welche mich das Wort sinnvoll gebrauchen lassen; und daneben besteht ‚das Gefühl' (S. 116: Sinn 1!), daß ich jederzeit den Sinn des Wortes auch voll erstehen lassen kann, indem ich mir Rotes anschaulich vorstelle und es so abstraktiv behandle, wie oben beschrieben. Und in der Tat, wenn wir einen solchen Begriff uns klären wollen, wenn wir ihn in seinem originären Sinn ‚vor Augen führen wollen', um ihn anderen, ihm ähnlichen Begriffen gegenüberzustellen (etwa dem Karminrot, dem Ziegelrot usw.), dann bleibt uns nichts anderes übrig, als jene Möglichkeit, deren wir uns in der Tiefe stets bewußt waren, zu verwirklichen und auf die ‚anschaulich geschauten Begriffe' zurückzugreifen. Für das gewöhnliche Verstehen genügt aber in der Regel der Wiederschein des Begriffssinnes, den er am gebrauchten Worte findet.

Es gibt also ein Denken in *Originalbegriffen* und ein Denken *mit Hilfe von Worten* (Symbolen), bei deren Gebrauch ihr Sinn im Sprechenden und ihm Lauschenden wenigstens aus der Tiefe des Unbewußten anklingt und jederzeit bereit steht, ins klare Bewußtsein heraufgeholt zu werden. Es gibt aber auch noch eine *dritte* Art: *Das Denken in bloßen Symbolen, die durch Regeln miteinander verbunden sind,* wobei während ihres Gebrauches ihr Sinn, d. h. das durch sie Symbolisierte *auch nicht einmal aus der Tiefe des Unbewußten anzuklingen braucht.* So verfährt die neue Logik, die Logistik. Den Sinn der Zeichen braucht man bei ihrer Anwendung nicht einmal zu kennen, wenn man nur die die Zeichen verbindenden Regeln kennt. Erst das Resultat muß dann auf seinen Sinn hin ‚aufgeschlüsselt werden'. In dieser Weise verfährt ja im allgemeinen auch der mit mathematischen Formeln operierende Rechner. In gleicher Weise allerdings auch die Rechenmaschine, in der die einzelnen Zeichen schon vor der Übergabe der Aufgabe so aneinandergekoppelt sind, daß sie nur im Sinne der richtigen Aufgabenlösung aufeinander wirken können. Aber so nützlich solche Maschinen auch sein können, den Denk-Psychologen werden sie nicht näher interessieren, weil es sich bei diesen Operationen nicht mehr um eigentliche Denkvorgänge im weiter oben besprochenen Sinn, sondern um eine bloße Durchführung vorgegebener Regeln handelt.

Und nun verstehn wir auch die Befunde der *Külpe*'schen Denkpsychologie, welche ein unanschauliches Denken behauptet. Dieses experimentelle Ergebnis geht mit innerer Notwendigkeit aus der Analyse des Denkens und seiner Objekte hervor, die wir durchgeführt haben.

10. Schichtenlehre und Persönlichkeit

Sollen wir noch über die ‚Persönlichkeit' sprechen? Es ist dies fast nicht mehr notwendig, weil die gebrachte Darstellung der Psychologie im schroffsten Gegensatz zur reinen Elementenpsychologie steht und in ihrer Auffassung von Anfang bis Ende eine *reine Persönlichkeitspsychologie* ist. Schon gleich zu Anfang des ersten Bandes wiesen wir darauf hin, daß jedes Lebewesen eine unteilbare Einheit in Gleichzeitigkeit und Aufeinanderfolge ihres psychischen Geschehens ist. Was sich vielleicht noch besser positiv als nur durch das negative Prädikat ‚unteilbar' ausdrücken läßt: Es ist ein *Zentrum* da, das sieht, hört, tastet, fühlt und will, das notwendigerweise über den Einzelfunktionen stehen muß und selbst nicht sichtbar, hörbar, mit einem Wort nicht sinnlich erfaßbar, nicht sinnlicher Art sein darf: Da, wenn es sichtbar, hörbar, tastbar wäre, es materielle Eigenschaften besitzen müßte, die zwar selbst sichtbar wären, aber nicht sehen könnten, hörbar wären, aber nicht hören könnten usw. Das Ich besitzt, im Gegensatz zur bloßen Materie, ein Bewußtsein, und im Gegensatz zu den bloßen Einzelfunktionen, also zum Sehen, das nicht hören, zum Hören, das nicht sehen, noch tasten kann, kann es sowohl sehen, als hören, als tasten, als fühlen und auch wollen. Das war unser erster Schritt ins Bereich des Individuums, des Ich, welches auch ‚im Laufe der Zeit' *als mit sich selbst identisch,* wenn auch in seinen Zuständen oft wechselnd, im Verlauf des ganzen individuellen Lebens fortbesteht. — Ob auch darüber hinaus, dürfen wir in der Psychologie nicht fragen; aber wenn es auch schon während seines Lebens nur aus aufeinanderfolgenden Vorgängen und nicht als identische Persönlichkeit bestünde, dann wäre auch schon die Frage müßig, ob es ‚nach seinem Tod' weiterbestehen könne.

Diese Einheitsgrundlage trägt alles, was in der Folgezeit im lebenden, bewußtseinsfähigen Individuum geschieht, trägt selbst den Begriff der *Entwicklung,* denn eine Entwicklung kann nur dasjenige durchmachen, was im Verlauf der Entwicklung die aufeinanderfolgenden Entwicklungszustände annimmt, selbst aber dennoch mit sich selbst identisch bleibt; sonst gäbe es ja keine Entwicklung, sondern nur eine Folge verschieden hochstehender Einzelmomentanwesen (die, bei näherer Betrachtung, sich auch an sich schon als unmöglich und undenkbar erweisen).

In neuerer Zeit ist viel von der *Schichtentheorie* und den verschiedenen Schichten, die im Ich angelegt sind, die Rede. Einen ähnlichen Gedanken hatte schon Plato, als er von den drei Teilen der Seele, 1. dem *vitalen* (begehrenden), 2. dem *aktiven* (willenskräftigen, fühlenden und mutig handelnden) und 3. dem *vernünftigen* Teil der Seele sprach. Wir hatten im Laufe der Betrachtung die verschiedenen Schichten der Seele nicht ausdrücklich erwähnt, aber gewiß meinten wir etwas ganz Ähnliches, wenn wir z. B. zwischen dem zentralen Willen der Persönlichkeit (höhere Schicht) und den Trieben und Instinkten (tiefere Schicht), oder zwischen der assoziativen Bindung der aufeinanderfolgenden Bewußtseinsglieder (tiefere Schicht) und dem reinen Denken, dem Erkennen weitläufiger Zusammenhänge und Umwege (Werkzeugherstellung — Zweck-Mittelprinzip), dem Abstrahieren und Denken in abstrakten Begriffen (höhere Schicht) grundsätzlich unterschieden. Die assoziative Tätigkeit gehört zum tiefsten Bestand unserer Natur und verbindet unser Seelenleben mit demjenigen der Tierwelt. Nicht weniger tun es die meisten (durchaus nicht alle: auch hier gibt es schon einen Unterschied zwischen nur Vitalem und Geistigem!) unserer Triebe, die ebenfalls der Tiefenschicht unseres Wesens zugehören. Und erst durch die Ausbildung des zentralen Willens, dessen Ziele, ebenso wie auch die Objekte unserer höheren Gefühle erst durch das Denken mitgesetzt und ermöglicht werden, erwuchs uns aus dem bloßen *Individuum* die *Persönlichkeit.*

Die bloßen Triebe gleichen uns den Tieren an, denn auch den Tieren sind nicht allein die rein vitalen Triebe, sondern auch die *Aufbautriebe* und Instinkte eigen, — so der Trieb zum Nestbau bei Vögeln und vielen Insekten, zum komplizierten Haufenbau bei Ameisen, zum Höhlenbau nicht allein, sondern auch zum Bau künstlich aufgeführter Behausungen bei Bibern und einer ganzen Reihe höherstehender Tiere. Dieses Verhalten der Tiere könnte man schon fast ‚Handeln' nennen und es in den *zweiten Teil der platonischen Seele* hineinverlegen; besonders, wenn man dann auch noch das ganze komplizierte und mühsame Benehmen der Tiere bei der *Brutpflege,* das zweifellos auch *mit starken Liebesgefühlen bis zur Selbstaufopferung verbunden ist,* hinzunimmt. Die Tiere *arbeiten* hierbei — wenn auch vom Instinkt getrieben — nicht weniger intensiv als der Bauer auf dem Felde. — Und vielleicht selbst vom *vernünftigen Teil* der menschlichen Seele kann man noch ahnende Keimgebilde im Verhalten der höchsten untermenschlichen Lebewesen sehen, wenn man der experimentellen Leistungen der Menschenaffen gedenkt.

Aber turmhoch darüber steht der Überbau so des Fühlens, als des bewußten Wollens und Denkens in der Seele des Menschen. Der *‚hochstehende Kulturmensch'* lebt in einer anderen Welt als die übrigen Lebewesen. Gewiß, auch er hat Hunger, Durst und alle übrigen vitalen Bedürfnisse, auch er ist kein nur seelisches Vernunftswesen, ‚kein Engelskopf mit einem Flügelpaar' *(Schopenhauer)*. Aber das Zentrum seines Lebens vollzieht sich in einem anderen Bereich; nicht im Essen und Trinken findet er sein eigentliches Glück, — wenn er bei Mangel an Essen und Trinken auch leiden kann. Das Leben eines echten Forschers und Künstlers, sowie auch eines Großunternehmers, eines großen Staatsmannes, eines Mannes der Tat vollzieht sich in seiner Arbeit, in seinem Beruf; daraus fließen ihm seine eigentlichen, seine tiefsten Freuden und Leiden und in der Regel auch noch darüber hinaus aus dem Gebiet der intermenschlichen Beziehungen: der Familie, der Freundschaft und ganz allgemein den zwischen ihm und den Menschen seiner Umgebung bestehenden Beziehungen. — Nicht zu vergessen ist leider, daß auch die Befriedigung von Ehrgeiz, Geltungs- und Machtwille oft zu den stärksten (den Tieren in dieser Art kaum bekannten) Ansprüchen des Menschen gehören.

Aber als höchstes Reservat des Menschen ist natürlich das Gebiet der forschenden Erkenntnis, der Ethik, der Kunst und der Religion anzusehen. Wenn der zentrale Wille unser Leben leitet und sich, wie es nicht selten geschehen muß, gegen die Triebschicht wendet, so heben sich die beiden Schichten im Aufbau der Persönlichkeit besonders deutlich gegeneinander ab. — Auch unser mittlerer Seelenteil lebt mitten im Leben, wenn er auch nicht mehr, wie bei Tier und Kleinkind, nur im Augenblick oder im zielsicheren, aber dennoch zukunfts*un*bewußten Instinkt aufgeht: Das handelnde Alltagsleben ist sein Bereich. Übersteigt aber das zentrale Interesse des Menschen diesen Bereich und erhebt sich in die Region der reinen Kunst oder des reinen Denkens und versucht der Mensch im Lichte einer religiösen Weltsicht das Idealreich seines Denkens handelnd in die konkrete Wirklichkeit des Lebens hineinzutragen, so ist die höchste Schicht des menschlichen Daseins und damit auch die höchste Schicht seiner Fähigkeiten und Leistungsmöglichkeiten erreicht.

11. Einige der wesentlichsten Erlebens- und Verhaltensweisen des Menschen

Unsere Ausführungen über psychische Grundeigenschaften des Menschen, wie sie im Fühlen, Wollen und Denken gegeben sind, und den Beziehungen, welche sie innerhalb derselben Persönlichkeit zu einheitlichen Erlebnissen und Stellungnahmen miteinander eingehen, wollen wir nun mit der Beschreibung einiger der wichtigsten unter ihnen abschließen, — wie wir sie im täglichen Leben, in Dichterwerken und Biographien antreffen.

Sorge

„Wen ich einmal mir besitze, dem ist alle Welt nichts nütze; Ewges Düstre steigt herunter, Sonne geht nicht auf noch unter ... Glück und Unglück wird zur Grille, er verhungert in der Fülle ...“ Faust, Zweiter Teil

Sorge ist ein typisch menschlicher Gemütszustand. Das Tier kennt Furcht und Schrecken, aber nicht die Sorge. Denn die Sorge ist bewußt auf die Zukunft gerichtet und setzt (im Gegensatz zum bloßen Instinkt) einen hohen Grad bewußten Zukunftsdenkens voraus. — Besäße der Mensch keine Werte, deren Besitz er anstrebt, deren Verlust ihn schmerzt, so hätte er auch keine Sorge, — denn Sorge ist ‚vorbeugende Furcht vor Verlust des Geliebten‘, — mag das Geliebte im Triumph einer Idee bestehen, mag es das geliebte Leben eines Menschen oder materieller Besitz und eigenes Wohlleben sein. Gewiß kennt auch das Tier einige dieser Werte, — aber es denkt nicht nach Menschenart in die Zukunft, — daher hat es auch keine Sorge um die Zukunft.

Sorge kann *wohlberechtigt* sein: Die Sorge der Mutter um ihr gefährlich erkranktes Kind ist es. Sie läßt die Mutter leiden, auch wenn die Zukunft ihre Sorge Lügen straft und das kranke Kind wieder völlig gesund wird. Dennoch war die Sorge der Mutter *berechtigt, wenn sie der Wahrscheinlichkeit eines bösen Ausganges zur Zeit der Krankheit entsprach.* — Sie war auch *zweckmäßig*, denn die ‚sorglose

Mutter' hätte dem Kind vielleicht nicht jene Pflege angedeihen lassen, die es für seine Heilung brauchte.

Die oben von *Goethe* gemeinte Sorge aber ist anderer Art. In ihr steckt ‚das Absterben der Gegenwart durch Sorge um die Zukunft'. — Wann und wie tritt diese gegenwartsvernichtende Sorge auf? Manchmal, wenn der umsorgte Wert *übermäßig geschätzt* und als *unsicherer betrachtet wird, als er ist.* Auch in der Eifersucht steckt z. B. diese Sorge um Treue des über alles geliebten Menschen, — und oft genug zerstört sie grundlos Glück und Leben des Eifersüchtigen und seines Opfers. Die Sorge des Geizigen um seinen materiellen Besitz ist ähnlicher Art; ebenso die Sorge des um seine Gesundheit übermäßig Besorgten. Der ‚*Malade imaginaire*' von *Molière* ist ein Beispiel dafür. Übertriebene Ängstlichkeit läßt die übermäßige Sorge entstehen, welche das Leben des Menschen vergiftet. *Woher aber diese Angst?:* Zum Teil aus der Überwertung jenes Gutes, das man zu verlieren fürchtet. *Und woher diese Überwertung?:* Erst hier treffen wir auf den eigentlichen Kern des übermäßig besorgten Menschen: *Hätte er genügend andere Werte,* auch solche, die ihm nicht verloren gehen können (wie es z. B. die durch Religion und Ethik gebotenen Werte sind), *die sein Leben erfüllten,* so könnte die übertriebene Ängstlichkeit um den Verlust des einen vergänglichen Wertes gar nicht entstehen. Seine Gegenwart wäre durch andere Inhalte und Interessen so sehr ausgefüllt, daß sich das ewige Denken an die in der Zukunft möglicherweise drohende Gefahr gar nicht einstellen könnte. — Ängstliche Naturen sind entweder de facto ‚gefährdete Naturen', die keine genügende körperliche oder geistige Widerstandskraft in sich haben, — sie sind daher oft ‚berechtigt besorgt'. Oder aber sind sie bar der Werte, die sie ebenso hoch und höher schätzen als den vermeintlich bedrohten Wert. Die mannhafte Widerstandskraft gehört auch unter diese ‚anderen' Werte, denn das Kraftbewußtsein füllt als solches schon den Menschen so aus, daß übermäßige Sorge und Furcht aus dem Zentrum seines Bewußtseinsfeldes von selbst zurücktreten.

Der ‚Eingebildete Kranke' mußte neben den genannten Eigenschaften auch ein Mensch mit *entsprechenden Existenzmitteln* und *hinreichender Freizeit* sein, damit er sich in die Sorge um seine Gesundheit so sehr einspinnen konnte *(„Die Natur hat den Menschen für viel Not gemacht" C. G. Jung).* Und er mußte auch *Neigung zur gedrückten Stimmung* besitzen, wie wir sie beim Melancholiker antreffen, denn diese dehnt sich leicht auch auf die erwartete Zukunft aus und umdüstert sie.

Man sieht, die Sorge *steigt aus der Gesamtstruktur der Persönlichkeit auf* und breitet sich über das Gegenwartserleben aus, ihm *alle Vorzüge und Möglichkeiten vernichtend:* „Wen ich einmal mir besitze, dem ist alle Welt nichts nütze."

Hoffnung

Die Hoffnung ist ähnlich gebaut, aber entgegengesetzt gerichtet wie die Sorge. Auch sie geht auf geliebte, angestrebte Werte aus und wäre ohne sie nicht möglich. Und auch sie hat nur einer *ungewissen,* mehr oder weniger wahrscheinlichen Zukunft gegenüber Sinn und Bedeutung. Es hat keinen Sinn zu hoffen, daß a = c sei, wenn man weiß, daß a = b und b = c ist, — da hoffe ich nicht, sondern ‚ich weiß'. Und auch das gegenteilige Extrem ist ‚logisch ausgeschlossen': Ich kann nicht hoffen, daß unter den festgelegten Voraussetzungen a ≠ c sei! — Der Grad der Hoffnung sollte sich, *objektiv genommen,* (wie auch der der Sorge!) nach dem *Wahrscheinlichkeitsgrad* des erwarteten Ereignisses richten. Und wäre dies der Fall, so würde sich vieles im menschlichen Leben ändern, — es müßten z. B. alle Spielhöllen der Welt mit einem Schlag verschwinden: Denn es ist leicht auszurechnen, daß die Wahrscheinlichkeit des Gewinnes bei jedem derartigen Hazardspiel etwas geringer ist als die Wahrscheinlichkeit des Verlustet. Das ist es, was *auf die Dauer* die Seite der Bank immer gewinnen und die Seite der Spieler verlieren läßt. — Dennoch hofft ein jeder Spieler, daß gerade er gewinnen wird, — obwohl die Wahrscheinlichkeit größer ist, daß er zu den

Verlierenden als zu den Gewinnern gehören wird: „Aber vielleicht — dennoch ...".

Wir hatten bei Besprechung des Denkens erkannt, daß sein Verlauf neben der ‚Ausrichtung auf die Wahrheit' auch vom *Wunsch* abhängig ist. Daß es geradezu ein ‚Wunschdenken' gibt, dem wir uns manchmal im Tagtraum ergeben. Und daß auch unser ernstes Denken, das nicht auf Märchen und Träume ausgeht, nicht selten die Tendenz hat, mehr dem Wunsch als der Wahrheit nachzugehen. Alles ‚parteiliche' Denken ist z. B. von dieser Art und *Darwin,* dessen ‚goldene Regel' wir oben zitierten, ist ein löblicher Ausnahmsfall.

Die Hoffnung enthält in sich gar oft gerade diese einseitige Glaubenstendenz, daß das Gewünschte eintritt, das Unerwünschte sich verzieht. Und hätte die Hoffnung nur diese einseitig trügende Ausrichtung, so hätte die ‚*Klugheit*' in der Maskerade des zweiten Teiles von ‚Faust' recht, wenn sie verkündet: „Zwei der größten Menschenfeinde, Furcht und Hoffnung, angekettet, halt ich ab von der Gemeinde". — Aber die ‚*berechtigt festgehaltene Hoffnung*' ist zugleich auch eine der größten Wohltäterinnen der Menschheit. Wir wissen schon (S. 102 ff.), daß man nur *das* wollen kann, auf dessen Eintritt man *hofft.* Ich kann nicht wollen, daß ein Naturvorgang anders verläuft, als das Naturgesetz es bestimmt. Nur *das* kann ich wollen, *dessen Verwirklichung ich von meinem Wollen erhoffen kann.* Und dies auch dort noch, wo ich noch gar nicht weiß, ob die Verwirklichung durch meinen Willen gelingt oder nicht. Vielleicht ist das Ziel, das ich treffen möchte, klein, weit und kaum zu treffen, — so daß das Verhältnis von Erfolg und Mißerfolg wie 1 zu 99 steht. Dann fällt auch mein Trefferwille leicht ab, ich gebe den Kampf auf und bin geneigt zu verzichten. Und nur ein starker Wille läßt mich, trotz der geringen Aussicht auf den Erfolg, mich zusammenreißen und meinen ganzen Willen auf dieses eine Prozent der Möglichkeit legen und so mich im Willensakt ganz nur auf den (wenn auch nur spärlich, aber doch!) *erhofften* Trefferfolg verlegen. Je mehr es mir im Willensakt gelingt, mich im Wurfakt nur dieser einen Möglichkeit hinzugeben, desto treffsicherer wird mein Wurf sein. — Doch man vergesse nicht, daß dieses willentliche Sichhingeben an den Erfolg nicht jene trügerische Hoffnung des Glücksspielers ist, der sich durch seinen Wunsch leiten und durch das subjektiv bedingte Hoffen betrügen läßt; noch auch das Wegfegen einsichtiger Gegengründe durch das überstarke Nicht-daran-Glaubenwollen, — denn in der Tiefe des ‚Wollenden' bleibt beim schwierigen Wurfakt (s. S. 104 ff.) das Wissen von der geringen Aussicht auf das Erreichen des Erfolges bestehen, — doch wird es im Moment des Wurfaktes ‚inaktiv' gemacht. — Steht mir aber gar keine Möglichkeit und damit auch *keine Hoffnung* auf das Erreichen des Erfolges zur Verfügung, — so auch ‚kein Wille', — denn es wäre ein Widerspruch in sich, etwas zu wollen, wovon ich gleichzeitig restlos überzeugt bin, daß auch meine äußerste Willensanspannung zum Erreichen des Erfolges nicht das Mindeste beitragen kann. — Wenn der Wunsch nach Erfolg gar zu gewalttätig ist, beugt sich eher das noch nicht absolut gefestigte Denken seiner Gewalt und der Erfolg kann manchmal dennoch (z. B. als ‚Wunder') erhofft und nur daher dann auch gewollt werden. — Ist aber auch diese Möglichkeit versperrt, so schweigt der Wille.

Glaube

Der in die Zukunft gerichtete *Glaube* ist der höchste Grad des Zukunftshoffens. In ihm liegt Sicherheit, liegt Überzeugung, — und nicht allein betrifft er den Eintritt eines *zukünftigen* Erfolges, sondern er bezieht sich auch *auf die gegenwärtige Beschaffenheit der Welt, des ganzen Seins.* Daher wird der Ausdruck ‚Glaube' besonders oft in Verbindung mit letzten religiösen Ansichten gebraucht. Gewiß könnte man sagen, daß wir auch an die Wirklichkeit *des Gewußten* ‚glauben', — denn gerade hier ist der ‚Zweifel' (als Gegenteil des Glaubens) am striktesten ausgeschlossen. Aber man verwendet das Wort Glauben nicht gerne dort, wo der geglaubte Tatbestand so klar vor Augen liegt, daß sich viel eher das Wort ‚Einsicht' (die allerdings den Glauben in sich auch enthält: denn ‚man glaubt an das Eingesehene!') aufdrängt. — Die Begründung des Glaubens kann im Wunsch, aber auch tiefer als nur im übermächtigen Wunsch (s. o.) liegen, — *ohne daß alle für das Geglaubte in uns sprechenden Gründe uns dabei auch schon bewußt wären.* Dies ist ‚der *wohl begründete intuitive Glaube*', — der sich bei einer evtl. möglichen Verifikation als ‚richtig' erweist, — ohne daß der Glaubende seine Berechtigung vordem auch nur sich selbst, geschweige denn seiner Umgebung hätte bewiesen haben können. — Der ‚blinde Glaube' aber ist der vom Wunsch oder durch bloße Suggestion, Hoffnung oder Befürchtung erzeugte und festgehaltene Glaube, — der logisch gewiß unberechtigt ist, jedoch psychologisch sehr wohl vorkommt (wobei er natürlich nicht notwendigerweise ‚falsch' zu sein braucht).

Wesentlich für den Glauben ist, daß er *zu meinem Wesensbestande wird,* so daß *meine ganze Persönlichkeit in ihrem Sein und Handeln auf ihn gestellt, von ihm durchdrungen ist.* Im Moment, wo der Glaube angezweifelt wird, ist er kein Glaube mehr. Mein Glaube ist ein Teil meines Ich; ja, nicht selten ist er geradezu sein wichtigster Bestandteil, — so daß er gar nicht angezweifelt werden kann, denn es ist neben dem Glauben im Ich *nichts da, was ihn anzweifeln könnte.*

Liebe und Lieblosigkeit

‚Glaube, Hoffnung, Liebe, diese drei, — aber die Liebe ist die größte unter ihnen.' (1. K. Br., Kap. 13.) — Doch von Liebe haben wir oben (Bd. II, S. 138 ff.) schon gesprochen. Wenden wir uns daher der *Lieblosigkeit* zu. Wir wissen auch schon, daß eine vollkommene Lieblosigkeit zugleich auch vollkommene Abwendung vom Leben ist. Denn den Lieblosen freut nichts mehr, auch nicht mehr das eigene Dasein. Aber die Lieblosigkeit kann auch bloß *partiell* sein: Es kann z. B. die Liebeskraft nicht ausreichen, *um über das eigene Dasein und sein Wohlergehen hinaus auch noch das ich-fremde Sein und Leben liebend zu erfassen.*

Es ist dies ein *Mangel* (wie bei der ‚Mangelkrankheit'), der viele wichtige Folgerungen im Erleben des Menschen nach sich führt. Denn der sog. ‚Egoist' ist nicht Egoist, weil er *primär* zuviel sicht selbst liebt, sondern weil sein eigenes Sein das einzige Sein ist, das zu lieben er noch fähig ist: Der Egoismus ist nicht ein primäres Zuviel an Selbstliebe, sondern ein primäres Zuwenig an über das Ich hinausreichender Liebe, — wodurch dann allerdings (wie bei der *Sorge!)* sich die ganze verfügbare psycho-physische Energie auf dasjenige Objekt stürzt, das ihr allein zur Verfügung steht — auf das eigene Ich. Und es entsteht zunächst der *egozentrische* Mensch, der seiner Bezeichnung entsprechend nur sich selbst beachtet, um den sich ihm die ganze übrige Welt dreht. Noch ist der Egozentrische nicht zugleich auch schon *Egoist:* Denn er kann auch eine gewisse Dosis Güte dem Anderen gegenüber in sich haben, er kann dem Anderen sogar behilflich sein, — wenn man ihn darauf aufmerksam macht, wenn die Gelegenheit ihm den Anderen mit seinem Erleben irgendwie nahe bringt — trotz der Abschirmung durch seine Egozentrizität. Er will dem Anderen nichts Schlechtes, er kann ihm sogar Gutes wollen, — aber er *merkt ihn und seine Bedürfnisse nicht,* weil seine Liebesfähigkeit nur ausreicht, um sich selbst zu erfassen und ins Zentrum der Welt zu stellen. — Anders der *eigentliche rücksichtslose Egoist:* Er bleibt bei der Ichliebe und der Selbstbevorzugung *auch dann bewußt stehen,* wenn sich ihm das fremde Erleben und Bedürfen aufschließt und in seine Auffassung tritt: Er will dem Andern nicht beistehen, nicht helfen, — *auch sein bewußter Wille ist nur auf ihn selbst und sein eigenes Wohlergehen gerichtet.* Der Egozentrische merkt die Bedürfnisse des Andern nicht, der Egoist will sie auch gar nicht merken noch befriedigen.

Machtwille

Wir hatten den Machtmenschen schon Ende des ersten Bandes genauer kennengelernt. Natürlich sind mit ihm die vielen großen Führer der Menschheit, wie es die Religionsstifter oft waren, wie es Christus war, nicht identisch, — obwohl sich auch in ihnen eine *große Macht verkörperte* und obwohl sie *ihre Ideen innerhalb der Menschheit zum Sieg führen wollten.* Ihnen ging es nicht um die *persönliche Macht des Ich dem Du gegenüber,* sondern um die Herrschaft der Idee, der auch sie selber *sich unterwarfen und dienten.* Und waren sie ihrer eigentlichen Natur nach nicht Diener, sondern Herrscher, so waren sie auch schon nicht mehr jene echten ‚geborenen Führer der Menschheit', von denen hier die Rede ist. Denn der eigentliche Machtwille ist nur eine Abart des Egoismus, der Freude hat nicht am toten, sondern *am lebendigen Besitz, bei dem er seinen Willen durchsetzen kann.*

Die Freude an der Betätigung der aktiven Seite der Persönlichkeit, des Willens, ergibt sich mit Notwendigkeit aus dem Wesen des Lebendigen. Und ist der Wille stark, das Können groß, so herrscht der Mensch ganz natürlich und befriedigt über Andere, die dieses Können und Wollen nicht besitzen, — auch ohne eigentlicher Machtmensch zu sein. — Aber der Wille kann recht verschiedene Betätigung finden: Eines seiner höchsten Ziele ist der Sieg des Menschen über sich selbst, — d. h. über seine Triebe *im Zeichen einer höheren Idee.* Dem eigentlichen Machtmenschen bleibt diese überindividuelle, ‚ewige Idee' verschlossen, daher ergreift er ein primitiveres Ziel: er will Herrschaft über lebendigen oder toten Besitz, er wird zum Herrscher über Vermögen oder über Länder und Völker. Er wird zum Machtmenschen, weil der ihm von Natur mitgegebenen *Kraft* nicht zugleich ein *höheres ideelles Ziel* mitgegeben war.

Man sieht aus diesen Betrachtungen, daß hier für den Egoismus und seine Folgeerscheinungen nicht besonders starke primäre selbstsüchtige Triebe angenommen werden; sondern der übertriebene Egoismus wird, — *wie alles ‚Böse' in der menschlichen Seele* — auf den Mangel der natürlichen Werte und Fähigkeiten, vor allem der Liebesfähigkeit des Menschen, und ihres harmonischen Zusammenwirkens zurückgeführt.

Eitelkeit und Ehrgeiz

Eitelkeit und Ehrgeiz sind ein treffendes Beispiel für Ebengesagtes: Während der nach Macht Strebende sich selbst in seinem Kraftbewußtsein durchsetzen will, — wagt der Eitle oder Ehrgeizige nicht es zu wollen. Er lebt *im Spiegel der Anderen,* er will von Anderen hören und wissen, wie groß er ist, welche hervorragenden Eigenschaften und Fähigkeiten er besitzt. Nicht die eigenen Vorzüge *als solche* will der Ehrgeizige besitzen, sondern *deren Verehrung durch die Welt. Ruhmsucht* ist nur eine Abart des Ehrgeizes. *Eitelkeit* verlangt im Kleinen, was Ehrgeiz im Großen fordert, — mit besonderer Betonung des äußeren Scheines, in dem sich der Mensch spiegelt. So wie auch *Ehrsucht* mehr nach ‚Anerkennung', als nach den echten persönlichen Vorzügen ausgerichtet ist.

Da der Vorzug nicht als solcher gesucht wird, ist es begreiflich, daß der Eitle und Ehrgeizige besonders ‚empfindlich' ist, sich leicht beleidigt und verletzt fühlt und unter Umständen auch den unabsichtlichen Beleidiger mit seiner Mißgunst und mit Racheabsichten verfolgt. Denn der, der ihn beleidigte, schmälerte seine Größe (er hat keine andere — als ‚in den Augen der Anderen'), machte ihn klein, erwies sich als sein Feind.

Hier wird es handgreiflich, daß diese das Menschengeschlecht so allgemein beherrschende Untugend nicht eine eigene positive Wurzel in der menschlichen Natur hat, sondern auf dem *Mangel der eigenen Wertbestimmung* beruht: Wer diese besitzt, kümmert sich wenig um das Urteil des Anderen und schreitet durchs Leben weder erhöht, noch erniedrigt durch dessen Werturteil. — Zwar ist Abhängigkeit vom Urteil Anderer uns wohlverständlich und nur ‚menschlich-allzumenschlich', sie verschönert oder verdüstert unser Leben (s. auch S. 203), — aber: je eindeutiger das eigene Urteil, desto geringer ist ihr Einfluß. Es ist also ein Mangel, *der Mangel des eigenen eindeutigen Werturteiles, der Ehrgeiz und Eitelkeit begründet.*

Der *Leistungsehrgeiz* scheint von dieser Abhängigkeit des Menschen von der Meinung der Umwelt frei zu sein. Und das ist er auch, denn er geht nicht auf das Urteil Anderer, sondern *auf die Leistung als solche* aus und macht den Menschen glücklich durch die erreichte Leistung. Und dennoch steckt in ihm eine gewisse Selbstsucht — nicht vor Anderen, sondern vor sich selbst: Der echte Denker geht auf die Erkenntnis, die Lösung eines Problemes aus — und ist natürlich glücklich, wenn ihm die Lösung gelingt; — sowie der echte Künstler auf die Schaffung des Kunstwerkes ausgeht und natürlich glücklich ist, wenn er sein Ziel, mit dem er innerlich verwachsen ist, erreicht. Aber nicht, ‚daß *er*, gerade *er* das Problem gelöst hat', nicht ‚der Stolz' darüber, daß *er*, gerade er und nicht ein Anderer das Kunstwerk geschaffen hat, beherrscht das Erleben des echten Schöpfers, sondern: daß das Problem und die darin steckende Ungewißheit und Unbestimmtheit nun aufgehoben sind, und klares Licht der Erkenntnis nun einströmen kann, — daß *‚das Problem* ihm nun *gelöst* ist'; und daß das Kunstwerk in seiner Herrlichkeit nun dasteht, — ist es, was den echten Denker und Künstler beglückt. Dies zu erreichen, war sein Ziel, — und begreiflich, daß er durch sein *Beteiligtsein an dessen Schaffung* mit dem erreichten Ziel *besonders innig verbunden ist,* — wie der gute Musiker erst im eigenen Spiel die Verbundenheit zwischen sich und dem Musikstück so eng erlebt, daß ihm ein höheres Glück daraus erwächst, als wenn er das Meisterstück als bloßer Zuhörer in sich aufnimmt. Aber der Gedanke, daß gerade er es ist, der erkennt und schafft, und der darin liegende Leistungsehrgeiz ist es nicht, wonach er strebt und was ihn glücklich macht, sondern *das Erleben des erreichten,* des geschaffenen Zieles als solchen ist es ganz und gar. Der Gedanke an sich selbst ist ihm im Augenblick der Zielverwirklichung überhaupt fremd.

Anders beim Leistungsehrgeizigen: ihn beglückt, daß ihm, ihm, die Leistung gelungen ist, — er denkt nicht nur an die Leistung als solche und nicht nur die Realisierung ihres Wertes ist sein Ziel, sondern das Bewußtsein, daß er, gerade er es ist, der sie hervorgebracht hat. — Gewiß, er steht schon hoch über dem bloß nach äußerer Anerkennung der Umwelt Strebenden; — und doch ist Selbstsucht auch noch im Leistungsehrgeiz, — eine Selbstsucht, die nicht zu sein braucht, und die in den höchsten schöpferischen Leistungen auch gar nicht vorkommt, *weil sie dem reinen Schöpfungsvorgang heterogen ist.*

Neid und Schadenfreude

Nicht anders als beim äußeren Ehrgeiz — ist es schlecht bestellt mit Selbstbewertung und unmittelbarem Werterleben auch beim *Neid:* Wer die Vorzüge seines Lebens, seiner Fähigkeiten und seines Strebens *als solche einzuschätzen und zu genießen weiß,* den gehen die vielleicht reichlicheren Vorteile und Vorzüge des Anderen nichts an, — er wird dadurch weder glücklicher noch unglücklicher. Wer aber sein eigenes Dasein *nur im Licht des Daseins Anderer, nur ‚im Vergleich‘* zu beurteilen weiß, dem geschieht das Merkwürdige, *daß sein Glück, seine Klugheit, ja selbst seine moralische Wertigkeit steigen, wenn die der Anderen sinken.* Und soweit er sich selbst mehr liebt als die Anderen, muß er ihnen, — besonders wenn ihr Glück, ihre Vorteile und Vorzüge die seinen übertreffen, — ‚ein Absinken wünschen‘! Dem Glücklichen wird er mißgünstig sein und sich über dessen Abgleiten freuen. *Neid* und *Schadenfreude* werden seine Begleiter sein, — ob er sich's eingesteht oder nicht. Nur den, den er mehr liebt als sich selbst, wird er nicht beneiden, — aber Neid und Schadenfreude stehen allzuoft auch schon der Entwicklung der echten Liebe störend im Wege.

Haß

Die beiden sind sogar eine der wichtigsten Ursachen zur Entwicklung des *Hasses.* Ist doch in der Schadenfreude der Keim zu einem solchen schon enthalten. Und die *Mißgunst unter den Menschen* hat in dieser Vergleichseinstellung: ‚Ich — Du‘ — gar oft ihren Grund. Selbst *Grausamkeit* kann hier entspringen, denn je mehr der Andere leidet, gar durch mich leidet, desto höher steige ich ihm gegenüber, desto glücklicher bin ich (!).

Im übrigen ist auch der Haß nicht ein schlechthin letztangeborenes Gefühl, wie es die Liebe ist. Denn die Liebe zum Dasein ist in der Tat im lebendigen Sein selbst enthalten, und ohne Liebe zum Leben könnte das Leben nicht bestehen. Der Haß aber muß — so paradox es zunächst klingt: erst aus der Liebe hervorwachsen. Und das geschieht, *wenn das Mehrgeliebte Störungen und Hindernisse und Gefahr erfährt vom weniger Geliebten.* Dann reagiert das Ich mit Abweisung des weniger Geliebten — bis zu dessen Vernichtung im Haß. Und das oft Meistgeliebte — ist das liebe Ich. Und der Feind bedroht es, der Konkurrent überflügelt es, — wie soll sich da nicht Abweisung bis zum höchsten Grade des Hasses entwickeln? — Nur wenn die Liebe und die Liebesbevorzugung in anderer Verteilung auftreten, als eben geschildert, kann Haß durch Liebe nicht *erzeugt,* sondern *besiegt* werden. Es ist dies die höhere Stellungnahme, nicht einer Konkurrenz zwischen Ich und Du, sondern der Liebesbeziehung der umgebenden Welt und den anderen, zunächst ich-fremden Menschen gegenüber (bis zum Widersacher und Feind!), welche den Haß in seinem Wesen unmöglich macht. — Wir fragen hier nicht danach, ob dieses Verhalten *menschenmöglich* ist, auch nicht einmal danach, ob es *gut* ist (denn das ist Sache der Ethik), sondern zeigen nur vom rein psychologischen Standpunkt auf, in welcher Weise der Haß entstehen kann, und wie er vergehen muß.

Selbstgefühl und Hochmut

Daß sich der Mensch die Hassesregungen seiner Seele und deren Hintergründe nicht gerne einbekennt, ist nur natürlich: sie sind gar zu beschämend für sein Wesen, zu sehr drückend für sein *Selbstgefühl.* Dieses Wort wird im allgemeinen im positiven Sinne des *Selbsthochgefühles* gebraucht und dieses wird nicht selten nicht durch den Selbstwert als solchen, sondern durch das Wunschdenken erzeugt. Sich selbst im Hochglanz von Vorzügen und

Fähigkeiten zu fühlen ist begreiflicherweise erwünscht und angenehm, — denn jeder Mensch trägt irgendwelche Wertbilder in sich, denen er nachstrebt. Erfülltes Streben bringt Befriedigung, und wenn dem Menschen schon der Schein eines solchen genügt, so verfällt er leicht dem Einfluß der *Schmeichelei.* — Aber selbst die wirkliche Anerkennung, der Ruhm der Mit- und Nachwelt bringt nur die äußere Bestätigung dessen, was jeder Mensch *eigentlich* in seiner Tiefe sucht: das ist die *eigene* befriedigende Wertung, die Selbstwertung, — denn *nur weil durch das Urteil der Welt die eigene Hochschätzung erzeugt oder bestätigt wird,* sucht der Mensch den Ruhm. Ja, er geht manchmal so weit, daß ihm das fremde Werturteil das eigene ersetzt oder es doch eindeutig bestimmt. Zum eigenen aufrichtigen und unerschütterlichen Urteil über sich selbst zu gelangen, ist schwer und oft ‚gar nicht erwünscht': Denn der Mensch kennt von sich selber gar manches, was er vor Anderen verbirgt. Und so strebt er in Ehrgeiz und Ruhmsucht nach dem günstigen Urteil der Anderen.

Wer aber zu einem eigenen aufrichtigen und tiefbegründeten Werturteil über sich selbst vorgedrungen ist, das durch fremdes Urteil nicht mehr verändert werden kann, dem kann dieses zwar immer noch bedeutsam sein als ein soziales Bindemittel zwischen ihm und Umwelt, zwischen seiner Psyche und der Psyche seiner Mitmenschen, das ihn erfreut, wenn es positiv ausfällt, und betrübt, wenn es abweisend ist, so wie Freundschaft verbindet und Feindschaft trennt und den Menschen in die Einsamkeit treibt, — aber die, letzten Endes verächtliche Nuance der ‚Ehrsucht' hat es nicht mehr. Es bleibt nur das *echt soziale Gefühl von Mensch zu Mensch darin bestehen.*

Minderwertigkeitsgefühl

Der ‚*Eingebildete*' kann ein objektiv nicht berechtigtes und nur durch Mangel an Kenntnis fremder Werte, ja durch Unkenntnis dessen, was dem Menschen überhaupt erst den wahren Wert verleiht, bedingtes eigenes *Hochgefühl* oder gar *Überheblichkeitsgefühl* besitzen. Sowie derjenige *keine Demut* kennt, *dem die höchsten Seinswerte überhaupt unbekannt geblieben sind,* — mit denen verglichen alles, was ihm eigen ist, nichtig und unzureichend erscheint. — Aber sehr oft ist Einbildung *(Blasiertheit)* nur die äußere Haut einer Seifenblase, die gerade deswegen so sorgsam behütet wird, weil dahinter keine Substanz steht, sondern Leere gähnt. Daher die Verletztlichkeit des unechten Hochgefühles des Überheblichen. Und zwar soll die glitzernde Schale nicht allein die Augen der Umgebung, sondern (und vor allem!) das eigene Ich blenden.

Und dahinter kann der *Minderwertigkeitskomplex* um so tiefer sitzen, je mehr er durch das gemachte Selbstwertgefühl verdeckt werden soll. Gewiß, es gibt Menschen, die unternormal begabt und talentiert sind. Die Selbsterkenntnis dieses Mangels kann nicht anders als schmerzlich sein, — denn ein jeder strebt nach Fähigkeit und Leistung. Aber wer die Willenskraft und Entschlossenheit besitzt, sich diesen Mangel einzugestehen, — der ordnet sich seinem Können entsprechend ins Leben und in die menschliche Gesellschaft ein und strebt nicht ‚über sich selbst hinaus'. Er braucht dann nicht am Minderwertigkeitskomplex zu leiden, sondern er hat die schmerzliche Erkenntnis aufgenommen und kann sich in Selbstüberwindung und unter innerer, aber vorübergehender Qual damit abfinden. Und dabei vollbringt er eine Großtat, — denn er hat die Wahrheit, unter den schwierigsten Umständen höher gehalten als den Reiz der eigenen Befriedigung durch Selbstbetrug, — was nur wenige der leistungsfähigen und talentierten Menschen können, denen er sich nachgestellt hat. — Gerade der innere Gegensatz zwischen den Ansprüchen des Menschen an sein Tun und Können, an seine Befähigung und Talentiertheit und seiner wahren Beschaffenheit erzeugt den (oft nicht einbekannten) Minderwertigkeitskomplex. Der wie alles auf ‚unechter Grundlage' Aufgebaute letzten Endes mehr Qual als Freude bringt und nur durch mutiges Einbekennen zu überwinden ist. Und der normale Durchschnittsmensch hat es darin leichter als der Benachteiligte.

Aber der Minderwertigkeitskomplex des Melancholikers ist anders begründet: Herrscht die Neigung vor, alles schwarz zu sehen, so überträgt sie sich leicht auch auf die eigene Beschaffenheit, — besonders wenn gleichzeitig die Kraft der Selbstbehauptung fehlt oder nachläßt. Man erscheint sich selbst in dem trüben Licht, welches die ganze Welt verdüstert. — Und während hier die Heilung im Ursprung und in der Aufhebung dieses allgemeinen trüben Lichtes gesucht werden muß, ist es beim mehr ‚persönlich' begründeten Minderwertigkeitskomplex, wie er oben besprochen wurde, gerade die Aufdeckung und Behebung der persönlichen Note, die Entfachung der Entschlußfähigkeit zur Selbstüberwindung und Selbsterkenntnis, was zur Auflösung des Minderwertigkeitskomplexes führen kann.

Freude, Fröhlichkeit, Heiterkeit — Trauer, Traurigsein, Niedergeschlagenheit

Gewiß muß unterschieden werden zwischen mehr allgemeinen, stimmungsmäßigen Gefühlszuständen, deren auslösende Objektursachen nicht ebenso im Bewußtsein als bestimmte *Gefühlsobjekte* vorhanden sind, wie dies bei ‚Freude *über etwas*' und ‚Trauer *um etwas*' der Fall ist. *Fröhlichkeit* scheint eine solche ‚Charakteranlage' zu sein, ebenso *Heiterkeit* auf der positiven — Traurigsein und Niedergeschlagenheit auf der negativen Seite. Aber wir hörten schon, daß auch die Charakteranlage sich während der Entwicklung der Persönlichkeit ausbildet, und es wäre physiologisch gedacht, wenn man für die Vollendung der Charakteranlage nur das zentrale Nervensystem und gar nicht die Seele selbst und *deren Reaktion auf die mehr oder weniger harmonisch sich gestaltenden Entwicklungsvorgänge und deren Beeinflussung durch die Umwelt* im Auge behielte. Und in diesem Sinn ist auch *Fröhlichkeit* eine Reaktion auf bestimmte, dauernde ‚Objektursachen', die schon *zur Entwicklungszeit des Lebewesens* auf es einwirkten und so ein ‚fröhliches Lebewesen' hervorbrachten. — Es wird dies noch handgreiflicher an der Charaktereigenschaft der *Heiterkeit*. Denn hier kann man oft derjenigen Gründe noch habhaft werden, welche sie hervorbringen. Offenbar ist Heiterkeit mit Fröhlichkeit zwar verwandt und doch auch von ihr wesensverschieden. Fröhlich kann auch ein untermenschliches Lebewesen sein; Fröhlichkeit ist einem gesunden, ‚zufriedenen' (dessen Bedürfnisse also befriedigt sind oder werden) jungen Hund in der Regel in geradezu auffälliger Weise eigen. *‚Heiter'* kann er nicht sein, denn Heiterkeit entsteht aus einer höheren Anlage und spiegelt nur sie im Erleben des Menschen wieder. Heiter kann ein Philosoph sein, dessen Grundstimmung aus seiner tiefsten Erkenntnis herausquillt, wie sie z. B. Briefe des *Epikur* vor seinem Tode bezeugen, und die ihm jene unverrückbare beglückende Lebens- und Seinsauffassung gab, die seine Heiterkeit bedingte.[1]) Heiter kann der religiöse Mensch sein, der über alle Beschwernisse des Lebens grundsätzlich erhaben ist, — ihm fließt von der Höhe seiner Weltauffassung unversiegbare Heiterkeit zu. Nicht sein leiblicher Hunger zeigt sich darin befriedigt; Heiterkeit ist die Befriedigungsart der höchsten Belange seines Wesens. Er weiß die Welt (trotz allem!) in der Weisheit, Güte und Allmacht Gottes gegründet und sein eigenes Schicksal ‚in Gottes Hand'. In Verehrung, Bewunderung, Entzücken und Demut neigt er sich vor dem Höchsten im Moment des religiösen Affektes; und die höchsten Augenblicke seines Lebens strahlen die *dauernde Heiterkeit* auf sein ganzes Leben aus. Heiter ist der *Staretz Sossima* in *Dostojewskijs* ‚Brüder Karamasow' — auch noch in seinen Sterbestunden. — Die *Art des menschlichen Glückes* ist so verschieden, wie der Mensch selbst und wie es die Bedürfnisse sind, nach deren Befriedigung er strebt.

---

[1]) Epikuros (Nachsokratiker I, Nestle) ‚Das schauerlichste Übel, der Tod, geht uns somit nichts an, weil, solange wir sind, der Tod nicht da ist; ist er aber da, so sind wir nicht mehr' (Brief an Menoikeus). ‚Einen glücklichen und zugleich den letzten Tag meines Lebens verbringend schreibe ich euch dies. Die Harn- und Ruhrbeschwerden haben einen solchen Grad erreicht, daß sie nicht mehr heftiger werden können. All diesen Schmerzen aber hält die Waage die Freude meines Herzens über die Erinnerungen an die von uns geführten Unterhaltungen.' (Brief an Idomeneus.) ‚Es ist etwas Edles um eine fröhliche Armut.' (105.) ‚Sonnige Heiterkeit (?) umtanzt die Welt und ruft uns alle zur Glückseligkeit.' (Also sprach Epikuros: 52.) — Ähnlich bei Sokrates vor seinem Tode.

Entsprechendes gilt natürlich vom Unglück des Menschen. *Franziskus von Assisi* preist die Armut und stürzt sich glückselig in ihre Arme; in Monte Carlo steht ein Felsen unter besonderer Bewachung, da die verlustreichen Spieler ihn zum Sprung in den Tod oft wählen: ohne Geld kein Glück, kein Leben.

Das Traurigsein des Melancholikers ist scheinbar grundlos, ist eine Art Stimmung (wie die Fröhlichkeit des Sanguinikers). Aber der Verlust des Geliebten *macht traurig, bringt Kummer ‚um einen bewußten Grund*', — und fällt der Grund weg, so mit ihm auch selbstverständlich der durch ihn bewirkte Kummer.

Verzweiflung haben wir als *völlige Hoffnungslosigkeit* kennen gelernt. Bezieht sich die Hoffnungslosigkeit auf das Erhalten oder Gewinnen *des höchsten Lebensgutes*, so verliert das Leben selbst für den Verzweifelten seinen Wert, — nur das Nichtsein, Nichtmehrsein ist Rettung vor der Verzweiflung.

Zorn und Ärger

Sie sind nicht gleich, obwohl sie beide zur Gruppe der *Unlustaffekte* gehören. Beide können schon *in der Disposition des Menschen* enthalten sein, — es gibt zu Ärger geneigte Menschen (der Choleriker neigt dazu) und zornmütige Menschen (wie es böse Hunde gibt). — Doch kann der zu Ärger Geneigte auch ein nur ‚verärgerter Mensch' sein, und wer weiß, inwiefern nicht auch der Zornige in der Tiefe seiner Entwicklung nur ein fürs Leben Verärgerter ist! — Gewöhnlich aber besitzen Zorn und Ärger einen *unmittelbar bewußten Grund*, — der sogar im eigenen Ich liegen kann, denn man kann zornig oder ärgerlich sein auch über sich selbst. — In der Regel aber ist es ‚der Andere'. Wird der Zorn durch eine böse Tat des Anderen hervorgerufen oder gar durch seine allgemeine Bosheit oder Schlechtigkeit, wird nicht selten geradezu vom *‚heiligen Zorn*' gesprochen. Und daran schon merkt man den Unterschied zum Ärger, der in Verbindung mit ‚heilig' gewiß nie gebraucht wird. Verärgert kann man sein auch durch eine Kette widriger Umstände; das eigentliche *Objekt des*

Zornes aber ist der Mensch. Einem Tier, einem Hund kann man ‚böse' sein, nicht eigentlich über ihn zornig sein, — es sei denn, daß man ihm schon ein gewisses Verständnis für Gut und Böse zuspricht. Zorn und Ärger haben einen verschiedenen Gegenstand, — und dementsprechend ist auch die in ihnen enthaltene Reaktionsart verschieden: Im Ärger ist mehr Unlust und *Mißmut* enthalten und *weniger Kraft des Angriffes* als im Zorn. Der Verärgerte wird sich an dem seinen Ärger Verschuldenden eher auf Umwegen rächen als ihn zum offenen Kampf fordern. Der Ärgerliche ist eher mit dem Gallenleidenden zu vergleichen, der Ärger ‚schmeckt bitter'. Der Zornige dagegen ‚sieht rot'. — Auch schon der gewöhnliche Zorn vermindert die ‚abgeklärte Überlegung' des Zornigen. Erreicht er aber den höchsten Grad, so richtet er sich blind gegen alles dem Zornigen Entgegenstehende, er wird zum ‚blinden Zorn', zur *Wut,* zur *Raserei.* In der Vernichtung als solcher muß er sich entladen, — wie ja auch schon jeder starke Zorn nach Entladung drängt — die sich mit ausgesprochenen Lustgefühlen verbinden kann.

Entrüstung steht dem Zorne nahe, besonders wenn der Zorn auf moralischem Gebiet auftritt und durch eine verwerfliche Tat oder Gesinnung ausgelöst wird. Entrüstung ist ihrem inneren Wesen nach ‚sittliche Entrüstung', ist die Verwerfung und Verurteilung des verwirklichten Bösen und seines Urhebers, — mit der sich leicht die Tendenz verbindet, den Täter *zu bestrafen,* sich an ihm *zu rächen.* Die zornmütige Entrüstung fordert schlechterdings die Vernichtung des Urhebers des Bösen. Noch ein Schritt und sie verwandelt sich in *echten Haß.* Die Frage, ob sie damit auch noch eine sittlich anzuerkennende Verhaltungsweise bleibt, — gehört nicht mehr ins Gebiet der Psychologie.

Abscheu und Ekel

Abscheu und Ekel seien hier erwähnt, weil sie einen ganz eigenartigen, unter Umständen höchst unlustvollen Gefühlszustand bieten, — der manchmal der Unlust des Schmerzes nicht nachsteht, — und dennoch eine so ganz andersartige Qualität aufweist als der Schmerz. Ekel schließt sich vor allem *an bestimmte Sinnes-Empfindungen* (so besonders ausgesprochen an Geruchs- und Geschmacksempfindungen) an. An die beiden Sinne also, die mit der Nahrungsaufnahme in engster Beziehung stehen. So wie er auch durch den Zustand der Verdauungsorgane hervorgerufen werden kann. — Aber Ekel und Abscheu können auch *ethischen* (ja auch aesthetischen) Ursprunges sein, — so wenn sie z. B. durch ‚bodenlose Gemeinheit' hervorgerufen werden. Ihre Tendenz besteht aber im Gegensatz zu Entrüstung und Zorn, weniger im Angriff als in Abwendung und Flucht. Wie man bei ekelhaftem Geruch die Nase zuhält, möchte man auch bei sittlichem Abscheu und Ekel die Augen schließen und nichts mit dem Abscheu erregenden Tatbestand zu tun haben.

Angst, Furcht, Schrecken, Grauen, Entsetzen

Wie überall bei der Beschreibung der Gefühle kann man auch hier mehr stimmungsmäßig, also gleichsam objektlos erlebte Gefühle von den klar auf ein bestimmtes Objekt gerichteten Gefühlen unterscheiden. *Angst* scheint in ihrer Unbestimmtheit mehr zur ersten Gruppe zu gehören, *Furcht* (z. B. vor einem bösen Hund) zur zweiten. Doch gilt auch hier, daß scheinbar objektlos stimmungsmäßige Angst bei der Tiefenanalyse nicht selten auf ihre Grundursache, d. h. auf jenes Objekt, auf jenes Erlebnis zurückgeführt werden kann, von dem sie ausgeht.

Die oben gegebene Reihung entspricht einigermaßen *der Intensität* des Angsterlebens, — das eine so große Rolle im Dasein fast alles Lebendigen spielt. Genauere Analyse des Erlebens weist aber nach, daß sich nicht allein die Intensität, sondern auch die *Qualität* des Erlebens dabei ändert. Angst kann auch der Zahnarzt seinen Patienten in hohem Maß einflößen; *Grauen* aber kann man wohl vor einem Gespenst, nicht aber vor dem Zahnarzt im weißen Doktorkittel erleben. — ‚*Schreck*' ist nie eine Stimmung, sondern ein momentaner Affekt, der die Funktion des ganzen Organismus aufs tiefste beeinflussen kann. Nicht umsonst wählt

Franz Moor dieses Mittel, um den alten Moor umzubringen, — wenn es in diesem Fall auch nur ein ‚Gespenst' war, welches den tödlichen Schreck auslösen sollte.

Achtung — Verachtung

Verachtung ist das rein ethisch bedingte Verhalten gegenüber dem Urheber unsittlichen Tuns: Man wird darin zum Sittenrichter und schaut auf den Vertreter der Sittenlosigkeit von der Höhe seiner Sittenwarte herab. Ob darin nicht schon Selbstüberhebung, Pharisäertum und damit ein Verlust der rein ethischen Stellungnahme liegt, sei hier nur zur Frage gestellt. — *Achtung* vor sittlicher Größe, die sich zur *Verehrung* und *Bewunderung* emporwachsen kann, hebt die beiden Stellungnahmen: Achtung und Verachtung so sehr in eine besondere Kategorie des Erlebens empor, daß *Kant* der Überzeugung war, daß sie nichts mit profanen Gefühlen der Lust und Unlust zu tun haben. Und er hat nicht Unrecht, wenn allgemein die Tatsache berücksichtigt wird: daß *jedes Gefühl erst durch sein Objekt sein besonderes Wesen bekommt,* — wie wir dies S. 120 ff. vertreten hatten.

12. Persönlichkeit, Typus, Charakter, Temperament

Was wir bis dahin darstellten, war die menschliche Seele in ihrer Grundstruktur und ihren wichtigsten Grundeigenschaften, wie Aufmerksamkeit, Fühlen, Wollen, Denken. Gehen wir aber darauf aus, nicht die Seele als solche, sondern die *besondere Beschaffenheit einer bestimmten Seele* und *ihre Eigenheiten gegenüber anderen Seelen* kennen zu lernen, — so stehen wir vor einer ganz anderen Aufgabe: Schon aus dem Früheren (s. S. 42 f.) wissen wir, daß eine Bestimmung des Besonderen nicht ‚an sich', sondern nur durch Vergleich mit anderem stattfinden kann. So kann die Eigenart von Rot nur demjenigen voll entgegenleuchten, der auch Grün, Blau und Gelb kennt; die Eigenart der

Farbigkeit nur demjenigen, der auch Farblosigkeit (Weiß und Schwarz) kennt usw. Mit anderen Worten, man muß das ‚Andere' kennen, um die Eigenschaften des ‚Dieses' durch Gegenüberstellung erfassen zu können. Angewandt auf die Erfassung der Einzelpersönlichkeit bedeutet das, daß man die Eigenart des Einzelmenschen (sei es auch der Urteilende selbst!) nur richtig beurteilen kann, wenn man auch andere Menschen eingehend kennt, — so daß der Einzelne den Anderen gegenübergestellt und erst dadurch in seiner besonderen Eigenart eindeutig erfaßt wird. So wie die Fremderkenntnis — Selbsterkenntnis voraussetzt, so gilt auch das Gegenteil. — Habe ich ein gutes Gedächtnis? Es ist ‚gut', wenn seine Leistungen gegenüber den Durchschnittsleistungen Anderer hoch sind; wenn keine Krankheit, Übermüdung oder Altersschwäche es gegenüber seinem *Normalzustand* herunterdrückt. — Und so gilt *der Vergleich* bestimmend für *alle* individuellen Eigenschaften.

Wir wissen, man kann ein tiefer Menschenkenner sein, ohne jemals die ‚wissenschaftliche Psychologie' studiert zu haben (siehe die großen Dichter der Vergangenheit). In regem Verkehr mit den Mitmenschen und vor allem mit sich selbst, bei in die Tiefe gerichtetem Blick und dem angeborenen Verständnis für die Grundprobleme und Eigenschaften der menschlichen Seele — *wird* der große *Menschenkenner,* wie ihn die Weltliteratur in den großen Einzelerscheinungen der Dichter und Seher zeigt, wie ihn die Geschichte in großen geistigen Führern den Völkern zuteil werden läßt, und wie ihn die Religionsgeschichte als Stifter großer Religionen kennt. Und es entsteht die Frage, ob diese überlegene Menschenkenntnis auf einzelne Auserwählte für immer beschränkt bleiben muß, oder ob die psychologische Wissenschaft jedem normalen, klug und offen in die Welt blickenden Menschen hilfreich sein kann, seine durchschnittliche Menschenkenntnis zu erweitern und zu vertiefen. Denn mit der durchschnittlichen, normalen selbsterworbenen Menschenkenntnis ist es im allgemeinen nicht besonders weit her. Das zeigen z. B. wissenschaftliche

Versuche, in denen Lehrer, Erzieher, Studenten und absolvierte Akademiker vor die Aufgabe gestellt wurden, ein in Wirklichkeit *ganz zufällig* entstandenes Charakterbild, *das aber dem Prüfling als sein eigenes in psychologischen Versuchen erarbeitetes Charakterbild vorgelegt wurde*, auf seine Richtigkeit zu prüfen. Die Prüfung ergab weitgehende Übereinstimmung des Zufallsbildes mit der eigenen Selbstbewertung des Prüflings! So sehr war der Prüfling über die Selbstbewertung im Unklaren und Unsicheren, daß er sich durch die Versicherung des Psychologen vom psychologischen Wert des scheinbar auf ihn abzielenden Charakterbildes bestimmen ließ, daran weitgehende Übereinstimmung mit seinem Charakter anzuerkennen, — wo in Wirklichkeit bloß Zufallsbeziehungen herrschen konnten![1]) Dies soll nur als ein Beispiel dafür dienen, daß eine wissenschaftliche Durchleuchtung und eine experimentelle Prüfung des Charakters nicht unerwünscht erscheinen. An diese Durchleuchtung wollen wir nun schreiten. Wobei nicht vergessen werden soll, daß auch die beste Typenlehre nur bis zur *Bestimmung des Typus* und nicht bis *zur Individualität* des Prüflings gelangen kann. Diese wird immer der Einfühlung und der ‚künstlerischen Leistung' des Menschenkenners vorbehalten bleiben! Die Wissenschaft kann die ins Individuelle gehende schöpferische Leistung des Dichters nicht ersetzen, sondern nur die gröberen Fehler der Durchschnittsbeurteilung ausmerzen und den Beurteiler instandsetzen, annähernd richtige Typenbeurteilung durchzuführen. Aber auch das kann, wie die Praxis zeigt, von großem Wert für den Prüfling sowie für den Beurteiler sein. — Für den letzten, ins Individuellste hineinführenden Schritt muß der Beurteiler jenes ‚Gefühl' besitzen, das nicht jedem gegeben ist, und das sich durch Übung und richtige Einstellung zu erringen, jeder praktische Psychologe bestrebt sein muß. Die besten Urteile

[1]) R. Meili, Lehrbuch der psychologischen Diagnostik, S. 25 f. und S. 239. Hinzugefügt muß allerdings werden, daß bei der Aufstellung des Zufallsbildes darauf geachtet wurde, daß die extremen Bewertungsurteile von den mehr neutralen überwogen wurden.

werden doch vom Fingerspitzengefühl oder vielmehr von dem feinen psychologischen Einfühlungsvermögen des Urteilenden in das besondere Wesen der individuellen Gesamtpersönlichkeit des Anderen abhängen.

Die Ausdrücke der Umgangssprache entstehen nicht nach systematischer Ordnung der ihnen zugehörigen Begriffe und nicht nach einem einheitlichen Prinzip, — wie dies in der Wissenschaft geschieht. Daher können die Inhalte der sich frei bildenden Begriffe der Umgangssprache einander teilweise decken und sich gegenseitig durchkreuzen; die Gesichtspunkte, nach denen sie entstehen, können einander ähnlich und doch auch voneinander verschieden sein. — Dieser Mangel an systematischer Ordnung macht aber die in der Umgangssprache niedergelegten Begriffe nicht etwa wertlos. Ihr Inhalt enthält in der Regel einen echten und oft sehr wichtigen psychologischen Befund. Dennoch stößt ihre wissenschaftliche Verwendung wegen ihrer Systemlosigkeit nicht selten auf Schwierigkeiten. — Dies gilt auch für die vier Begriffe: *Persönlichkeit*, *Typus*, *Charakter* und *Temperament*.

Schon die Frage nach der gegenseitigen Beziehung von ‚Persönlichkeit', und ‚Charakter' wird verschieden gelöst. Manche Psychologen setzen beide Begriffe einander gleich; für andere enthält der Begriff ‚Persönlichkeit' zum Teil mehr, zum Teil andere Wesensmerkmale als ‚Charakter'. Das gilt offenbar auch für den hier vertretenen Aufbau der Psychologie. Den Persönlichkeitsbegriff faßten wir im weitesten Wortsinn, — durch ihn sollte die lebendige Seinseinheit (der Strukturzusammenhang) aller psychischen Eigenschaften des Menschen umfaßt werden. So z. B auch seine *Intelligenz* und ihre individuelle Prägung. Denn zweifellos gehört auch die individuelle Beschaffenheit der Intelligenz zu den wesentlichsten Merkmalen der Persönlichkeit. — Daß auch der Charakter des Menschen von dessen Intelligenz beeinflußt werden kann, steht zwar außer Frage, — wie ja alles sich innerhalb der Persönlichkeit gegenseitig beeinflußt und bedingt.[1]) Aber dennoch gehört die Intelligenz als solche nicht ebenso zum eigentlichen Charakterbild wie z. B. Eigensinn, Reizbarkeit, Wagemut oder Ängstlichkeit.

Oft wird der Begriff des *Charakters* auch mit Hervorhebung der im Wesen des Charakters liegenden positiven Grundeigenschaften *wertend* gebraucht. ‚Er hat Charakter' bedeutet dann, daß der Beurteilte „kein charakterloser Waschlappen" ist; daß er ausgesprochene Aktivität und Selbständigkeit in seinem Auftreten und Handeln besitzt; daß er sich nicht jedem äußeren Einfluß beugt und sich von Anderen nicht beherrschen läßt. Ob sein so ‚ausgesprochener' Charakter auch ein ‚guter' oder ‚schlechter' sein mag, — bleibt dabei noch unbestimmt. — Oft wird im Alltag auch das Wort ‚Persönlichkeit' in ähnlichem Sinne gebraucht (z. B. heißt es von einem kleinen Mädchen: „Sie ist schon eine kleine Persönlichkeit"). Danach hängen die beiden Begriffe, Charakter und Persönlichkeit, sofern ihnen beiden positive Wertigkeit zugeschrieben wird, in manchem eng zusammen; und doch unterscheiden sie sich, indem, wie schon gesagt, nicht alle Eigenschaften der Persönlichkeit (z. B. nicht die Intelligenz) auch dem Begriff des Charakters zugehören. Der Begriff *Charakter unterstreicht besonders die Willens- und Triebseite der Persönlichkeit* und bedeutet bei wertender Verwendung auch *Beharrlichkeit, Festigkeit, Sich-Behaupten* in schwierigen Lebenslagen — sämtlich Qualitäten des Willens. — Der Begriff ‚Charakterlosigkeit' wird im Alltag fast immer im abwertenden Sinn gebraucht.

Nach unserem schon eingeführten Begriff der ‚Persönlichkeit' soll er, allgemein verwendet, nichts Wertendes in

[1]) Und sogar ist der Ausdruck ‚beeinflußt und bedingt' nicht innig genug, um die grundsätzliche Einheit der Persönlichkeit auszudrücken, denn er scheint nur die kausale Abhängigkeit zu erfassen zwischen an sich selbständigen Elementen — und damit der atonistischen Phase der Psychologie zu entstammen. Aber weder Intelligenz, noch Charakter, noch Temperament stehen für sich, um aufeinander einwirken zu können; vielmehr sind sie alle nur Teile, die nur *innerhalb der Persönlichkeit als deren ‚Bestandteile' sein und gedacht werden* können. Wobei das Ganze immer mehr, ja etwas ganz Anderes ist als die Summe der Einzelteile.

sich enthalten, sondern nur jene Grundzüge aufweisen, welche die ‚Seinseinheit der Psyche' ausmachen, — auf die wir im Laufe der ganzen Darstellung immer wieder nachdrücklichst hinwiesen. Allerdings enthält diese *Persönlichkeitseinheit* in sich schon *eine höchst bedeutsame Seinserhöhung gegenüber dem ‚stückhaften Nebeneinandersein'* eines bloßen Haufens; *und alle ethischen Werte des Menschen bauen sich erst auf dem Vorhandensein der Persönlichkeit auf.* Ihr Verlust bedeutet das Auseinanderfallen jener Grundlage, die erst das Gute und Böse im Menschen möglich macht. Auch der schlimmste Verbrecher kann eine ausgesprochene Persönlichkeit sein und einen festen Charakter besitzen.

Auch *Temperament* bedeutet Aktivität und einen gewissen Selbsteinsatz, es liegt darin eine Persönlichkeitsäußerung. Aber mehr von *emotionaler* als rein voluntativer Seite. In einer ‚temperamentvollen Rede' setzt sich der Redner für deren Inhalt auch äußerlich ein, er äußert Gefühle, wird von ihnen vielleicht auch selbst mitfortgerissen und wirkt gerade durch sein ‚Temperament' auf die Zuhörer ein. — Erscheint aber die Aktivität des Redners gebändigt durch seinen dem Gefühl übergeordneten Willen, — so fühlt man in seiner Rede mehr Überzeugungs- und Charakterfestigkeit als ‚Temperament'. Auch diese Rede kann eindrucksvoll sein: Hinter ihr ‚steht ein Charakter'. — Das Temperament geht mehr mit dem Menschen durch; sein ‚Charakter' ist dagegen die aktive Artung seines Willens und damit — des Menschen selbst. Jähzorn, Begeisterungsfähigkeit, rasches Hingerissensein für dieses oder jenes Ziel, unter Umständen aber auch ein rasches Nachlassen der Begeisterung, — gehören in den Wirkungskreis des Temperamentes. ‚Temperamentlosigkeit' grenzt an Gleichgültigkeit. Ein starkes Temperament ‚kocht' und sprudelt, während Temperamentlosigkeit mit dem ruhig dahinfließenden oder gar stehenden Wasser vergleichbar ist.

Sehr glücklich ist von manchen Charakterologen der Ausdruck *affin* für die zwischen manchen Eigenschaften des Temperamentes, Charakters und Typus bestehende Beziehung eingeführt worden: Bestimmte Charaktereigenschaften und Typen treten nicht selten zusammen auf oder schließen sich gegenseitig aus. Und das gilt auch für ihre Beziehung zum Temperament und auch für die einzelnen Charakterzüge untereinander. So zeigt der Zyklothyme nicht selten starke Impulsivität, während der Schizothyme oft temperamentlos erscheinen kann. — Aber wie das ruhig dastehende Wasser dennoch Tiefe und Kraft besitzen kann, so verbirgt sich hinter dem temperamentlosen Äußeren manchmal reges Innenleben und ein zäher, willensstarker Charakter, während das starke Temperament nicht zugleich auch Charakterstärke in sich zu enthalten, Temperamentlosigkeit nicht gleich Charakterlosigkeit zu sein braucht. *Temperament ruht mehr auf der nach außen leicht durchbrechenden Gefühls-, Charakter mehr auf der Willensseite des Menschen.*

Und wieder ein anderes Einteilungsprinzip liegt dem Begriff des *Typus* zugrunde. Es gibt Menschen, deren Erinnerungsvermögen für *visuell* empfangene Eindrücke viel besser ist als für Gehörtes; und Menschen, die Gehörtes besser behalten als Gesehenes. Auch die *Beachtung* der Wahrnehmungen kann mehr akustisch oder visuell gerichtet sein, und so auch die Beherrschung des visuell oder akustisch Aufgefaßten: Die einen können Aufgaben aus der darstellenden Geometrie oder Stereometrie leicht anschaulich in der Vorstellung lösen, die anderen überhaupt nicht. Das hat mit Charakter oder Temperament sicherlich unmittelbar gar nichts zu tun. Und dennoch wird die Eigenart der Persönlichkeit dadurch weitgehend verschieden bestimmt. Sowohl für die Wahl des Berufes (der Chirurg muß sich die innerhalb der Haut liegende unsichtbare Körperstruktur visuell anschaulich genau vorstellen können, bevor er seinen Operationsschnitt führt — ein ‚reiner Akustiker‘ vermag dies nicht) als im Alltag bei Zeugenaussagen usw. kann dieser Persönlichkeits*typus* große differenzierende und bestimmende Bedeutung erlangen. — Alle diese Eigenschaften haben mit Charakter, mit der emotionalen oder voluntativen Sphäre als solcher unmittelbar nichts zu tun. Keiner der verschiedenen Typen ist an sich besser oder schlechter. Und dennoch sind sie außerordentlich verschieden voneinander. Hier und in allen ähnlichen Fällen ist es richtig, die Begriffe Temperament und Charakter ganz beiseite zu lassen und den dritten Begriff: ‚Typus' einzuführen. Wobei nicht zu vergessen ist, daß eine affine Beziehung zwischen Typen- und Charaktereigenschaften sehr wohl bestehen kann. So zeigt sich, daß der Extravertierte im allgemeinen einen mehr sozialen und häufig jovialen Charakter besitzt, während der Introvertierte nicht selten seine Ziele beharrlicher und unentwegter verfolgt, — alles Eigenschaften, welche die voluntative und emotionale Sphäre treffen und zweifellos charakter- und temperament-bestimmend sind.

Zusammenfassend lassen wir nun auf Grund des Dargelegten eine Charakteristik der drei Begriffe in ihren gegenseitigen Beziehungen folgen:

Charakter ist das einheitliche Insgesamt der aktiven Sphäre eines Menschen, — wobei die Trieb- und Willensanlage gegenüber den Gefühlen im Vordergrunde steht und der Intellekt nur soweit mitspricht, als auch er zur Gesamtpersönlichkeit gehört.

Temperament ist das einheitliche Insgesamt der aktiven Sphäre eines Menschen, — wobei die *Gefühle* gegenüber der Trieb- und Willensanlage im Vordergrund stehen, und der Intellekt ebenfalls nur soweit mitspricht, als auch er zur Gesamtpersönlichkeit gehört.

Typus ist das lebendig-einheitliche Insgesamt einer Persönlichkeit, welches sie in wesentlichen Belangen mit großen Gruppen anderer Persönlichkeiten derselben Art einerseits verbindet; andererseits sie von Vertretern anderer Gruppen wesentlich verschieden sein läßt. Wobei das *Einteilungsprinzip der Gruppen ihnen allen einheitlich übergeordnet sein soll,* so daß sich eine *berechtigte Nebenordnung* der Gruppen ergibt, — wie dies z. B. mustergültig bei den verschiedenen Farben — nach dem identischen Prinzip der *Farbigkeit* ‚rot, grün usw.' geschieht; und nicht etwa

Farbigkeit, Intensität und Gestaltetheit als Einteilungsprinzipien durcheinander verwendet werden. Natürlich können auch mehrere, untereinander mehr oder weniger und sogar sehr verschiedene Eigenschaften, welche aber oft zusammen vorkommen, zueinander ‚affin' sind, *in ihrer Gesamtheit zum Einteilungsprinzip gemacht werden.*

In diesem Sinne hat *Kretschmer* in seinem Werk ‚*Körperbau und Charakter*' uns mit seiner Einteilung in Zyklothyme (Pykniker) und Schizothyme (Leptosome) eher *Typen* als Charaktere vor Augen gestellt. Denn die von ihm zum Typus zusammengefaßten psychischen Eigenschaften gehen über das Gebiet des Charakters als eines voluntativ-emotionalen Faktors weit hinaus. Was auch durch Arbeiten von *Kroh* und *Pfahler* bestätigt wird, welche als zu den Typen Kretschmers gehörig auch noch andere Eigenschaften fanden, die nicht ohne Zwang in den Begriff des Charakters aufgenommen werden können. So z. B. die größere Bedeutung der Farben für den Zyklothymen und der Formen für den Schizothymen usw.

Wenn man bedenkt, wie unendlich kompliziert die embryomale Anlage des Menschen sein muß, damit sich im Laufe des Entwicklungsprozesses das Wunder der vollen Menschwerdung vollzieht, wird man darüber staunen, daß nicht mehr Mißbildungen im Endergebnis sich finden, und der ‚normale Mensch' nach der bekannten Glockenkurve die zahlenmäßige Situation so siegreich beherrscht. Und man wird die Abweichungen von der Norm weniger überrascht bestaunen als ihr Auftreten verständnisvoll hinnehmen. Dabei ist hier nicht die Rede von ausgesprochenen Mißbildungen, die sich schon in der leicht sichtbaren körperlichen Form kundgeben, sondern von jenen feinsten psycho-physischen Abweichungen, welche auf der psychischen Seite jene Unterschiede bedingen, welche man als Typus und dann als Charakter des Menschen bezeichnet.

Der Neuling im Gebiet der Charakterologie ist oft dadurch enttäuscht, daß sein Versuch, die Menschen in seiner Umgebung in bestimmte Typen, Charaktere und Temperamente einzuordnen, in den meisten Fällen mißlingt. Die meisten Menschen erweisen sich als durchaus nicht ausgesprochen extra- oder introvertiert, nicht als leptosom oder pyknisch, nicht als hypochondrisch oder maniakalisch usw. Und er kommt daher leicht dazu, die Zulässigkeit dieser Einteilungsarten überhaupt zu bezweifeln. Er vergißt dabei aber die Gültigkeit der erwähnten Glockenkurve zu berücksichtigen, nach der die Verteilung sämtlicher biologischen Merkmale und so auch der Charaktereigenschaften (glücklicherweise!) erfolgt: Die innerhalb homogener Gruppen von der Norm abweichenden Fälle bilden nicht den Hauptprozentsatz der Fälle; ja die ‚typischen' Fälle machen (zum Glück!) nur einen kleinen Prozentsatz aller Fälle aus. Die überwiegende Menge sind die ‚ausgeglichenen Normalmenschen', in denen keines der die Typeneinteilung tragenden Merkmale ‚übernormal' anzutreffen ist. Für die Gültigkeit der Einteilung ist bestimmend und genügt es, wenn die Zahl der Vertreter des untersuchten Merkmales um so mehr sinkt, je extremer das Merkmal ausgesprochen wird, — bis die extremen Fälle selten, die extremsten pathologischen Fälle die am seltensten vertretenen sind.

Die vier Charaktertypen

Und nun erinnere man sich einerseits an die vier alten Charaktertypen (S. 133), den *Sanguiniker*, den *Melancholiker*, den *Choleriker* und den *Phlegmatiker* und andererseits an die S. 126 ff. gegebene Übersicht der Gefühle und ihr Gründen im Gebiet des Begehrens, Strebens und des eigentlichen persönlichen Willens: Weitaus die meisten Gefühle tragen die *Lust-Unlust-Komponente* in sich. Und diese wird *stets aktiviert durch das Erfüllt- oder Unerfülltsein des Wollens* — Wille im allgemeinsten Sinne dieses Wortes verstanden. Es wird also zu erwarten sein, daß ein allgemeines Lebens-Lustgefühl als Grundlage der Persönlichkeit überall dort sich einstellt, wo der allgemeine Lebenstrieb (den wir als der Persönlichkeit zugrundeliegend annahmen) *die ihm entsprechende Befriedigung erfährt.* Der sich daraus entwickelnde Gemüts- (Gefühls-) Zustand wird dementsprechend eine positive, lebensbejahende, freudige Komponente enthalten, welche, gesteigert, den Typus des sowohl seine Gegenwart Bejahenden als seine Zukunft freudig Erwartenden ergibt. Wir haben einen geborenen Optimisten vor uns. Eine *zur manischen Lebensauffassung neigende Natur,* falls sie nicht durch weitere Lebenserfahrungen schon in ihrem frühen Kindesalter in ihren Grundfesten erschüttert und umgebogen wird.

Aber keineswegs immer gelingt es der individuellen Lebensenergie, die Erfüllung ihrer Ansprüche zu erreichen, — sei es, daß sie selbst zu schwach oder zu wenig harmonisch gerichtet ist, um die tausendfältig bedingte Harmonie der angestrebten individuellen Entwicklung zu verwirklichen (das sinnfällige, durchaus nicht immer vorhandene Anzeichen dafür sind die rein körperlichen Mißbildungen); sei es, daß die äußeren Bedingungen, unter denen diese Frühentwicklung sich vollzieht, dem Erreichen des angestrebten Zieles ungünstig und abträglich sind. In beiden Fällen, besonders aber wenn der Lebenstrieb selbst schon schwächlich ist und sich nur mühsam gegen die seine Entwicklung störenden Faktoren erhält und durchsetzt, entsteht die Unzufriedenheit mit der Gegenwart und das mutmaßliche Unbefriedigtsein auch mit der Zukunft. Die natürliche Befriedigungslust der Lebensgrundtriebe ist gestört, der Typus eines Pessimisten, eines *Melancholikers* kündigt sich an. Dabei braucht das Angestrebte und doch nicht voll Erreichte natürlich nicht ins Bewußtsein gehoben zu werden (wie dies z. B. geschieht, wenn der körperlich Entstellte sich seines angeborenen Nachteiles bewußt wird), sondern ganz unmittelbar äußert sich die Schwäche des Lebenstriebes bei der Ungunst der Bedingungen im Unbefriedigtsein des Lebendigen, des Lebens selbst.

Aber dieses Fehlen der natürlichen Befriedigung kann nicht bloß zu einem mehr passiven Hinnehmen der Unbefriedigtheit führen; der Lebenstrieb kann gegen seine (sei sie in der Disharmonie des Lebewesens selbst begründete, sei sie von außen hineingetragene) Benachteiligung *revoltieren.* Nicht nur das durch Benachteiligung bedingte Unlustgefühl, sondern auch die *Revolte* gegen dieses Benachteiligtsein kann sich als Ärger, Zorn, Auflehnung kundtun, — wir haben nicht einen lebensbedrückten Melancholiker, sondern einen tätigen, aber stets leicht verärgerten, leicht aufbrausenden, ‚mit nichts zufriedenen' *Choleriker* vor uns.

Der sog. *Phlegmatiker*, der in seinen Reaktionen stets schwerfällig ist, vom Erleben nicht leicht zum aktiven Entschluß und zur Tat übergeht, kann diese seine Eigenschaft, die ihn vom *Impulsiven* so scharf unterscheidet, dadurch erhalten, daß ihm ausgesprochene Triebe, Strebungen und Gefühle überhaupt fehlen *(Strebungs-Lahmheit).* Aber das ist nicht die eigentlich charakteristische Ursache des Phlegmas, denn dieses Manko ergibt auf der Gefühlsseite mehr Gefühllosigkeit und in der Stellung allem Lebendigen gegenüber Gleichgültigkeit und gar Rohheit als echtes Phlegma. Der Phlegmatiker kann auch tieferen Gemütes sein und starkes Fühlen braucht ihm nicht unbedingt zu fehlen. Typisch für ihn ist die Langsamkeit der aktiven Antwort seiner Natur auf alle sich ihm bietenden Ereignisse und Erlebnisse. Seine Ruhe, die aber nicht durch höher zentrierte Selbstbeherrschung, sondern durch Schwerfälligkeit und Langsamkeit seiner Reaktion bedingt ist, drückt ihm seinen Stempel auf. Leichte Gefühlsansprechbarkeit und rasche emotionelle Stellungnahme (Impulsivität) sind ihm fremd. *Diese Eigenart der langsamen Überleitung vom Erlebnis zur aktiven Stellungnahme* scheint eine letzte Eigenschaft zu sein, die aber nicht unabhängig von rein körperlichen Prozessen ist, wie die Einwirkung der Kastration auf Tiere (Stier — Ochs) und Menschen zeigt (wobei sich allerdings auch ein Teil des allgemeinen, besonders des rein körperlichen ‚élan vital' verliert — daher die Auswirkung bei Tieren noch tiefergreifend als bei Menschen).

‚Körperbau und Charakter' von *E. Kretschmer*

Die besprochenen vier Charaktertypen wurden durch die späteren Untersuchungen zweifellos noch feiner differenziert. Damals konnten vor allem die Beziehungen zwischen sichtbarer oder leicht erkennbarer Oberfläche und dem eigentlich psychischen Geschehen noch nicht hinreichend festgestellt und erfaßt werden. Daher wurden die Typen in erster Linie nach ihren *Äußerungen* aufgestellt und unterschieden. Nun können sich aber ähnliche Äußerungen auf sehr verschiedenartige psychische Grundlagen zurückführen. Die Langsamkeit und Gutmütigkeit des depressiven Zyklothymen drückt etwas anderes aus als die Gutmütigkeit des affektlahmen Schizothymen. Und sieht man genauer zu, so erweist sie sich auch in ihren Äußerungen verschieden gestaltet. — Das Aufbrausen des Zykloiden ist nicht der Jähzorn des Schizoiden. — Auch die Freude an der Natur ist anders beim Zyklothymen und Schizothymen: Der Letzte flieht von den Menschen zur Natur, der Erste strebt zur Natur, wie er auch zu den Menschen strebt. — Der Schizothyme kann äußerst feinfühlend, er kann aber auch stumpf-brutal sein. Hier haben wir das Gegenteil: zwei sehr verschiedenartige Äußerungen trotz des in der Tiefe verwandten Typus. — Vor allem ist auch das In-sich-Gekehrtsein des Schizothymen und die Weltoffenheit des Zykloiden in den vier Charaktertypen nicht mitberücksichtigt. Mit einem Wort, die alte Einteilung ahnt manches richtig, faßt aber zusammen und differenziert noch voreilig und zum Teil mehr von der Oberfläche aus; sie ist gewiß nicht nutzlos, abei sie bedarf einer Vertiefung und größeren Differenzierung.

Während man auf den Begriff *Charakter* die rein ethische Charakteristik von *gut* und *schlecht* anwenden kann, geht das bei dem allgemeineren Begriff des *Typus* nicht. Wir lernten die beiden Typen, extravertiert und introvertiert, schon bei Besprechung der Tiefenpsychologie als die beiden für die tiefenpsychologische Auffassung C. G. *Jungs* bezeichnenden kennen. Zu einer ähnlichen Einteilung kommt *Kretschmer* in seinem ebenfalls von extremen pathologischen Fällen ausgehenden Werk ‚Körperbau und Charakter'. Wobei uns hier in erster Linie interessiert, daß auch die Typen *Kretschmers* gegen die Norm zu zwar immer weniger ausgesprochen werden, aber auch noch in der Normnähe nicht einfach verschwinden, sondern selbst dort noch die Menschen in zwei Hauptlager, der Leptosomen und Pykniker (mit Zugabe des Athletikers, des Dysplastikers und der Mischtypen) scheiden. — Zwar spricht Kretschmer von Körperbau und *Charakter*, aber nach der hier vertretenen Nomenklatur handelt es sich genau genommen mehr um Typus denn um Charakter. — In anschaulicher Weise entwickelt *K.*, wie das ganze Erleben und Reagieren des Zyklothymen und des Schizothymen ganz anders verläuft und auch beim selben äußeren Tun ganz verschieden erlebt wird und durch Außenstehende aufgefaßt werden *sollte.* Was nicht nur für den Psychiater, sondern auch für den Richter von tiefgreifender Bedeutung werden kann. Um dieser Einteilung, sofern sie auch mit der Jung'schen Introversion und Extraversion übereinstimmt, auf den Grund zu kommen, werfen wir wieder einen Blick auf unsere Gefühlstabelle. Da fällt uns auf, daß sich die *beiden Haupteinteilungen der Gefühle* ihrem Inhalt nach gerade dadurch unterscheiden, daß dieser Inhalt *entweder das Ich selbst ist oder das Du* und die Umwelt. Mit anderen Worten, daß sich die im Menschen erweckten Gefühle entweder auf ihn selbst richten oder auf andere Menschen und Objekte der Umwelt. Begreiflich, daß eine Überlegenheit entweder der einen oder der anderen von diesen beiden wichtigen Gefühlsgruppen von größter Bedeutung für die Grundeinstellung des menschlichen Gefühlslebens werden muß und damit auch zur Bildung der beiden Typen ‚introvertiert — extravertiert' von Jung und ‚zyklothym — schizothym' (pyknisch — asthenisch) von Kretschmer führen mußte.

Hier zunächst eine kurze Körperbeschreibung des leptosomen, pyknischen, athletischen und displastischen Typus, wie sie von *Kretschmer* in ‚Körperbau und Charakter' gegeben wird. Das Buch Kretschmers machte nicht allein dadurch starken Eindruck, daß es ihm (bis zu einem gewissen Grade ausgehend von *Kraepelin)* gelungen war, aus der unendlichen Verschiedenheit der Individualitäten bestimmte psychische Eigenschaftsgruppen herauszugreifen, die oft, und, wie es scheint, nicht zufällig, zusammen vorkommen und deren Verwandtschaft wir in Menschen instinktiv fühlen, — ohne uns noch klare Rechenschaft über die tieferen Wurzeln dieser Verwandschaft geben zu können. Dieser Eindruck wurde durch den Nachweis Kretschmers erhöht, daß diese psychischen Eigenschaftsgruppen *zusammen mit bestimmten Körpereigenschaften* vorkommen, — was das ‚nicht zufällige Zusammenfinden' der entsprechenden psychischen Eigenschaften noch wahrscheinlicher macht. Wir müssen also, wollen wir seinen Feststellungen folgen, sowohl den körperlichen als den seelischen Tatbestand kennen lernen, den Kretschmer seinen Typen zugrundelegt. Ihr Zusammenhang drückt sich in folgenden (seither sehr vergrößerten) Zahlen aus: Unter 175 an Schizophrenie und 85 an zirkulärem Irresein Erkrankten fanden sich:

	Schizophrene	Zirkuläre
Leptosomer Körpertypus	**81**	**4**
Athletischer Körpertypus	31	3
Pyknischer Körpertypus	**2**	**58**
Dysplastischer Körpertypus	34	—
Unklarer und gemischter Körpertypus	27	20
	175	85

Zusammenstellungen wurden gemacht von v. Rohden für 3262 Schizophrene und 921 Manisch-Depressive, und von Westphal für 8099 Fälle. Letztere Zusammenstellung folgt hier:

Körpertypus	Schizophren	Man-Depressiv	Epileptiker
	(5233 Fälle)	(1361 Fälle)	(1505 Fälle)
Leptosom	**50,3 %**	19,2 %	25,1 %
Athletisch	16,9 %	6,7 %	28,9 %
Pyknisch	13,7 %	**64,6 %**	5,5 %
Dysplastisch	10,5 %	1,1 %	29,5 %
Unklar oder	8,6 %	8,4 %	11,0 %
gemischt	100,0 %	100,0 %	100,0 %

Folgende Körpereigenschaften wurden dabei zu den drei Körpertypen zusammengefaßt:

	Leptosome	*Pykniker*	*Athletiker*
Kopfumfang	rel. klein	rel. groß	
Verhältnis von Körperlänge und Körpergewicht	überhöht	niedrig	
Brust	flach	(gewölbt)	gewölbt
Schulterbreite	gering	mäßig	groß
Bauch	flach	gewölbt	mäßig-stark
Muskeln	gering	mäßig	stark
Knochenrelief	zart	nicht ausgeprägt	ausgeprägt
Hinterkopf Schädel	steil, eher niedrig	tief, rund, breit	Hochkopf
Gliedmaßen	grazil (Hände, Füße oft kalt, naß)	Hand kurz, breit	kräftig, Hände groß
Fettansatz	gering	reichlich	
Alterserscheinung.	früh		
Winkelprofil	Langnase		
Kinn	gering		stark
Haut	dünn, fettarm, schlaff, unelastisch	reichlicher Fettansatz	derb, dick
Körpergröße			überdurchschnittlich
Gesamtkörper	schmal	gedrungen	knöchig, muskullös
Gesicht	schmal	breit, weich, rundlich; im kurz Charakterkopf	
Hals	rel. lang		frei
Nasenhaut	gespannt	Alter oft	

	Leptosome	*Pykniker*	*Athletiker*
Gesichtsfarbe	bleich (gelbl.)	rosa-rötlich (besonders: Wangen, Nase)	eher blaß (bräunlich)
Haarwuchs:			
primärer	gut erhalten, am Kopf: dicht, ausgebreitet (borstig)	leicht schwindend, weich (wellig)	
terminaler	schwach; Rumpf und Beine ausgeprägter	ausgeprägt	

Psychische Eigenschaften der Zyklothymen und Schizothymen

Die Ausdrücke zyklo*thym* und schizo*thym* bezeichnen sowohl Gesunde als Kranke; schizo*phren* bezieht sich auf Kranke; schiz*oid* oder zykl*oid* sollte eigentlich für einen ganz gesunden Schizothymen oder Zyklothymen nicht verwendet werden.

Die hier folgenden Tabellen führen nur die beiden wichtigsten Typen: Zyklotyme und Schizothyme an. In der *mittleren Rubrik* der ersten Tabelle sind *diejenigen Eigenschaften zusammengestellt, welche dem zyklothymen Typus als solchem eigentümlich sind*, ohne daß seine Schwankung zwischen manisch und depressiv dabei berücksichtigt wäre. Wir sprechen hier in der Hauptsache vom gesunden Zyklothymen, nicht vom manisch oder depressiv Kranken, — erst bei Letzterem erreichen die unter manisch oder depressiv (B und C) angeführten Eigenschaften ihren Höhepunkt, während sie beim Gesunden *nur angedeutet* sind. Und zwar z. B. *als Launen,* bald mehr nach B oder nach C ausschlagend. — Auch die in der Mittelkolonne angeführten, sowohl für den Manischen als den Depressiven charakteristischen Eigenschaften, sind beim Gesunden natürlich weniger stark ausgeprägt als beim Kranken. Immerhin sind sie da und unterscheiden ihn deutlich z. B. vom normalen Schizothymen. — Das Vorherrschen von B oder von C wird von Kretschmer die *diathetische Proportion* genannt. Sie scheidet den Manischen vom Depressiven, indem ihr Durchschnittswert eben mehr nach B oder C neigt. Doch ist sie bei einem bestimmten Zyklothymen nicht schlechthin konstant, sondern verändert sich im Laufe der Zeit, und zwar nicht eindeutig nach einer Seite, sondern schwankt hin und her. Der zykloide Typus ‚schwingt', er ist ausgesprochen labil; während der schizoide ‚in Schüben' fortschreitet.

Zyklothymer Typus

B	A	C
Manisch	*Allgemeine psychische Eigenschaften des zyklothymen Typus*	*Depressiv*

⟵ :Schwingungsbreite: ⟶

Diathetische Proportion = Verhältnis von B und C. Stimmung, nicht Reflexion entscheidet; diese ist schwingend, labil; die ganze Fühl- und Verhaltensweise: fließend, rund *(nicht:* eckig, knarrig, spitz, scharf).

heiter	gesellig	traurig *(nicht:* gehässig, gereizt, ärgerlich)
humoristisch	gutherzig	
lebhaft	freundlich	
hitzig	gemütlich	gehemmt
Unternehmungslust	weich	still
	rasch denkend	langsam
leicht erregt	Verständnis für Humor	ruhig
aufbrausend, aber dennoch weich		schwerfällig
	Gemütsverbindung mit der Außenwelt	schwerblütig
zutraulich		schwernehmend

lenksam kindlich gutmütig, gutherzig mehr Unfug als brüske Gewalttat rascher Vorstellungsverlauf (dafür oft oberflächlich)	natürlich, realistisch, Praktiker (*nicht:* abstrakter Systembauer) anpassungsfähig, gesunder Menschenverstand (*nicht:* ideelle Verbissenheit, System- oder Formengebundenheit, — dafür manchmal Neigung zu Mangel an Konsequenz!)	Minderwertigkeitsgefühle manchmal: ‚umgänglicher Einspänner' Bedürfnis nach Zuspruch bei Heilungsentwicklung: Bedürfnis nach Aussprache, bescheiden, dankbar, freundlich
Aufmerksamkeit dilatiert (dafür manchmal mehr oberflächlich) keine Pedanterie; wenn fromm, keine Bigotterie Freude an Natur und an Naturgaben (*nicht:* in sich eingesponnen, — kein Asket im Essen, Trinken, Wohlleben) die Welt wird ‚dankbar emp-	funden' (man denke an die Extravertierten von C. G. Jung!) *Kein* schroffer Gegensatz zwischen Ich und Umwelt! Freude an Menschen, gesellig, gemütvoll (*nicht:* zurückgezogen, kühl, ablehnend, kalt, zugeknöpft, gehässig, feindselig,	stichelnd, — kein Intrigant, Einspänner, Eigenbrötler, sondern:) menschenfreundlich, warm zugänglich, offen, zutraulich, lenksam (*nicht:* sperrig) versöhnlich (*nicht:* nachtragend) viel Arbeitsfreude und Arbeitskraft nicht nervös (*oft:* ‚Roßnatur')

In ähnlicher Weise ist auch die Tabelle des Schizoiden zu verstehen. Nur bedeutet hier der B- und der C-Pol nicht den Ausschlag nach dem Heiteren oder Gedrückten, sondern nach dem Überempfindlichen und dem Stumpfen. Der Schizoide zeichnet sich *(Bleuler)* vor allem durch seinen

Autismus aus, — während der Zyklothyme der Umwelt gegenüber offen ist, — was die beiden Typen in dieser sehr wichtigen Eigenschaft mit den Introvertierten und Extravertierten von C. G. Jung vergleichbar erscheinen läßt. Doch findet der Leser eine ganze Reihe von Eigenschaften, die den schizoiden Typus auch darüber hinaus charakterisieren. Die beiden Gruppen B und C scheinen einander entgegengesetzt zu sein, — was aber insofern nicht richtig ist, als jeder ausgesprochene Schizoide sowohl von B als von C etwas in sich enthalten kann. Auch der feinstfühlende Schizothyme hat Augenblicke oder Gebiete, wo er plötzlich eine gewisse Stumpfheit aufweist. Er ist nicht gelöst und anpassungsfähig, wie der Zyklothyme, sondern mehr eklektisch; er nimmt die Welt und die Menschen nicht, wie sie real bestehen, sondern er will sie so haben, wie sie ihm seine Ideen eingeben. *Kant,* als Schöpfer des kategorischen Imperatives und der rein ‚formalen Ethik', konnte unmöglich dem zyklothymen Typus angehören.

Schizothymer Typus

B	A	C
Hyperaesthetischer Pol (Empfindsamkeit und Überempfindlichkeit)	*Allgemeine psychische Eigenschaften des schizothymen Typus*	*Anaesthetischer Pol* (Gefühlsstumpfheit und intellektuelle Verblödung)

←——— :Zustandsbesserung in Richtung

Verschlechterung: in Schüben, in Richtung:———→

Psychaesthetische Proportion: Verhältnis zwischen B und C. Die einander scheinbar ausschließen, in Wirklichkeit aber stets beide, jedoch in sehr *verschiedenem Verhältnis (!) im selben Individuum* irgendwie vertreten sind. Kretschmer: Das ist der Schlüssel zum schizothymen Typus!

Autismus:

Feinfühlend (trotzdem: ein	In-sich-selbst Hineinleben (man	Drei verschiedene Arten:

Hauch ‚aristo-	vergleiche Intro-	1. *Passive Affekt-*
kratischer Kühle‘)	vertierte von	*lahmheit*
ausgewählter	C. G. Jung!).	intellektuelle
Kreis, Distanz	Daher großer	Stumpfheit
autistische Ein-	Unterschied	scheu
engung des	zwischen	still
Gefühlsvermögens	Äußerem und	(lenksam)
empfindlich-über-	dem Innenleben!	linkisch
empfindlich	— Erfahrbar in	schüchtern
nervös, reizbar,	Selbstdarstellungen	nach außen: fad,
aufgeregt	von Dichtern	eher
Empfindsamkeit	usw.	unsympathisch,
und Kälte	ungesellig	ein ‚Fragezeichen‘
‚Indolenz mit	schüchtern, scheu,	nach innen:
einem Stich von	still — in sich	entweder ent-
Ängstlichkeit und	zurückgezogen	sprechend
Feindseligkeit‘	ernsthaft	stumpf, leer;
‚gefühlvoll‘:	(humorlos)	oder: nur keine
pathetisch,	trocken, kühl	Äußerung!
schwärmerisch,	ev. mißmutig	manchmal: End-
sentimental	(aber nicht	zustand früherer
manchmal fähig	eigentlich	Musterkinder
der höchsten	‚traurig‘, wie dies	2. *Aktive Kälte*
Selbstaufopferung	beim depressiven	intellektuelle
für altruistische	Zyklothymen der	Stumpfheit
Ideen	Fall wäre)	stumpf-brutal
nicht selten	eckig (nicht	oder
Urheber und	‚rund‘)	jähzornig-stumpf
konsequente	ev. ‚gutmütig‘	schneidend
Träger welt-	(jedoch ganz	mürrisch
umstürzlerischer	anders als es der	dumpf
Ideen in Wissen-	‚behäbige‘	stachelig
schaft, Politik,	Zyklothyme ist)	3. *Stumpfheit*
Religion	empfindlich	äußert sich in:
manchmal:	ein ‚Sonderling‘	*Wurstigkeit*
unerwartete	ausgesprochen zäh	Haltlosigkeit
Zornausbrüche	ironisch,	Verschwendung
Einspänner	schneidend	Verwahrlosung:
molluskenhaft	ev. langweilig,	z. B. als

scheu Natur- und Bücherfreund ‚eine Glasscheibe steht zwischen mir und den Menschen' ‚ich bin hart wie Eis, doch gefühl- voll bis zur Empfindsamkeit' (Strindberg); der Vater des ‚Jugendlichen' von Dostojewskij spricht das scheinbare Paradoxon aus: je mehr er die Menschheit liebe, desto schlechter komme er mit dem einzelnen Menschen aus.	und doch ‚problematisch, ein Fragezeichen' Geselligkeit: entweder ‚absolut ungesellig', oder: ‚formell oberflächlich', oder: ‚aristo- kratisch eklektisch' Unmittelbarkeit der Gefühls- entwicklung und ihrer Äußerungen zurückgebildet ev. teilweise Verwahrlosung	Spieler Trinker

Wie gesagt, stehen die beiden Kolonnen B und C im Gegensatz und zugleich dennoch auch in inniger Beziehung zueinander. Wobei allerdings die fortschreitende Erkrankung auch den B-Typus der Stumpfheit und damit der Kolonne C entgegenführen kann. Dabei schwindet zunächst die ‚allopsychische Resonanz' auf die Außenwelt und die anderen Menschen, und erst als Endstufe erlischt auch die ‚autopsychische Resonanz' und tritt völlige Stumpfheit ein. — Und auch hier muß man sehr Oberfläche und Tiefe unterscheiden: Beides *kann* übereinstimmen, indem die stumpfe Oberfläche das ausgebrannte Innenleben richtig wiedergeben kann. Aber sie braucht es nicht: *Bleuler* war der Erste, der hinter dieser Oberfläche nicht selten noch ein reges, aber von der Außenwelt ganz abgeschiedenes Leben aufgedeckt hatte. Ein schöner Vergleich Kretschmers sagt: Die Schizothymen seien (bis zu den schweren Schizophrenen, ja manchmal den Katatonikern hinauf!) wie südlichen Villen, deren Läden geschlossen sind, damit die störenden Sonnenstrahlen nicht hineingelangen, — hinter denen aber Feste gefeiert werden.

Die Schizophrenie steht in besonderer Beziehung zur normalen psychischen Entwicklung: Wie sie am häufigsten in der Zeit um die Pubertät beginnt, so weist jede Pubertät gewisse schizoide Züge auf, so eine gewisse Neigung zu Autismus, Schüchternheit, Sentimentalität, Gespreiztheit, Tolpatschigkeit und Vorliebe für Pathos.

Der anästhetische Pol (Affektstumpfheit) kompliziert sich dadurch, daß er in sich noch die drei Varianten aufweist: 1. die passige Affektlahmheit, 2. die aktive Kälte und Brutalität, und 3. die ‚Wurstigkeit' mit allen ihren Folgen.

Der Leser möge sich mit diesen wenigen Hinweisen nicht befriedigen, sondern die Angaben der Tabellen genauer durchstudieren, woraus sich erst ein Gesamtbild der beschriebenen Typen in ihrer Eigenart und Gegensätzlichkeit ergibt. — Leider darf man nicht nur von Gegensätzlichkeit zwischen Zyklothymen und Schizothymen sprechen, was die Verhältnisse vereinfachen und eindeutiger gestalten würde. Gewiß, diese Gegensätzlichkeit besteht im allgemeinen; sowohl der ganze Aufbau als auch die einzelnen zu ihm gehörenden Eigenschaften sind wesentlich verschieden. Und dennoch schließen sich die beiden Typen nicht grundsätzlich aus, und man kann und muß manchmal von einem Zykloiden mit einem Schuß des schidzoiden Typus oder von einem Schizoiden mit einem Schuß des zykloiden Typus sprechen. Schizophrenie und manisch-depressives Irresein unterscheiden sich eben nicht wie die grüne und die rote Farbe, die keine Mischung kennen und keine Zwischenfarbe ergeben. Sondern wie rot und blau oder gelb, welche organe und purpur als rot mit einem Schuß der anderen Farbe ergeben. Für den praktischen Psychiater schafft dies natürlich große Schwierigkeiten in Diagnose und Behandlung — vernichtet aber die

‚reine Idee' eines Schizophrenen oder Manischdepressiven nicht.

Immerhin sieht man daran, daß sich die Grundeinteilung in Schizothym und Zirkulär in der Praxis nicht leicht ohne ‚Korrekturen' durchführen läßt, — was sich allerdings bei der flüssigen Kompliziertheit des Psychischen auch nicht erwarten läßt und mehr den Anfänger als den Fachmann in Erstaunen versetzen wird.

Vor allem aber muß berücksichtigt werden, daß aus B und C der angegebenen Tabellen sich nicht der schizothyme und zyklothyme Normale unmittelbar ableiten läßt, weil hier die eigenartigen Eigenschaften des Schizophrenen und Zirkulären in ihrer vollen Entwicklung angegeben sind, während innerhalb des normalen Bereiches sie nur angedeutet sind, einige mehr, andere weniger, — in ihrer Gesamtheit mehr den schizothymen oder zyklothymen Typus ergebend, — wie wir ihn unter unseren Durchschnittsmitmenschen antreffen. — Dasselbe gilt für die Typen der Dichtergestalten: *Franz Moor* neigt zum schizothymen, *Karl Moor* zum zyklothymen Typus. *Werchowensij Vater* (in den ‚Dämonen' von *Dostojewskij)* neigt ausgesprochen zur Zyklothymie, *Fürst Stawrogin* ist ein typischer Schizoider fast schon Schizophrener und ist außerhalb dieser Rubrizierung in seinem absonderlichen Wesen überhaupt kaum zu verstehen.

Extravertierte und Introvertierte

Diese beiden von *C. G. Jung* schon sehr früh eingeführten Typen, welche in der Tiefenpsychologie die größte Beachtung gefunden haben, hatten wir schon am Ende des ersten Bändchens kennen gelernt. Hier machen wir nur darauf aufmerksam, daß sie weitgehende Parallelen zum zyklothymen und schizothymen Typus zeigen, — vor allem in ihrer Beziehung zur Umwelt, zum Anderen und zu sich selbst: Der Schizothyme ist in sich selbst eingeschlossen — wie der Introvertierte, der Zyklothyme ist viel mehr umweltverbunden — wie der Extravertierte; die Werte und Ziele des Einen sind die Unwerte des Anderen. Dennoch — oder vielmehr gerade deswegen ziehen sie sich in der Jugend oft an und gehen die Verbindung fürs Leben ein, — bis das vorrückende Alter ihnen mit dem Zurücktreten der Verliebtheit ihre Gegensätzlichkeit zu Bewußtsein führt und Ehekonflikte erzeugt. Nur die innere Erweiterung der Persönlichkeit, die auch im Gegenwert nicht Unwert, sondern einen ergänzenden Wert erblicken läßt, kann die entstehenden Schwierigkeiten lösen.

Typen fester oder fließender Gehalte

Auch die von *Pfahler* (und in seiner Weise auch von *E. Jaensch)* unterschiedene Zuwendung des Menschen zur *Festigkeit, Statik, Unveränderlichkeit* oder zur *Abwechslung, Dynamik, zum Neuen, das jedesmal individuell erlebt wird,* zeigt weitgehende Parallelität zur Schizothymie und der Erlebnisweise des Zyklothymen, — wie der Leser leicht bemerkt.

Die dem Statischen, Festen Zugewandten sind treu in Freundschaft und Feindschaft; sie eignen sich nicht zur Vermittlung und Ausgleichung. „Ein Stück Härte, Unbeugsamkeit, fester Bestimmtheit ist allen Menschen dieser Gruppe wesenseigen; und — was wäre die Menschheit ohne diese Menschen". Systematik, Konsequenz, Straffheit ist ihre Domäne, sie neigen zum Formelhaften, Abstrakten und dem ‚Seinsollenden'. — Man erkennt auch wieder den Schizothymen oder Introvertierten. Seine Entscheidung ist ‚Entweder-Oder'.

Der Vertreter der Gruppe *fließender Gehalte* ist schon am Blick und der Beweglichkeit seiner Hände zu erkennen. Für ihn sind die Regeln und Prinzipien des ersten Typus wie ‚eine Querlatte vor die Stirn gebunden', die ihn im Walde des Lebens nur hindern könnte. Es sind die geborenen Vermittler und Kompromißmenschen.

„Der Typus fester Gehalte ist Folge enger, fixierender usw. Aufmerksamkeit und starker Perseveration; und der Typus fließender Gehalte Folge weiter, fluktuierender usw. Aufmerksamkeit und schwacher Perseveration."

Beide Typen weisen auch verschiedene Arten von *Gefühlsgegensätzen* auf: Die ersten sind überempfindlich oder unempfindlich, die zweiten heiter oder traurig.

Es ist bezeichnend, daß auch diese Einteilung auf ähnliche (wenn auch durchaus nicht überall vollkommen übereinstimmende) die beiden Gruppen kennzeichnenden Eigenschaften greift — wie die beiden vorberichteten. Man fühlt darin wieder ein Anzeichen dafür, daß an den dort angewandten Einteilungsprinzipien etwas Richtiges sein muß und sie nicht einfach beliebig herausgegriffene Einteilungen neben beliebig vielen anderen möglichen sind. — Und auch die von *Jaensch* vertretene Einteilung, die vom Begriff der *Eidetik* (dem Gedächtnis von überraschend anschaulicher Leistungsfähigkeit) ausging, ihn aber bald auf eine Vielfalt von *Charakter*typen führte, enthält in sich Vieles mit den besprochenen Grundeinteilungsprinzipien Gemeinsames.

Auch die

Verlaufsformen der Affekte und *des (allgemein genommenen) psychischen Geschehens*

wurden *zu Einteilungsprinzipien gewählt: Andauernd, beständig — rasch aufwallend und abklingend.* In den vorbesprochenen Typen sind sie schon miterwähnt, jedoch nicht zu primären Eigenschaften erhoben. Sie hängen wohl am engsten mit der Einteilung von *Pfahler* in feste und fließende Typen zusammen, die sie kausal mitbedingen mögen. — Ebenso ist *das Tempo*, die Raschheit des psychischen und psychophysischen Verlaufes berücksichtigt worden: Natürlich hängt das Tempo im Einzelfall von einer ganzen Reihe von Bedingungen ab. Jedoch ist unbezweifelbar, daß es z. B. mit dem Alter allgemein abnimmt — und dementsprechend scheint es auch verschiedene, im gleichen Alter stehende *Raschheits-Typen* zu geben, denen ein bestimmtes Tempo, sei es im Gehen, Schreiben od. dgl. ‚letztlich entspricht', — während ihre Natur sich gegen eine Beschleunigung (oder auch Verlangsamung!) des ihnen angeborenen Tempos sträubt. — Auch dieses Kriterium ist beim Unterschied zwischen den vorbesprochenen Typen schon mitverwendet: So ist z. B. der Zykloide im manischen Zustand ausgesprochen rasch und wendig, im depressiven Zustand dagegen langsam und schwerfällig.

Dasselbe ist über das *Äußerungsvermögen der Gefühle* zu sagen: Es ist für den Gesamttypus des Menschen nicht unwesentlich, wenn vom verschlossenen, in sich verkapselten, kontaktlos der Umwelt gegenüberstehenden, nicht aus sich heraus zu treten vermögenden — oder von einem sein Inneres offen zum Ausdruck bringenden und dadurch sich innerlich erleichternden, sozusagen nach außen verströmenden Menschen gesprochen wird. — Daß dieser Unterschied schon im schizothymen und zyklothymen (resp. im introvertierten und extravertierten) Typus mitberücksichtigt, ja zu einem der wichtigsten Kriterien der gesamten Unterscheidung verwendet ist, leuchtet aus unseren Übersichtstafeln ein. Es ist aber kaum ein für sich und unabhängig von anderen Eigenschaften dastehender Persönlichkeitsgrundzug, — er scheint mehr der Ausdruck einer Gesamtstruktur der Persönlichkeit zu sein, — der auch nicht ebenso ‚für sich' betrachtet werden kann, wie z. B. die bessere Leistungsfähigkeit des visuellen oder akustischen Gedächtnisses.

Ein ganz anderes Einteilungsprinzip ist die auch im Alltag selbstverständlich viel gebrauchte Unterscheidung des *‚männlichen'* und *‚weiblichen'* Typus. Daß die *Psychologie der Geschlechter* auch in der seelischen Struktur von Mann und Frau einen weitgehenden Unterschied vorfindet (den manche modernen Bewegungen aus ganz heterogenen Gründen nicht anerkennen wollen), ist zweifellos, — wenn es auch ‚Frauen vom männlichen Typus' und ‚Männer vom weiblichen Typus' gibt. Aber wir wissen schon, daß eine solche Überkreuzung am Grundsätzlichen der Einteilung nichts ändern kann. Worauf es dabei ankommt, ist, daß es eine ‚reine Idee' des Mannes („So mischten sich in ihm die Elemente, daß die Natur aufstehen durfte und der Welt verkünden: Das war ein Mann!" — *Shakespeare,* Julius Cäsar: letzte Worte des Antonius über Brutus), und eine ebenso in sich bestimmte ‚Idee der Frau‘[1]) gibt, — wie es eine reine Idee des Menschen, des Pferdes und aller anderen Lebewesensarten gibt. Man müßte die Liebe zwischen den beiden Geschlechtern rein physiologisch erklären, wenn man zu den physiologischen Unterschieden nicht auch psychologische hinzunähme, welche die gegenseitige Ergänzung des Typus Mann und Frau in der Liebe bedingen. Was den Mann an der Frau anzieht, ist gerade das, daß sie nicht Mann sondern Frau ist. Sonst könnte er sich ja ebensogut auch in einen Mann verlieben, — was denn innerhalb eines gesunden Volkes, abweichend von der Norm, auch nicht so selten und doch, verglichen mit der Norm, *verschwindend selten* geschieht.

Auf die typischen Eigenschaften der männlichen und weiblichen Struktur über das allgemein Bekannte hinaus einzugehen, verbietet der Rahmen unseres Themas ‚Allgemeine Psychologie‘ und läßt uns den Leser an die Spezialuntersuchungen der Geschlechter-Psychologie verweisen.

Dasselbe ist zu sagen von der *Psychologie der Altersunterschiede*, deren Bedeutung für die Pädagogik grundlegend wurde. Man erinnere sich nur an die Bedeutung der neuen Einsicht, welche der alten Erziehungswissenschaft fremd blieb, ‚daß das Kind nicht ein verkleinerter Erwachsener‘, sondern ein grundsätzlich anders beschaffenes und strukturiertes Wesen ist.

Eine ganze Reihe anderer Einteilungsprinzipien ist für das ganze Menschengeschlecht versucht worden, — so die schon früher erwähnte *Einteilung nach dem akustischen, visuellen und motorischen Typus*, wobei das *Vorherrschen eines Sinnesgebietes* in der Psyche des Menschen zu wichtigen Konsequenzen im Erleben, Verhalten und Leisten des Menschen führt. — *Innerhalb des Gesichtssinnes* ist es der Unterschied zwischen dem *Form- und Farbseher*, der, wie wir schon hörten, zum schizothymen und zyklothymen Menschen in affiner Beziehung steht und so besondere Bedeutsamkeit erhält. — Auch erinnern wir uns an das

---

[1]) Vergl. „Die ewige Frau“ von *Gertrud von Le Fort* und *Goethes:* „Das Ewig-Weibliche zieht uns hinan“.

wichtige von *Spranger* in Weiterführung der Anregung von *Dilthey* eingeführte *Prinzip der Hermeneutik*, d. h. der *Wesenserfassung der Kulturgebiete* und der *Willensverbundenheit* des Menschen mit einem dieser Gebiete — wie wir es am Ende des ersten Bändchens erwähnten und für den *Machtmenschen* genauer ausführten.

Endlich ist die Einteilung der ganzen Menschheit nach *geographisch-kulturellem* Prinzip versucht worden: Der *westliche, östliche*, der *Kultur-* und der *Naturmensch*. Wobei zwei ganz verschiedene Einteilungsprinzipien angewandt sind. Daß das Naturbild und das Denken, Fühlen und Wollen des Naturmenschen von demjenigen des Kulturmenschen vielfach und tiefgehend verschieden ist, ist nicht zu bezweifeln. Das Denken des Naturmenschen erfolgt viel mehr anschaulich und ist an seine Phantasie mehr als an rein logische Gesetze gebunden. Während der Kulturmensch als Denkmethoden die *Schlußlehre*, die *deduktive* und die *induktive* Methode aufgestellt hat — (deren erste von der *intuitiven Erfassung der Denkinhalte und ihrer Beziehungen* ausgeht und in logischem Aufbau fortschreitet; während die Induktion die *zeitlich-räumlich von der Erfahrung gebotenen Beziehungen* zu ihrem Ausgangspunkt macht und mit Hilfe von Wahrscheinlichkeits- und Kausalitätsüberlegungen fortschreitet) — so *kennt oder beachtet der Naturmensch die logischen Beziehungen* kaum und arbeitet mit dem Schatz seiner *anschaulichen Vorstellungen* und deren *assoziativen Beziehungen*. Nicht Begriffe, sondern *symbolisch verwendete Vorstellungsbilder* sind die Grundlagen seines Denkens und Glaubens. Was dem Kulturmenschen unlogisch und daher unannehmbar erscheint, stört den Naturmenschen nicht im mindesten, sein Denken ist in diesem Sinne ‚praelogisch'. Wie es auch unser Denken im Traum ist, wo vieles als möglich erlebt und hingenommen wird, was im wachen Zustand als unmöglich abgelehnt wird. — Nicht nur besteht im Naturdenken die Identität desselben Menschen mit sich selbst, sondern auch mit der Tierart, welche als Symbol des Clans gilt. Und auch die einzelnen Vertreter des Klans können miteinander ‚identisch' sein, besonders wenn sie in naher Verwandtschaft zueinander stehen, — so kann der Sohn sterben, weil sein Vater von einer giftigen Schlange gebissen worden ist. ‚Identification mystique' nennt sich diese für das primitive ‚magische' Denken so bedeutsame Erscheinung.

Sehr wichtig ist für das Verständnis magischen Denkens die Einsicht, daß die Entwicklung der menschlichen Weltauffassung nicht etwa von den ‚unbelebten Naturobjekten' ausging (wie sie das Forschungsgebiet unserer Physik darstellen) und dann erst zum Erfassen des psychischen Geschehens des Mitmenschen fortschritt. (Wie dies der moderne Forscher leicht annehmen kann: Denn der *Körper*eindruck des Mitmenschen ist das uns scheinbar unmittelbarer Gegebene als seine *Seele*, für deren Erfassung uns keine besonderen Sinnesorgane zur Verfügung stehen und die wir scheinbar nur ‚hypothetisch' dem sichtbaren Körper unseres Mitmenschen implizieren.) Gerade umgekehrt liegen die Verhältnisse für den Primitiven: *Er kennt die leblose Welt unseres Physikers überhaupt nicht.* Für ihn lebt alles und hat sein *psychisches reales Sein.* Die ‚heidnische Auffassung' auch der *im Altertum höchsten Kulturvölker* („als in jedem Hain und jedem Bach ein Gott lebte", der das eigentliche Wesen dieser Naturgebilde war) oder die Auffassung *des mittelalterlichen Alchimisten* von den ‚Elementargeistern', die man beschwören, also als rein geistige Wesen auch geistig beeinflussen kann, — nähert sich schon sehr der Weltauffassung des Primitiven. Er selbst ist ein lebendiges Wesen, daher ist ihm das Lebendige auch in der ihn umgebenden Welt das Nächstliegende, — das er überall sieht, hört und spürt. Erst der monotheistischen Weltauffassung ist diese Vielfalt der Geister, Gespenster und Kobolde gewichen (oft auch hier nur für den Philosophen, während ‚der Mann aus dem Volke' noch häufig bewußt oder unbewußt daran festhält), — doch *nicht ist auch jene geistige Macht geschwunden,* die hinter der materiellen Welt steht und sie — nun nicht mehr als Vielheit der Götter, — sondern als der eine allweise, allgütige und allmächtige Gottvater beherrscht, — als jene letzte psychische Kraft, die alles Sein erschafft und auch erhält. — Aber das menschliche Denken mußte einen langen Weg zurücklegen, um von der magischen Welt des Primitiven zur Welt des materialistisch gerichteten Naturforschers oder des Philosophen und des religiösen Menschen der Gegenwart zu gelangen. Und, wie man sieht, hat eigentlich nur der krasse Materialismus mit jener Welt vollkommen gebrochen, die häufig so verächtlich als ‚die Welt des Primitiven' betrachtet wird. Neben unendlich vielem Nebulosen, Widersprechenden, Unklaren, Wirren und Irren — liegen darin auch Samen, die sich zu den höchsten geistigen Kulturwerten entwickeln konnten, — deren Behandlung aber nicht mehr ins Gebiet der Psychologie, sondern der Philosophie und Religion gehört.

13. Das ‚lebendige Werden' und das ‚verhärtete Ich'

Der junge Pflanzenproß ist weich, biegsam und formbar; man weiß noch nicht, wie er sich entwickeln, was aus ihm unter dem Einfluß der Außenwelt werden wird, — wenn er seine Bestimmung auch schon in sich trägt, und ein Lindenproß nicht zum Weidenbaum werden kann. — Alles in ihm ist noch bewegtes Leben, alles ‚wird' erst, nichts ist definitiv geworden und abgeschlossen. — Ist aber der feste Holzstamm da, so ist auch eine seiner individuellen Eigenart entsprechende *Verhärtung* eingetreten; die individuelle Ausprägung des Baumes nimmt mit jedem Jahr eine bestimmtere, eindeutigere Gestalt an, und die damit verbundene *Verholzung* ist der ‚feste Preis', den die Pflanze unter teilweisem Aufgeben ihres lebendigen Formungstriebes mit dem Gewinn eines festen Gestelles bezahlen muß, — damit die neuen Triebe sich in der freiragenden Krone entwickeln, daselbst Blüten ansetzen und Früchte tragen können.

Die Bildung eines harten Baumstammes läßt sich in der Entwicklung des Menschen dem Werden des *bewußten zentralen Willens* vergleichen, — dem wir überragende Bedeutung bei Ausbildung der individuellen Persönlichkeit beimaßen. Eines Willens, der die Handlungen des Menschen eindeutig bestimmt und dem entgegen in seinem Machtbereich nichts geschehen kann. — Auf einen Menschen mit ausgebildetem zentralen Willen ist Verlaß; er ist ein ‚Gewordener', und seine einzelnen Handlungen bringen von nun an nur jene Ziele in Erfüllung, die durch seinen zentralen Willen gesetzt sind. Auch ist der Mensch in seiner Tätigkeit schon Meister geworden, d. h. seine Handlungen verwirklichen in der Tat jene Ziele, die sein zentraler Wille setzt. Auch kann er nicht mehr anders handeln, als wie seine definitiv gewordene Natur es vorschreibt. Ist er ein Künstler, so hat er seinen Stil gefunden; und mag er das Genie eines Tizian besitzen, kann er die Art des Tintoretto nicht mehr in sich finden. — Auch seine Überzeugungen, seine theoretische und praktische Weltsicht sind verfestigt. Er ‚wird' nun nicht, er ‚ist'. — Und sei es ihm auch beschieden, noch soviel Bedeutsames zu schaffen, — es sind nur neue Triebe, Blüten und Früchte vom selben Baum und von der Art, die diesem Baume eignet.

Mit der Erreichung des festen Aufbaues des Gewordenen hat der ihm zugrunde liegende Lebenskeim erreicht, was ihm beschieden war, — zugleich damit ist aber auch die Verfestigung und die Verhärtung eingetreten, welche seine Seins- und Äußerungsart unterschieden sein läßt von der Seinsweise anderer Menschen. Und da der Gewordene nur so ist und sein kann, wie er es ist, — so wäre die dem menschlichen Geschlechte zugeteilte Schöpfungskraft bald ausgeschöpft, wenn nicht jene unfaßbar geniale Vorkehrung bestünde, welche sich ‚*Generationswechsel*' nennt. Nach welcher jede Generation den Aufbau ihrer Welt von Neuem ansetzt und neue Werte schafft, die dem vergangenen Leben nicht mehr zugänglich waren. — Und so ins Unendliche — solange die Menschheit fortbesteht. — Nicht selten mußten ganze Kulturen zugrunde gehen, — wenn sie nicht mehr die schöpferische Kraft besaßen, das Neue in sich aufzunehmen, das schöpferisch ins Dasein drängte.

Dieses Verständnis für das schöpferische Prinzip steter Entwicklung läßt uns auch die Gefahren besser erkennen, welche in der Verhärtung — und damit *selbst in der Meisterschaft* liegen.

Jede Entwicklung, mag es die einer Kultur oder des Einzelmenschen sein, braucht jenen festen Stamm, auf dem sich ihre Krone entfalten kann; braucht jenen festen Willen, der sie hält, braucht jene Einheit, welche erst durch ihn in die bewußte Welt des Menschen eingeht. Ein Mensch ohne die Einheit des zentral bewußten Willens ist keine ‚Persönlichkeit' mehr, — hier das Wort im positiv wertenden Sinne gebraucht. Er ist ein Spielball seiner Triebe, — ein Zersplittertes, ein vielfältig Ausgerichtetes, das von der gerade größten Kraft ergriffen und hingeschleudert wird, wohin die Kraft es treibt. Die höheren Prinzipien, die erst in der Einheit der Persönlichkeit in ihrem Wesen erfaßt, verstanden und vertreten werden können, fehlen. — Wir nehmen nichts zurück von der im Kap. 6b behaupteten Wichtigkeit des zentralen Willens für das Menschsein des Menschen. Aber auf Grund der letzten Einsichten müssen wir ergänzen: Die Verholzung des Lebensstammes kann zu früh sich einstellen; der eindeutig ausgesprochene Wille kann nur das gelten lassen, nur das ins Bewußtsein einlassen, was das bewußte Ich anerkennt und zuläßt. Die Bedeutung und die Geltung jenes ungeheuren Seelengebietes, das schöpferisch dem Bewußtsein zugrunde liegt, aus dem die alten Erinnerungen und die neuen Einfälle aufsteigen, in dem das ganze latente Wissen des Menschen verborgen ist, aus dem die schöpferische Intuition im Denken, Werten, Schaffen kommt, in dem neue Werte geboren werden und neue Entwicklungsmöglichkeiten sich andeuten, — dieses schöpferische Gebiet kann zu früh durch festgesetzte Gebote und Verbote des Willens abgeriegelt werden. Dann ist der Mensch arm dran und der Alltagsphilister steht vor seiner Türe. Besitzt er eine Überzeugung, so hält er daran fest, nicht weil sie die beste und berechtigtste aller möglichen ist, sondern weil sie *seine* Überzeugung ist. Und er ist blind für alles, was über die von seinem Willen erlaubte Sicht hinausgeht. — Nicht aber blind und abgekapselt, sondern offen den neuen Erkenntnismöglichkeiten und neuen Werten gegenüber soll der Mensch sein. — „Das ist gefährlich" — ja, das ist es. Denn auch das Neue kann ihn ,gefangen nehmen'; durch seiner Neuheit Schimmer blenden und ihn echte Werte als Unwerte wegwerfen lassen, indem es ihn den Regenbogen einer Seifenblase für Edelmetall ansehen läßt. — Aber Wagnis und Gefahr ist alles in des Menschen Leben, — verhärtete Stagnation nicht minder als Faszination durch Neues. Entscheidend ist die Einstellung des Menschen selbst: Wir leiteten unsere Betrachtungen in den Kapiteln 3, 4 und 5 des ersten Bandes mit der Erklärung ein, daß der Mensch ein erkenntnisfähiges Wesen sei. Aber durch Trägheit, durch die Herrschaft der Triebe, sowie durch Faszination des Augenblickes läßt sich der Mensch diese Grundeinstellung auf freie Sicht der Welt, des Lebens und der Werte selbst verdunkeln und verdecken, — läßt sich das Offensein benehmen, das ihm grundsätzlich frei zusteht.

Wir schlossen das erste Bändchen mit der Betrachtung der *Tiefenpsychologie*. Auch diese ist ein Neues, das Menschen unserer Zeit oft blendet und zu einseitiger Sicht bestimmt, indem die Libido und mit ihr der Sexualtrieb zum Ursprung alles Schöpferischen im Menschen erhoben wird. Seine überragende Bedeutung bleibe unangetastet. Aber nicht alles ist im Menschen nur triebbedingt. Wir sahen, daß es Werte gibt, die sich erst durch die Ganzheit der Persönlichkeit, durch Willen und Gefühl und die Erkenntnis — insgesamt! — erfassen lassen. Deren Ursprungsort nicht nur allein der Triebe Sphäre ist. Aber die höchste Einsicht stammt auch nicht von der bloßen ratio, dem logisch ausgerichteten, bewußten Denken her, — sondern wird im Urgebiet des Unbewußten, Noch-nicht-Bewußten, dessen Grenzen so unvergleichlich weiter reichen, als des ,zentral-Willens-gerichteten' und oft gesperrten und begrenzten Gebietes des ,Schon-Bewußten'. Von dort kommt her die Intuition des Dichters, der schöpferische Gedanke des Genies. — Nicht *gegen* das Unbewußte soll der zentrale Wille des Bewußtseins arbeiten, eine Spannung soll nicht dazwischen sein, — sondern Gemeinschaft im schöpferischen Prozeß des Lebens. — Nicht eine Pulverkammer, die zur Explosion bereit ist, nicht der unterdrückte Sklave des Verstandes, nicht das ‚Bedrängte', das ‚Verdrängte', soll das ‚Noch-nicht-Bewußte' sein, sondern das Wurzelgeflecht des Lebensbaumes, dessen Säfte zum Sonnenreiche der Vernunft gehoben werden sollen. Nicht Krieg soll herrschen zwischen dem schöpferischen Lebensprinzip und dem rational gerichteten Willen des Ich, — wie er nicht selten die Urgrundlage psychischer Erkrankungen bildet, — sondern Gemeinsamkeit des Lebens, Schöpfens und Erkennens. Mit aller Entschiedenheit tritt dafür auch die *Tiefenpsychologie* ihrem innersten Wesen nach ein. Und diesen wichtigen Wesensgrundzug der Tiefenpsychologie spürt die Menschheit, — wie sie ihn in den Werken großer Dramatiker und Erzähler stets gespürt hatte, die sie ebenfalls über Jahrhunderte und Jahrtausende in Ehren hält und nicht der Vergessenheit anheimfallen läßt.

Register

Inhaltsübersicht

Geisteswissenschaften

Philosophie

Einführung in die Philosophie von *H. Leisegang* †. 3. Auflage. 145 Seiten. 1957. (*281*)

Hauptprobleme der Philosophie von *G. Simmel* †. 7., unveränderte Auflage. 177 Seiten. 1950. (*500*)

Geschichte der Philosophie

I: Die griechische Philosophie von *W. Capelle*. 1. Teil. Von Thales bis Leukippos. 2., erweiterte Auflage. 135 Seiten. 1953. (*857*)

II: Die griechische Philosophie von *W. Capelle*. 2. Teil. Von der Sophistik bis zum Tode Platons. 2., stark erweiterte Auflage. 144 Seiten. 1953. (*858*)

III: Die griechische Philosophie von *W. Capelle*. 3. Teil. Vom Tode Platons bis zur Alten Stoa. 2., stark erweiterte Auflage. 132 Seiten. 1954. (*859*)

IV: Die griechische Philosophie von *W. Capelle*. 4. Teil. Von der Alten Stoa bis zum Eklektizismus im 1. Jahrh. v. Chr. 2., stark erweiterte Auflage. 132 Seiten. 1954. (*863*)

V: Die Philosophie des Mittelalters von *J. Koch*. In Vorbereitung. (*826*)

VI: Von der Renaissance bis Kant von *K. Schilling*. 234 Seiten. 1954. (*394/394a*)

VII: Immanuel Kant von *G. Lehmann*. In Vorbereitung. (*536*)

VIII: Die Philosophie des 19. Jahrhunderts von *G. Lehmann*. 1. Teil. 151 Seiten. 1953. (*571*)

IX: Die Philosophie des 19. Jahrhunderts von *G. Lehmann*. 2. Teil. 168 Seiten. 1953. (*709*)

X: Die Philosophie im ersten Drittel des 20. Jahrhunderts I von *G. Lehmann*. 128 Seiten. 1957. (*845*)

Die geistige Situation der Zeit (1931) von *K. Jaspers*. 4., unveränderter Abdruck der 1932 bearbeiteten 5. Auflage. 211 Seiten. 1955. (*1000*)

Erkenntnistheorie von *G. Kropp*

I. Teil: Allgemeine Grundlegung. 143 Seiten. 1950. (*807*)

Formale Logik von *P. Lorenzen*. 165 Seiten. 1958. (*1176/1176a*)

Philosophisches Wörterbuch von *M. Apel* †. 5., völlig neubearbeitete Auflage von *P. Ludz*. 315 Seiten. 1958. (*1031/1031a*)

Philosophische Anthropologie. Menschliche Selbstdeutung in Geschichte und Gegenwart von *M. Landmann*. 266 Seiten. 1955. (*156/156a*)

Pädagogik, Psychologie, Soziologie

Geschichte der Pädagogik von *Herm. Weimer*. 13., durchgesehene und vermehrte Auflage von *Heinz Weimer*. 178 Seiten. 1958. (*145*)

Therapeutische Psychologie. Ihr Weg durch die Psychoanalyse von *W. M. Kranefeldt*. Mit einer Einführung von *C. G. Jung*. 3. Auflage. 152 Seiten. 1956. (*1034*)

GEISTESWISSENSCHAFTEN

Allgemeine Psychologie von *Th. Erismann.* 3 Bände.
I: Grundprobleme. 2., neubearbeitete Auflage. 146 Seiten. 1958. (*831*)
II: Grundarten des psychischen Geschehens. 248 Seiten. 1959. (*832/832a*)
III: Psychologie der Persönlichkeit. In Vorbereitung. (*833*)

Soziologie. Geschichte und Hauptprobleme von *L. von Wiese.* 5. Auflage. 162 Seiten. 1954. (*101*)

Sozialpsychologie von *P. R. Hofstätter.* 181 Seiten, 15 Abbildungen, 22 Tabellen. 1956. (*104/104a*)

Empirische Sozialforschung von *G. K. Specht.* 1959. In Vorbereitung. (*1175*)

Psychologie des Berufs- und Wirtschaftslebens von *W. Moede* †. 190 Seiten, 48 Abbildungen. 1958. (*851/851a*)

Industrie- und Betriebssoziologie von *R. Dahrendorf.* 120 Seiten. 1956. (*103*)

Religionswissenschaften

Jesus von *M. Dibelius* †. 2. Auflage. Unveränderter Nachdruck. 141 Seiten. 1949. (*1130*)

Paulus von *M. Dibelius* †. Nach dem Tode des Verfassers herausgegeben und zu Ende geführt von *W. G. Kümmel.* 2., durchgesehene Auflage. 155 Seiten. 1956. (*1160*)

Luther von *F. Lau.* 151 Seiten. 1959. (*1187*)

Römische Religionsgeschichte von *F. Altheim.* 2 Bände. 2., umgearbeitete Auflage.
I: Grundlagen und Grundbegriffe. 116 Seiten. 1956. (*1035*)
II: Der geschichtliche Ablauf. 164 Seiten. 1956. (*1052*)

Geschichte Israels. Von den Anfängen bis zur Zerstörung des Tempels (70 n. Chr.) von *E. L. Ehrlich.* 158 Seiten, 1 Tafel. 1958. (*231/231a*)

Musik

Musikästhetik von *H. J. Moser.* 180 Seiten. Mit zahlreichen Notenbeispielen. 1953. (*344*)

Systematische Modulation von *R. Hernried.* 2. Auflage. 136 Seiten. Mit zahlreichen Notenbeispielen. 1950. (*1094*)

Der polyphone Satz von *E. Pepping.* 2 Bände.
I: Der cantus-firmus-Satz. 2. Auflage. 223 Seiten. Mit zahlreichen Notenbeispielen. 1950. (*1148*)
II: Übungen im doppelten Kontrapunkt und im Kanon. 137 Seiten. Mit zahlreichen Notenbeispielen. 1957. (*1164/1164a*)

Allgemeine Musiklehre von *H. J. Moser.* 2., durchgesehene Auflage. 155 Seiten. Mit zahlreichen Notenbeispielen. 1955. (*220/220a*)

Harmonielehre von *H. J. Moser.* 2 Bände.
I: 109 Seiten. Mit 120 Notenbeispielen. 1954. (*809*)

Die Musik des 19. Jahrhunderts von *W. Oehlmann.* 180 Seiten. 1953. (*170*)

Die Musik des 20. Jahrhunderts von *W. Oehlmann.* 1959. In Vorbereitung. (*171/171a*)

Technik der deutschen Gesangskunst von *H. J. Moser.* 3., durchgesehene und verbesserte Auflage. 144 Seiten, 5 Figuren sowie Tabellen und Notenbeispiele. 1954. (*576/576a*)

Die Kunst des Dirigierens von *H. W. von Waltershausen* †. 2., vermehrte Auflage. 138 Seiten. Mit 19 Notenbeispielen. 1954. (*1147*)

Die Technik des Klavierspiels aus dem Geiste des musikalischen Kunstwerkes von *K. Schubert* †. 3. Auflage. 110 Seiten. Mit Notenbeispielen. 1954. (*1045*)

Kunst

Stilkunde von *H. Weigert*. 2 Bände. 3., durchgesehene und ergänzte Auflage.
I: Vorzeit, Antike, Mittelalter. 136 Seiten, 94 Abbildungen. 1958. (*80*)
II: Spätmittelalter und Neuzeit. 150 Seiten, 88 Abbildungen. 1958. (*781*)

Archäologie von *A. Rumpf*. 2 Bände.
I: Einleitung, historischer Überblick. 143 Seiten, 6 Abbildungen, 12 Tafeln. 1953. (*538*)
II: Die Archäologensprache. Die antiken Reproduktionen. 136 Seiten, 7 Abbildungen, 12 Tafeln. 1956. (*539*)

Geschichte

Einführung in die Geschichtswissenschaft von *P. Kirn*. 3., durchgesehene Auflage. 128 Seiten. 1959. (*270*)

Zeitrechnung der römischen Kaiserzeit, des Mittelalters und der Neuzeit für die Jahre 1—2000 n. Chr. von *H. Lietzmann* †. 3. Auflage, durchgesehen von *K. Aland*. 130 Seiten. 1956. (*1085*)

Kultur der Urzeit von *F. Behn*. 3 Bände. 4. Auflage der Kultur der Urzeit Bd. 1—3 von *M. Hoernes*.
I: Die vormetallischen Kulturen. (Die Steinzeiten Europas. Gleichartige Kulturen in anderen Erdteilen.) 172 Seiten, 48 Abbildungen. 1950. (*564*)
II: Die älteren Metallkulturen. (Der Beginn der Metallbenutzung. Kupfer- und Bronzezeit in Europa, im Orient und in Amerika.) 160 Seiten, 67 Abbildungen. 1950. (*565*)
III: Die jüngeren Metallkulturen. (Das Eisen als Kulturmetall, Hallstatt-Latène-Kultur in Europa. Das erste Auftreten des Eisens in den anderen Weltteilen.) 149 Seiten, 60 Abbildungen. 1950. (*566*)

Vorgeschichte Europas von *F. Behn*. Völlig neue Bearbeitung der 7. Auflage der „Urgeschichte der Menschheit" von *M. Hoernes*. 125 Seiten, 47 Abbildungen. 1949. (*42*)

Der Eintritt der Germanen in die Geschichte von *J. Haller* †. 3. Auflage, durchgesehen von *H. Dannenbauer*. 120 Seiten, 6 Kartenskizzen. 1957. (*1117*)

Von den Karolingern zu den Staufern. Die altdeutsche Kaiserzeit (900—1250) von *J. Haller* †. 4., durchgesehene Auflage von *H. Dannenbauer*. 142 Seiten, 4 Karten. 1958. (*1065*)

Deutsche Geschichte im Zeitalter der Reformation, der Gegenreformation und des dreißigjährigen Krieges von *F. Hartung*. 129 Seiten. 1951. (*1105*)

Deutsche Geschichte von 1648—1740. Politischer und geistiger Wiederaufbau von *W. Treue*. 120 Seiten. 1956. (*35*)

Deutsche Geschichte von 1713—1806 von *W. Treue*. 168 Seiten. 1957. (*39*)

Deutsche Geschichte von 1807—1871 von *W. Treue*. In Vorbereitung. (*893*)

Deutsche Geschichte von 1871 bis zur Gegenwart von *W. Treue*. In Vorbereitung (*894*)

Quellenkunde der Deutschen Geschichte im Mittelalter (bis zur Mitte des 15. Jahrhunderts) von *K. Jacob* †. 3 Bände.
I: Einleitung. Allgemeiner Teil. Die Zeit der Karolinger. 6., neubearbeitete Auflage von *H. Hohenleutner*. In Vorbereitung. (*279*)
II: Die Kaiserzeit (911—1250). 5., neubearbeitete Auflage von *H. Hohenleutner*. 1959. In Vorbereitung. (*280*)
III: Das Spätmittelalter (vom Interregnum bis 1500). Herausgegeben von *F. Weden*. 152 Seiten. 1952. (*284*)

Geschichte Englands von *H. Preller*. 2 Bände.
I: bis 1815. 3., stark umgearbeitete Auflage. 135 Seiten, 7 Stammtafeln, 2 Karten. 1952. (*375*)
II: Von 1815 bis 1910. 2., völlig umgearbeitete Auflage. 118 Seiten, 1 Stammtafel, 7 Karten. 1954. (*1088*)

Römische Geschichte von *F. Altheim*. 4 Bände. 2., verbesserte Auflage.
I: Bis zur Schlacht bei Pydna (168 v. Chr.). 124 Seiten. 1956. (*19*)
II: Bis zur Schlacht bei Actium (31 v. Chr.). 129 Seiten. 1956. (*677*)
III: Bis zur Schlacht an der Milvischen Brücke (312 n. Chr.). 148 Seiten. 1958. (*679*)
IV: Bis zur Schlacht am Yarmuk (636 n. Chr.). In Vorbereitung. (*684*)

Geschichte der Vereinigten Staaten von Amerika von *O. Graf zu Stolberg-Wernigerode*. 192 Seiten, 10 Karten. 1956. (*1051/1051a*)

Deutsche Sprache und Literatur

Geschichte der Deutschen Sprache von *H. Sperber*. 3. Auflage, besorgt von *W. Fleischbauer*. 128 Seiten. 1958. (*915*)

Deutsches Rechtschreibungswörterbuch von *M. Gottschald* †. 2., verbesserte Auflage. 219 Seiten. 1953. (*200/200a*)

Deutsche Wortkunde. Eine kulturgeschichtliche Betrachtung des deutschen Wortschatzes von *A. Schirmer*. 3., durchgesehene Auflage. 109 Seiten. 1949. (*929*)

Deutsche Sprachlehre von *W. Hofstaetter*. 9., neubearbeitete Auflage von *G. Spree*. 144 Seiten. 1953. (*20*)

Stimmkunde für Beruf, Kunst und Heilzwecke von *H. Biehle*. 111 Seiten. 1955. (*60*)

Redetechnik. Einführung in die Rhetorik von *H. Biehle*. 115 Seiten. 1954. (*61*)

Sprechen und Sprachpflege (Die Kunst des Sprechens) von *H. Feist*. 2., verbesserte Auflage. 99 Seiten, 25 Abbildungen. 1952. (*1122*)

Deutsches Dichten und Denken von der germanischen bis zur staufischen Zeit von *H. Naumann* †. (Deutsche Literatur vom 5.—13. Jahrhundert.) 2., verbesserte Auflage. 166 Seiten. 1952. (*1121*)

Deutsches Dichten und Denken vom Mittelalter zur Neuzeit von *G. Müller* (1270 bis 1700). 2., durchgesehene Auflage. 159 Seiten. 1949. (*1086*)

Deutsches Dichten und Denken von der Aufklärung bis zum Realismus (Deutsche Literaturgeschichte von 1700—1890) von *K. Viëtor* †. 3., durchgesehene Auflage. 159 Seiten. 1958. (*1096*)

Der Nibelunge Nôt in Auswahl mit kurzem Wörterbuch von *K. Langosch.* 10., durchgesehene Auflage. 164 Seiten. 1956. (*1*)

Kudrun- und Dietrich-Epen in Auswahl mit Wörterbuch von *O. L. Jiriczek.* 6. Auflage, bearbeitet von *R. Wisniewski.* 173 Seiten. 1957. (*10*)

Wolfram von Eschenbach. Parzival. Eine Auswahl mit Anmerkungen und Wörterbuch von *H. Jantzen.* 2. Auflage, bearbeitet von *H. Kolb.* 128 Seiten. 1957. (*921*)

Hartmann von Aue. Der arme Heinrich nebst einer Auswahl aus der „Klage", dem „Gregorius" und den Liedern (mit einem Wörterverzeichnis) herausgegeben von *F. Maurer.* 96 Seiten. 1958. (*18*)

Gottfried von Strassburg von *F. Maurer.* 142 Seiten. 1959. (*22*)

Die deutschen Personennamen von *M. Gottschald* †. 2., verbesserte Auflage. 151 Seiten. 1955. (*422*)

Althochdeutsches Elementarbuch. Grammatik und Texte von *H. Naumann* † und *W. Betz.* 2., verbesserte und vermehrte Auflage. 156 Seiten. 1954. (*1111*)

Mittelhochdeutsche Grammatik von *H. de Boor* und *R. Wisniewski.* 141 Seiten. 1956. (*1108*)

Indogermanisch, Germanisch

Indogermanische Sprachwissenschaft von *H. Krahe.* 2 Bände. 3., neubearbeitete Aufl.
I: Einleitung und Lautlehre. 106 Seiten. 1958. (*59*)
II: Formenlehre. 100 Seiten. 1959. (*64*)

Gotisches Elementarbuch. Grammatik, Texte mit Übersetzung und Erläuterungen mit einer Einleitung von *H. Hempel.* 2., umgearbeitete Aufl. 165 Seiten. 1953. (*79*)

Germanische Sprachwissenschaft von *H. Krahe.* 2 Bände. 3., neubearbeitete Auflage.
I: Einleitung und Lautlehre. 147 Seiten. 1956. (*238*)
II: Formenlehre. 149 Seiten. 1957. (*780*)

Altnordisches Elementarbuch. Schrift, Sprache, Texte mit Übersetzung und Wörterbuch von *F. Ranke.* 2., durchgesehene Auflage. 146 Seiten. 1949. (*1115*)

Englisch, Romanisch

Altenglisches Elementarbuch von *M. Lehnert.* Einführung, Grammatik, Texte mit Übersetzung und Wörterbuch. 4., verbesserte Auflage. 178 Seiten. 1959. (*1125*)

Historische neuenglische Laut- und Formenlehre von *E. Ekwall.* 3., durchgesehene Auflage. 150 Seiten. 1956. (*735*)

Englische Phonetik von *H. Mutschmann* †. 117 Seiten. 1956. (*601*)

Englische Literaturgeschichte von *F. Schubel.* 4 Bände.
I: Die alt- und mittelenglische Periode. 163 Seiten. 1954. (*1114*)
II: Von der Renaissance bis zur Aufklärung. 160 Seiten. 1956. (*1116*)
III: Romantik und Viktorianismus. 1959. In Vorbereitung. (*1124*)

Beowulf von *M. Lehnert*. Eine Auswahl mit Einführung, teilweiser Übersetzung, Anmerkungen und etymologischem Wörterbuch. 3., verbesserte Auflage. 135 Seiten. 1959. (*1135*)

Shakespeare von *P. Meißner* †. 2. Auflage, neubearbeitet von *M. Lehnert*. 136 Seiten. 1954. (*1142*)

Italienische Literaturgeschichte von *K. Voßler* †. Unveränderter Nachdruck der 1927 erschienenen 4., durchgesehenen und verbesserten Auflage. 148 Seiten. 1948. (*125*)

Romanische Sprachwissenschaft von *H. Lausberg*. 2 Bände.
I: Einleitung und Vokalismus. 160 Seiten. 1956. (*128/128a*)
II: Konsonantismus. 95 Seiten. 1956. (*250*)

Griechisch, Lateinisch

Griechische Sprachwissenschaft von *W. Brandenstein*. 2 Bände.
I: Einleitung, Lautsystem, Etymologie. 160 Seiten. 1954. (*117*)
II: Wortbildung und Formenlehre. 192 Seiten. 1959. (*118/118a*)

Geschichte der griechischen Sprache. 2 Bände.
I: Bis zum Ausgang der klassischen Zeit von *O. Hoffmann* †. 3. Auflage bearbeitet von *A. Debrunner* †. 156 Seiten. 1953. (*111*)
II: Grundfragen und Grundzüge des nachklassischen Griechisch von *A. Debrunner* †. 144 Seiten. 1954. (*114*)

Geschichte der lateinischen Sprache von *F. Stolz* †. 3., stark umgearbeitete Auflage von *A. Debrunner* †. 136 Seiten. 1953. (*492*)

Hebräisch, Sanskrit, Russisch

Hebräische Grammatik von *G. Beer* †. 2 Bände. 2., völlig neubearbeitete Auflage von *R. Meyer*.
I: Schrift-, Laut- und Formenlehre I. 157 Seiten. 1952. (*763/763a*)
II: Formenlehre II. Syntax und Flexionstabellen. 195 Seiten. 1955. (*764/764a*)

Hebräisches Textbuch von *R. Meyer*. In Vorbereitung. (*769/769a*)

Sanskrit-Grammatik von *M. Mayrhofer*. 89 Seiten. 1953. (*1158*)

Russische Grammatik von *E. Berneker* †. 6., unveränderte Auflage von *M. Vasmer*. 155 Seiten. 1947. (*66*)

Erd- und Länderkunde

Afrika von *F. Jaeger*. Ein geographischer Überblick. 2 Bände. 2., umgearbeitete Auflage.
I: Der Lebensraum. 179 Seiten, 18 Abbildungen. 1954. (*910*)
II: Mensch und Kultur. 155 Seiten, 6 Abbildungen. 1954. (*911*)

Australien und Ozeanien von *H. J. Krug*. 176 Seiten, 46 Skizzen. 1953. (*319*)

Volkswirtschaft, Statistik, Publizistik

Allgemeine Betriebswirtschaftslehre von *K. Mellerowicz*. 4 Bände. 10., erweiterte und veränderte Auflage.
I: 224 Seiten. 1958. *(1008/1008a)*
II: 188 Seiten. 1959. *(1153/1153a)*
III: 260 Seiten. 1959. *(1154/1154a)*
IV: 209 Seiten. 1959. *(1186/1186a)*
Diese 4 Bände sind auch in Ganzleinen gebunden zum Preise von je DM 6,30 lieferbar.

Allgemeine Volkswirtschaftslehre von *A. Paulsen*. 4 Bände.
I: Grundlegung, Wirtschaftskreislauf. 3., durchgesehene und ergänzte Auflage. 148 Seiten. 1959. *(1169)*
II: Haushalte, Unternehmungen, Marktformen. 2., durchgesehene und ergänzte Auflage. 164 Seiten, 32 Abbildungen. 1958. *(1170)*
III: Produktionsfaktoren, Geldwesen. 184 Seiten. 1959. *(1171)*
IV: Gesamtbeschäftigung, Konjunktur, Wachstum. In Vorbereitung. *(1172)*

Finanzwissenschaft von *H. Kolms*. 4 Bände.
I: Grundlegung. Öffentliche Ausgaben. 160 Seiten. 1959. *(148)*
II: Erwerbseinkünfte, Gebühren und Beiträge; Allgemeine Steuerlehre. 1959. In Vorbereitung. *(391)*
III: Besondere Steuerlehre. In Vorbereitung. *(776)*
IV: Öffentlicher Kredit. Haushaltswesen. Finanzausgleich. In Vorbereitung. *(782)*

Finanzmathematik von *M. Nicolas*. 192 Seiten, 11 Tafeln, 8 Tabellen und 72 Beispiele. 1959. *(1183/1183a)*

Industrie- und Betriebssoziologie von *R. Dahrendorf*. 120 Seiten. 1956. *(103)*

Psychologie des Berufs- und Wirtschaftslebens von *W. Moede* †. 190 Seiten. 48 Abbildungen. 1958. *(851/851a)*

Allgemeine Methodenlehre der Statistik von *J. Pfanzagl*. 2 Bände.
I: 1959. In Vorbereitung. *(746/746a)*

Zeitungslehre von *E. Dovifat*. 2 Bände. 3., neubearbeitete Auflage.
I: Theoretische und rechtliche Grundlagen — Nachricht und Meinung — Sprache und Form. 148 Seiten. 1955. *(1039)*
II: Redaktion — Die Sparten: Verlag und Vertrieb, Wirtschaft und Technik, Sicherung der öffentlichen Aufgabe. 158 Seiten. 1955. *(1040)*

Naturwissenschaften

Mathematik

Geschichte der Mathematik von J. E. Hofmann. 3 Bände.
I: Von den Anfängen bis zum Auftreten von Fermat und Descartes. 200 Seiten. 1953. *(226)*
II: Von Fermat und Descartes bis zur Erfindung des Calculus und bis zum Ausbau der neuen Methoden. 109 Seiten. 1957. *(875)*
III: Von den Auseinandersetzungen um den Calculus bis zur französischen Revolution. 107 Seiten. 1957. *(882)*

NATURWISSENSCHAFTEN

Mathematische Formelsammlung von *F. Ringleb*. Vollständig umgearbeitete Neuausgabe des Werkes von *O. Th. Bürklen* †. 6., erweiterte Auflage. 278 Seiten, 37 Fig. 1956. (*51/51a*)

Fünfstellige Logarithmen von *A. Adler*. Mit mehreren graphischen Rechentafeln und häufig vorkommenden Zahlenwerten. 3. Auflage. 127 Seiten, 1 Tafel. 1959. (*423*)

Arithmetik von *P. B. Fischer* †. 3. Auflage von *H. Rohrbach*. 152 Seiten, 19 Abbildungen. 1958. (*47*)

Höhere Algebra von *H. Hasse*. 2 Bände. 4., durchgesehene Auflage.
I: Lineare Gleichungen. 152 Seiten. 1957. (*931*)
II: Gleichungen höheren Grades. 158 Seiten, 5 Figuren. 1958. (*932*)

Aufgabensammlung zur höheren Algebra von *H. Hasse* und *W. Klobe*. 2., verbesserte und vermehrte Auflage. 181 Seiten. 1952. (*1082*)

Elementare und klassische Algebra vom modernen Standpunkt von *W. Krull*. 2 Bände.
I: 2., erweiterte Auflage. 136 Seiten. 1952. (*930*)
II: 132 Seiten. 1959. (*933*)

Einführung in die Zahlentheorie von *A. Scholz* †. Überarbeitet und herausgegeben von *B. Schoeneberg*. 2. Auflage. 128 Seiten. 1955. (*1131*)

Formale Logik von *P. Lorenzen*. 165 Seiten. 1958. (*1176/1176a*)

Elemente der Funktionentheorie von *K. Knopp* †. 4. Auflage. 144 Seiten, 23 Figuren. 1955. (*1109*)

Funktionentheorie von *K. Knopp* †. 2 Bände.
I: Grundlagen der allgemeinen Theorie der analytischen Funktionen. 9., neubearbeitete Auflage. 144 Seiten, 8 Figuren. 1957. (*668*)
II: Anwendungen und Weiterführung der allgemeinen Theorie. 8./9. Auflage. 130 Seiten, 7 Figuren. 1955. (*703*)

Aufgabensammlung zur Funktionentheorie von *K. Knopp* †. 2 Bände.
I: Aufgaben zur elementaren Funktionentheorie. 5. Auflage. 135 Seiten. 1957. (*877*)
II: Aufgaben zur höheren Funktionentheorie. 5. Auflage. 144 Seiten. 1959. (*878*)

Gewöhnliche Differentialgleichungen von *G. Hoheisel*. 5., durchgesehene Auflage. 129 Seiten. 1956. (*920*)

Partielle Differentialgleichungen von *G. Hoheisel*. 3., neubearbeitete Auflage. 130 Seiten. 1953. (1003)

Aufgabensammlung zu den gewöhnlichen und partiellen Differentialgleichungen von *G. Hoheisel*. 3., durchgesehene und verbesserte Auflage. 124 Seiten. 1958. (*1059*)

Integralgleichungen von *G. Hoheisel*. 2., durchgesehene Auflage. 1959. In Vorbereitg. (*1099*)

Mengenlehre von *E. Kamke*. 3., neubearbeitete Auflage. 194 Seiten, 6 Figuren. 1955. (*999/999a*)

Gruppentheorie von *L. Baumgartner*. 3., neubearbeitete Auflage. 110 Seiten, 3 Tafeln. 1958. (*837*)

Ebene und sphärische Trigonometrie von *G. Hessenberg* †. 5. Auflage, durchgesehen von *H. Kneser*. 172 Seiten, 60 Figuren. 1957. (*99*)

Darstellende Geometrie von *W. Haack*. 3 Bände.
I: Die wichtigsten Darstellungsmethoden. Grund- und Aufriß ebenflächiger Körper. 2., durchgesehene und ergänzte Auflage. 113 Seiten, 120 Abbildungen. 1958. (*142*)
II: Körper mit krummen Begrenzungsflächen. Kotierte Projektionen. 2., durchgesehene und ergänzte Auflage. 129 Seiten, 86 Abbildungen. 1959. (*143*)
III: Axonometrie und Perspektive. 127 Seiten, 100 Abbildungen. 1957. (*144*)

Analytische Geometrie von *K. P. Grotemeyer*. 202 Seiten, 73 Abbildungen. 1958. (*65/65a*)

Nichteuklidische Geometrie. Hyperbolische Geometrie der Ebene von *R. Baldus* †. Durchgesehen und herausgegeben von *F. Löbell*. 3., verbesserte Auflage. 140 Seiten, 70 Figuren. 1953. (*970*)

Differentialgeometrie von *K. Strubecker* (früher *Rothe*). 3 Bände.
I: Kurventheorie der Ebene und des Raumes. 150 Seiten, 18 Figuren. 1955. (*1113/1113a*)
II: Theorie der Flächenmetrik. 195 Seiten, 14 Figuren. 1958. (*1179/1179a*)
III: Theorie der Flächenkrümmung. 254 Seiten, 38 Figuren. 1959. (*1180/1180a*)

Einführung in die konforme Abbildung von *L. Bieberbach*. 5., erweiterte Auflage. 180 Seiten, 42 Figuren. 1956. (*768/768a*)

Vektoren und Matrizen von *S. Valentiner*. 8., erweiterte Auflage der „Vektoranalysis". Mit Anhang: Aufgaben zur Vektorrechnung von *H. König*. 202 Seiten, 35 Figuren. 1958. (*354/354a*)

Versicherungsmathematik von *F. Böhm*. 2 Bände.
I: Elemente der Versicherungsrechnung. 3., vermehrte und verbesserte Auflage. Durchgesehener Neudruck. 151 Seiten. 1953. (*180*)
II: Lebensversicherungsmathematik. Einführung in die technischen Grundlagen der Sozialversicherung. 2., verbesserte und vermehrte Auflage. 205 Seiten. 1953. (*917/917a*)

Finanzmathematik von *M. Nicolas*. 192 Seiten, 11 Tafeln, 8 Tabellen und 72 Beispiele. 1959. (*1183/1183a*)

Physik

Einführung in die theoretische Physik von *W. Döring*. 5 Bände.
I: Mechanik. 119 Seiten, 29 Abbildungen. 1954. (*76*)
II: Das elektromagnetische Feld. 122 Seiten, 15 Abbildungen. 1955. (*77*)
III: Optik. 117 Seiten, 32 Abbildungen. 1956. (*78*)
IV: Thermodynamik. 107 Seiten, 9 Abbildungen. 1956. (*374*)
V: Statistische Mechanik. 114 Seiten, 12 Abbildungen. 1957. (*1017*)

Atomphysik von *K. Bechert* und *Ch. Gerthsen* †. 7 Bände.
I: Allgemeine Grundlagen. 1. Teil. 4., durchgesehene Auflage von *A. Flammersfeld*. 124 Seiten, 35 Abbildungen. 1959. (*1009*)
II: Allgemeine Grundlagen. 2. Teil. 3., umgearbeitete Auflage. 112 Seiten, 48 Abbildungen. 1955. (*1033*)
III: Theorie des Atombaus. 1. Teil. 3., umgearbeitete Auflage. 148 Seiten, 16 Abbildungen. 1954. (*1123/1123a*)
IV: Theorie des Atombaus. 2. Teil. 3., umgearbeitete Auflage. 170 Seiten, 14 Abbildungen. 1954. (*1165/1165a*)

Differentialgleichungen der Physik von *F. Sauter*. 3., durchgesehene und ergänzte Auflage. 148 Seiten, 16 Figuren. 1958. (*1070*)

Physikalische Formelsammlung von *G. Mahler* †. Neubearbeitet von *K. Mahler*. 10., durchgesehene Auflage. 153 Seiten, 69 Figuren. 1959. (*136*)

Physikalische Aufgabensammlung von *G. Mahler* †. Neubearbeitet von *K. Mahler*. Mit den Ergebnissen. 10., durchgesehene Auflage. 127 Seiten. 1959. (*243*)

Chemie

Geschichte der Chemie in kurzgefaßter Darstellung von *G. Lockemann*. 2 Bände.
I: Vom Altertum bis zur Entdeckung des Sauerstoffs. 142 Seiten, 8 Bildnisse. 1950. (*264*)
II: Von der Entdeckung des Sauerstoffs bis zur Gegenwart. 151 Seiten, 16 Bildnisse. 1955. (*265/265a*)

Anorganische Chemie von *W. Klemm*. 10., überarbeitete und ergänzte Auflage. 185 Seiten, 18 Abbildungen. 1958. (*37*)

Organische Chemie von *W. Schlenk*. 7., erweiterte Auflage. 269 Seiten, 16 Abbildungen. 1957. (*38/38a*)

Physikalische Methoden der Organischen Chemie von *G. Kresze*. 1959. In Vorbereitung. (*44*)

Allgemeine und physikalische Chemie von *W. Schulze*. 2 Bände. 4., neubearb. Aufl.
I: 139 Seiten, 10 Figuren. 1955. (*71*)
II: 176 Seiten, 37 Figuren. 1956. (*698/698a*)

Molekülbau. Theoretische Grundlagen und Methoden der Strukturermittlung von *W. Schulze*. 123 Seiten, 43 Figuren. 1958. (*786*)

Physikalisch-chemische Rechenaufgaben von *E. Asmus*. 3., verbesserte Auflage. 96 Seiten. 1958. (*445*)

Analytische Chemie von *J. Hoppe*. 2 Bände. 5., verbesserte Auflage.
I: Reaktionen. 135 Seiten. 1950. (*247*)

Maßanalyse. Theorie und Praxis der klassischen und der elektrochemischen Titrierverfahren von *G. Jander* und *K. F. Jahr*. 8., durchgesehene und ergänzte Auflage. 313 Seiten, 49 Figuren. 1959. (*221/221a*)

Thermochemie von *W. A. Roth* †. 2., verbesserte Auflage. 109 Seiten, 16 Figuren. 1952. (*1057*)

Stöchiometrische Aufgabensammlung von *W. Bahrdt* † und *R. Scheer*. Mit den Ergebnissen. 6., durchgesehene Auflage. 118 Seiten. 1957. (*452*)

Technologie

Die Chemie der Kunststoffe von *K. Hamann*. 1959. In Vorbereitung. (*1173*)

Warenkunde von *K. Hassak* † und *E. Beutel* †. 2 Bände.
I: Anorganische Waren sowie Kohle und Erdöl. 8. Auflage. Neubearbeitet von *A. Kutzelnigg*. 119 Seiten, 18 Figuren. 1958. (*222*)
II: Organische Waren. 7. Auflage. Neubearbeitet von *A. Kutzelnigg*. 143 Seiten, 32 Figuren. 1949. (*223*)

Die Fette und Öle von *K. Braun* †. 5., völlig neubearbeitete und verbesserte Auflage von *Th. Klug*. 145 Seiten. 1950. (*335*)

Die Seifenfabrikation von *K. Braun* †. 3., neubearbeitete und verbesserte Auflage von *Th. Klug*. 116 Seiten, 18 Abbildungen. 1953. (*336*)

Textilindustrie von *A. Blümcke*.
I: Spinnerei und Zwirnerei. 111 Seiten, 43 Abbildungen. 1954. (*184*)

Biologie

Einführung in die allgemeine Biologie und ihre philosophischen Grund- und Grenzfragen von *M. Hartmann*. 132 Seiten, 2 Abbildungen. 1956. (*96*)

Hormone von *G. Koller*. 2., neubearbeitete und erweiterte Auflage. 187 Seiten, 60 Abbildungen, 19 Tabellen. 1949. (*1141*)

Fortpflanzung im Tier- und Pflanzenreich von *J. Hämmerling*. 2., ergänzte Auflage 135 Seiten, 101 Abbildungen. 1951. (*1138*)

Geschlecht und Geschlechtsbestimmung im Tier- und Pflanzenreich von *M. Hartmann*. 2., verbesserte Auflage. 116 Seiten, 61 Abbildungen, 7 Tabellen. 1951. (*1127*)

Symbiose der Tiere mit pflanzlichen Mikroorganismen von *P. Buchner*. 2., verbesserte und vermehrte Auflage. 130 Seiten, 121 Abbildungen. 1949. (*1128*)

Mikrobiologie von *W. Schwartz* und *A. Müller*. 2 Bände. 2., verbesserte und ergänzte Auflage.
I: 1959. In Vorbereitung. (*1155*)

Botanik

Entwicklungsgeschichte des Pflanzenreiches von *H. Heil*. 2. Auflage. 138 Seiten, 94 Abbildungen, 1 Tabelle. 1950. (*1137*)

Morphologie der Pflanzen von *L. Geitler*. 3., umgearbeitete Auflage. 126 Seiten, 114 Abbildungen. 1953. (*141*)

Pflanzengeographie von *L. Diels* †. 5., völlig neubearbeitete Auflage von *F. Mattick*. 195 Seiten, 2 Karten. 1958. (*389/389a*)

Die Laubhölzer. Kurzgefaßte Beschreibung der in Mitteleuropa gedeihenden Laubbäume und Sträucher von *F. W. Neger* † und *E. Münch* †. 3., durchgesehene Auflage, herausgegeben von *B. Huber*. 143 Seiten, 63 Figuren, 7 Tabellen. 1950. (*718*)

Die Nadelhölzer (Koniferen) und übrigen Gymnospermen von *F. W. Neger* † und *E. Münch* †. 4. Auflage, durchgesehen und ergänzt von *B. Huber*. 140 Seiten, 75 Figuren, 4 Tabellen, 3 Karten. 1952. (*355*)

Pflanzenzüchtung von *H. Kuckuck*. 2 Bände.
I: Grundzüge der Pflanzenzüchtung. 3., völlig umgearbeitete und erweiterte Auflage. 132 Seiten, 22 Abbildungen. 1952. (*1134*)
II: Spezielle gartenbauliche Pflanzenzüchtung (Züchtung von Gemüse, Obst und Blumen). 178 Seiten, 27 Abbildungen. 1957. (*1178/1178a*)

Zoologie

Entwicklungsphysiologie der Tiere von *F. Seidel.* 2 Bände.
I: Ei und Furchung. 126 Seiten, 29 Abbildungen. 1953. (*1162*)
II: Körpergrundgestalt und Organbildung. 159 Seiten, 42 Abbildungen. 1953. (*1163*)

Das Tierreich
I: Einzeller, Protozoen von *E. Reichenow.* 115 Seiten, 59 Abbildungen. 1956. (*444*)
II: Schwämme und Hohltiere von *H. J. Hannemann.* 95 Seiten, 80 Abbildungen. 1956. (*442*)
III: Würmer. Platt-, Hohl-, Schnurwürmer, Kamptozoen, Ringelwürmer, Protracheaten, Bärtierchen, Zungenwürmer von *S. Jaeckel.* 114 Seiten, 36 Abbildungen. 1955. (*439*)
IV,1: Krebse von *H. E. Gruner* und *K. Deckert.* 114 Seiten, 43 Abbildungen. 1956. (*443*)
IV,2: Spinnentiere (Trilobitomorphen, Fühlerlose) und Tausendfüßler von *A. Kaestner.* 96 Seiten, 55 Abbildungen. 1955. (*1161*)
IV,3: Insekten von *H. von Lengerken.* 128 Seiten, 58 Abbildungen. 1953. (*594*)
V: Weichtiere. Urmollusken, Schnecken, Muscheln und Kopffüßer von *S. Jaeckel.* 92 Seiten, 34 Abbildungen. 1954. (*440*)
VI: Stachelhäuter. Tentakulaten, Binnenatmer und Pfeilwürmer von *S. Jaeckel.* 100 Seiten, 46 Abbildungen. 1955. (*441*)
VII,2: Fische von *D. Lüdemann.* 130 Seiten, 65 Abbildungen. 1955. (*356*)
VII,3: Lurche (Chordatiere) von *K. Herter.* 143 Seiten, 129 Abbildungen. 1955. (*847*)
VII,4: Kriechtiere (Chordatiere) von *K. Herter.* In Vorbereitung. (*447*)
VII,5: Vögel (Chordatiere) von *H.-A. Freye.* In Vorbereitung. (*869*)
VII,6: Säugetiere (Chordatiere) von *Th. Haltenorth.* In Vorbereitung. (*282*)

Land- und Forstwirtschaft

Landwirtschaftliche Tierzucht. Die Züchtung und Haltung der landwirtschaftlichen Nutztiere von *H. Vogel.* 139 Seiten, 11 Abbildungen. 1952. (*228*)

Kulturtechnische Bodenverbesserungen von *O. Fauser.* 2 Bände.
I: Allgemeines, Entwässerung. 5., verbesserte und vermehrte Auflage. 127 Seiten, 49 Abbildungen. 1959. (*691*)
II: Bewässerung, Ödlandkultur, Umlegung. 4., neubearbeitete Auflage. 150 Seiten, 67 Abbildungen. 1948. (*692*)

Agrikulturchemie von *K. Scharrer.* 2 Bände.
I: Pflanzenernährung. 143 Seiten. 1953. (*329*)
II: Futtermittelkunde. 192 Seiten. 1956. (*330/330a*)

Geologie, Mineralogie, Kristallographie

Geologie von *F. Lotze.* 176 Seiten, 80 Abbildungen. 1955. (*13*)

Mineral- und Erzlagerstättenkunde von *H. Huttenlocher* †. 2 Bände.
I: 128 Seiten, 34 Abbildungen. 1954. (*1014*)
II: 156 Seiten, 48 Abbildungen. 1954. (*1015/1015a*)

Allgemeine Mineralogie. 10., erweiterte Auflage der „Mineralogie" von *R. Brauns* †, bearbeitet von *K. F. Chudoba.* 120 Seiten, 120 Figuren, 1 Tafel, 3 Tabellen. 1958. (*29*)

Spezielle Mineralogie. 9., erweiterte Auflage der „Mineralogie" von *R. Brauns* †, bearbeitet von *K. F. Chudoba.* 133 Seiten, 105 Figuren. 1955. (*31*)

Petrographie (Gesteinskunde) von *W. Bruhns* †. Neubearbeitet von *P. Ramdohr.* 4., durchgesehene Auflage. 104 Seiten, 10 Figuren. 1955. (*173*)

Kristallographie von *W. Bruhns* †. 5. Auflage, neubearbeitet von *P. Ramdohr.* 109 Seiten, 164 Abbildungen. 1958. (*210*)

Einführung in die Kristalloptik von *E. Buchwald.* 4., verbesserte Auflage. 138 Seiten, 121 Figuren. 1952. (*619*)

Lötrohrprobierkunde. Mineraldiagnose mit Lötrohr- und Tüpfelreaktion. Von *M. Henglein.* 3., verbesserte Auflage. 91 Seiten, 11 Figuren. 1949. (*483*)

Technik

Graphische Darstellung in Wissenschaft und Technik von *M. Pirani.* 3., erweiterte Auflage bearbeitet von *J. Fischer* unter Benutzung der von *I. Runge* besorgten 2. Auflage. 216 Seiten, 104 Abbildungen. 1957. (*728/728a*)

Technische Tabellen und Formeln von *W. Müller.* 4., verbesserte und erweiterte Auflage von *E. Schulze.* 152 Seiten, 105 Figuren. 1951. (*579*)

Elektrotechnik

Grundlagen der allgemeinen Elektrotechnik von *O. Mohr.* 3 Bände.
I: Die drei Feldformen. 96 Seiten, 41 Abbildungen, 6 Tafeln. 1956. (*196*)
II: Die wichtigsten elektrischen und physikalischen Grunderscheinungen. 95 Seiten, 36 Abbildungen, 7 Tafeln. 1956. (*197*)
III: Schaltvorgänge, Widerstandsformen, Meßtechnik. 91 Seiten, 59 Abbildungen, 1 Tafel. 1956. (*198*)

Die Gleichstrommaschine von *K. Humburg.* 2 Bände. 2., durchgesehene Auflage.
I: 102 Seiten, 59 Abbildungen. 1956. (*257*)
II: 101 Seiten, 38 Abbildungen. 1956. (*881*)

Die synchrone Maschine von *K. Humburg.* Neudruck. 109 Seiten, 78 Abbildungen. 1951. (*1146*)

Induktionsmaschinen von *F. Unger.* 2., erweiterte Auflage. 142 Seiten, 49 Abbildungen. 1954. (*1140*)

Die komplexe Berechnung von Wechselstromschaltungen von *H. H. Meinke.* 2. Auflage. 180 Seiten, 120 Abbildungen. 1957. (*1156/1156a*)

Theoretische Grundlagen zur Berechnung der Schaltgeräte von *F. Kesselring.* 3. Auflage. 144 Seiten, 92 Abbildungen. 1950. (*711*)

Einführung in die Technik selbsttätiger Regelungen von *W. zur Megede.* 176 Seiten, 86 Abbildungen. 1956. (*714/714a*)

TECHNIK

Elektromotorische Antriebe (Grundlagen für die Berechnung) von *A. Schwaiger.* 3., neubearbeitete Auflage. 96 Seiten, 34 Abbildungen. 1952. (*827*)

Überspannungen und Überspannungsschutz von *G. Frühauf.* Durchgesehener Neudruck. 122 Seiten, 98 Abbildungen. 1950. (*1132*)

Maschinenbau

Metallkunde von *H. Borchers.* 2 Bände. 4. Auflage.
I: Aufbau der Metalle und Legierungen. 120 Seiten, 90 Abbildungen, 2 Tabellen. 1959. (*432*)
II: Eigenschaften, Grundzüge der Form- und Zustandsgebung. 180 Seiten, 107 Abbildungen, 10 Tabellen. 1959. (*433/433a*)

Die Werkstoffe des Maschinenbaues von *A. Thum* † und *C. M. v. Meysenbug.* 2 Bände.
I: Einführung in die Werkstoffprüfung. 2., neubearbeitete Auflage. 100 Seiten, 7 Tabellen, 56 Abbildungen. 1956. (*476*)
II: Die Konstruktionswerkstoffe. 132 Seiten, 40 Abbildungen. 1959. (*936*)

Dynamik von *W. Müller.* 2 Bände. 2., verbesserte Auflage.
I: Dynamik des Einzelkörpers. 128 Seiten, 48 Figuren. 1952. (*902*)
II: Systeme von starren Körpern. 102 Seiten, 41 Figuren. 1952. (*903*)

Technische Schwingungslehre von *L. Zipperer.* 2 Bände. 2., neubearbeitete Auflage.
I: Allgemeine Schwingungsgleichungen, einfache Schwinger. 120 Seiten, 101 Abbildungen. 1953. (*953*)
II: Torsionsschwingungen in Maschinenanlagen. 102 Seiten, 59 Abbildungen. 1955. (*961/961a*)

Werkzeugmaschinen für Metallbearbeitung von *K. P. Matthes.* 2 Bände.
I: 100 Seiten, 27 Abbildungen, 11 Zahlentafeln, 1 Tafelanhang. 1954. (*561*)
II: Fertigungstechnische Grundlagen der neuzeitlichen Metallbearbeitung. 101 Seiten, 30 Abbildungen, 5 Tafeln. 1955. (*562*)

Transformatoren von *W. Schäfer.* 3., überarbeitete und ergänzte Auflage. 130 Seiten, 73 Abbildungen. 1957. (*952*)

Das Maschinenzeichnen mit Einführung in das Konstruieren von *W. Tochtermann.* 2 Bände. 4. Auflage.
I: Das Maschinenzeichnen. 156 Seiten, 75 Tafeln. 1950. (*589*)
II: Ausgeführte Konstruktionsbeispiele. 130 Seiten, 58 Tafeln. 1950. (*590*)

Die Maschinenelemente von *E. A. vom Ende.* 3., verbesserte Auflage. 166 Seiten, 175 Figuren, 9 Tafeln. 1956. (*3/3a*)

Die Maschinen der Eisenhüttenwerke von *L. Engel.* 156 Seiten, 95 Abbildungen. 1957. (*583/583a*)

Walzwerke von *H. Sedlaczek* † unter Mitarbeit von *F. Fischer* und *M. Buch.* 232 Seiten, 157 Abbildungen. 1958. (*580/580a*)

Getriebelehre von *P. Grodzinski* †. 2 Bände. 2., neubearbeitete Auflage.
I: Geometrische Grundlagen. 159 Seiten, 142 Figuren. 1953. (*1061*)

Gießereitechnik von *H. Jungbluth.* 2 Bände.
I: Eisengießerei. 126 Seiten, 44 Abbildungen. 1951. (*1159*)

Die Dampfkessel und Feuerungen einschließlich Hilfseinrichtungen in Theorie, Konstruktion und Berechnung von *W. Marcard* †. 2 Bände. 2. Auflage, neubearbeitet von *K. Beck.*
I: Die theoretischen Grundlagen, Wärme, Verbrennung, Wärmeübertragung. 150 Seiten, 42 Abbildungen, 16 Tabellen. 1951. (*9*)
II: Dampfkessel. 147 Seiten, 43 Abbildungen. 1952. (*521*)

Die Dampfturbinen. Ihre Wirkungsweise, Berechnung und Konstruktion von *C. Zietemann.* 3 Bände. 3., verbesserte Auflage.
I: Theorie der Dampfturbinen. 139 Seiten, 48 Abbildungen. 1955. (*274*)
II: Die Berechnung der Dampfturbinen und die Konstruktion der Einzelteile. 132 Seiten, 111 Abbildungen. 1956. (*715*)
III: Die Regelung der Dampfturbinen, die Bauarten, Turbinen für Sonderzwecke, Kondensationsanlagen. 126 Seiten, 90 Abbildungen. 1956. (*716*)

Verbrennungsmotoren von *W. Endres.* 3 Bände.
I: Überblick. Motor-Brennstoffe. Verbrennung im Motor allgemein, im Otto- und Diesel-Motor. 153 Seiten, 57 Abbildungen. 1958. (*1076/1076a*)
II: Die heutigen Typen der Verbrennungskraftmaschinen. In Vorbereitung. (*1184*)
III: Die Einzelteile des Verbrennungsmotors. In Vorbereitung. (*1185*)

Technische Thermodynamik von *W. Nußelt* †. 2 Bände.
I: Grundlagen. 4., verbesserte Auflage. 144 Seiten, 71 Abbildungen. 1956. (*1084*)
II: Theorie der Wärmekraftmaschinen. 5. Auflage. 1959. In Vorbereitung. (*1151*)

Autogenes Schweißen und Schneiden von *H. Niese.* 5. Auflage, neubearbeitet von *A. Küchler.* 136 Seiten, 71 Figuren. 1953. (*499*)

Die elektrischen Schweißverfahren von *H. Niese.* 2. Auflage, neubearbeitet von *H. Dienst.* 136 Seiten, 58 Abbildungen. 1955. (*1020*)

Die Hebezeuge. Entwurf von Winden und Kranen von *G. Tafel.* 2., verbesserte Auflage. 176 Seiten, 230 Figuren. 1954. (*414/414a*)

Wasserbau

Wasserkraftanlagen von *A. Ludin* unter Mitarbeit von *W. Borkenstein.* 2 Bände.
I: Planung, Grundlagen und Grundzüge. 124 Seiten, 60 Abb. 1955. (*665*)
II: Anordnung und Ausbildung der Hauptbauwerke. 184 Seiten, 91 Abbildungen. 1958. (*666/666a*)

Verkehrswasserbau von *H. Dehnert.* 3 Bände.
I: Entwurfsgrundlagen, Flußregelungen. 103 Seiten, 52 Abbildungen. 1950. (*585*)
II: Flußkanalisierung und Schiffahrtskanäle. 94 Seiten, 60 Abbildungen. 1950. (*597*)
III: Schleusen und Hebewerke. 98 Seiten, 70 Abbildungen. 1950. (*1152*)

Wehr- und Stauanlagen von *H. Dehnert.* 134 Seiten, 90 Abbildungen. 1952. (*965*)

Talsperren von *F. Tölke.* 122 Seiten, 70 Abbildungen. 1953. (*1044*)

Hoch- und Tiefbau

Die wichtigsten Baustoffe des Hoch- und Tiefbaus von *O. Graf* †. 4., verbesserte Auflage. 131 Seiten, 63 Abbildungen. 1953. (*984*)

Baustoffverarbeitung und Baustellenprüfung des Betons von *A. Kleinlogel*. 2., neubearbeitete und erweiterte Auflage. 126 Seiten, 35 Abbildungen. 1951. (*978*)

Festigkeitslehre. 2 Bände.
I: Elastizität, Plastizität und Festigkeit der Baustoffe und Bauteile von *W. Gehler* † und *W. Herberg*. Durchgesehener und erweiterter Neudruck. 159 Seiten, 118 Abbildungen. 1952. (*1144*)
II: Formänderung, Platten, Stabilität und Bruchhypothesen von *W. Herberg* und *N. Dimitrov*. 187 Seiten, 94 Abbildungen. 1955. (*1145/1145a*)

Grundlagen des Stahlbetonbaus von *A. Troche*. 2., neubearbeitete und erweiterte Auflage. 208 Seiten, 75 Abbildungen, 17 Bemessungstafeln, 20 Rechenbeispiele. 1953. (*1078*)

Statik der Baukonstruktionen von *A. Teichmann*. 3 Bände.
I: Grundlagen. 101 Seiten, 51 Abbildungen, 8 Formeltafeln. 1956. (*119*)
II: Statisch bestimmte Stabwerke. 107 Seiten, 52 Abbildungen, 7 Tafeln. 1957. (*120*)
III: Statisch unbestimmte Systeme. 112 Seiten, 34 Abbildungen, 7 Formeltafeln. 1958. (*122*)

Fenster, Türen, Tore aus Holz und Metall. Eine Anleitung zu ihrer guten Gestaltung, wirtschaftlichen Bemessung und handwerksgerechten Konstruktion von *W. Wickop* †. 4., überarbeitete und ergänzte Auflage. 155 Seiten, 95 Abbildungen. 1955. (*1092*)

Heizung und Lüftung von *J. Körting* † und *W. Körting*. 2 Bände. 9., durchgesehene Auflage.
I: Das Wesen und die Berechnung der Heizungs- und Lüftungsanlagen. 1959. In Vorbereitung. (*342*)
II: Die Ausführung der Heizungs- und Lüftungsanlagen. 1959. In Vorbereitung. (*343*)

Industrielle Kraft- und Wärmewirtschaft von *F. A. F. Schmidt* und *A. Beckers*. 167 Seiten, 73 Abbildungen. 1957. (*318/318a*)

Vermessungswesen

Photogrammetrie von *G. Lehmann*. 1959. In Vorbereitung. (*1188/1188a*)

Vermessungskunde von *P. Werkmeister*. 3 Bände.
I: Stückvermessung und Nivellieren. 10., völlig neubearbeitete Auflage von *W. Großmann*. 143 Seiten, 117 Figuren. 1958. (*468*)
II: Horizontalaufnahmen und ebene Rechnungen. 8., völlig neubearbeitete Auflage von *W. Grossmann*. 133 Seiten, 97 Figuren. 1949. (*469*)
III: Trigonometrische und barometrische Höhenmessung. Tachymetrie und Topographie. 6. Auflage. 147 Seiten, 64 Figuren. 1949. (*862*)

Sammlung Göschen / Bandnummernfolge

1 Langosch, Der Nibelunge Nôt
3/3a v. Ende, Die Maschinenelemente
9 Marcard-Beck, Dampfkessel I
10 Jiriczek-Wisniewski, Kudrun- und Dietrich-Epen
13 Lotze, Geologie
18 Maurer, Hartmann von Aue
19 Altheim, Römische Geschichte I
20 Hofstaetter-Spree, Dt. Sprachlehre
22 Maurer, Gottfried von Strassburg
29 Brauns-Chudoba, Allg. Mineralogie
31 Brauns-Chudoba, Spez. Mineralogie
35 Treue, Dt. Geschichte von 1648 bis 1740
37 Klemm, Anorganische Chemie
38/38a Schlenk, Organische Chemie
39 Treue, Dt. Geschichte von 1713 bis 1806
42 Behn, Vorgeschichte Europas
44 Kresze, Physikalische Methoden der organischen Chemie
47 Fischer-Rohrbach, Arithmetik
51/51a Ringleb-Bürklen, Mathematische Formelsammlung
59 Krahe, Indogerm. Sprachwissensch. I
60 Biehle, Stimmkunde
61 Biehle, Redetechnik
64 Krahe, Indogerm. Sprachwissensch. II
65/65a Grotemeyer, Analyt. Geometrie
66 Berneker-Vasmer, Russische Grammatik
71 Schulze, Allgemeine und physikalische Chemie I
76 Döring, Einführung in die theoret. Physik I
77 Döring, Einführung in die theoret. Physik II
78 Döring, Einführung in die theoret. Physik III
79 Hempel, Gotisches Elementarbuch
80 Weigert, Stilkunde I
96 Hartmann, Einf. i. d. allgem. Biologie
99 Hessenberg-Kneser, Ebene und sphär. Trigonometrie
101 v. Wiese, Soziologie
103 Dahrendorf, Industrie- und Betriebssoziologie
104/104a Hofstätter, Sozialpsychologie
111 Hoffmann-Debrunner, Gesch. der griechischen Sprache I
114 Debrunner, Gesch. der griechischen Sprache II
117 Brandenstein, Griechische Sprachwissenschaft I
118/118a Brandenstein, Griechische Sprachwissenschaft II
119 Teichmann, Statik der Baukonstruktionen I
120 Teichmann, Statik der Baukonstruktionen II
122 Teichmann, Statik der Baukonstruktionen III
125 Vossler, Ital. Literaturgeschichte
128/128a Lausberg, Romanische Sprachwissenschaft I
136 Mahler, Physikalische Formelsammlung
141 Geitler, Morphol. der Pflanzen
142 Haack, Darst. Geometrie I
143 Haack, Darst. Geometrie II
144 Haack, Darst. Geometrie III
145 Weimer, Gesch. der Pädagogik
148 Kolms, Finanzwissenschaft I
156/156a Landmann, Philosophische Anthropologie
170 Oehlmann, Musik des 19. Jahrh.
171/171a Oehlmann, Musik des 20. Jahrh.
173 Bruhns-Ramdohr, Petrographie
180 Böhm, Versicherungsmathematik I
184 Blümcke, Textilindustrie I
196 Mohr, Grundlagen der Elektrotechnik I
197 Mohr, Grundlagen der Elektrotechnik II
198 Mohr, Grundlagen der Elektrotechnik III
200/200a Gottschald, Dt. Rechtschreibungswörterbuch
210 Bruhns-Ramdohr, Kristallographie
220/220a Moser, Allg. m. Musiklehre
221/221a Jander-Jahr, Maßanalyse
222 Hassak-Beutel, Warenkunde I
223 Hassak-Beutel, Warenkunde II
226 Hofmann, Geschichte d. Mathematik I
228 Vogel, Landw. Tierzucht
231/231a Ehrlich, Geschichte Israels
238 Krahe, German. Sprachwiss. I
243 Mahler, Physikal. Aufgabensammlung
247 Hoppe, Analytische Chemie I

BANDNUMMERNFOLGE

250 Lausberg, Romanische Sprachwissenschaft II
257 Humburg, Gleichstrommaschine I
264 Lockemann, Geschichte der Chemie I
265/265a Lockemann, Geschichte der Chemie II
270 Kirn, Einführung in die Geschichtswissenschaft
274 Zietemann, Dampfturbinen I
279 Jacob, Quellenkunde der deutschen Geschichte I
280 Jacob-Hohenleutner, Quellenkunde der deutschen Geschichte II
281 Leisegang, Einführung in die Philosophie
282 Haltenorth, Säugetiere
284 Jacob-Weden, Quellenkunde der deutschen Geschichte III
318/318a Schmidt-Beckers, Industrielle Kraft- und Wärmewirtschaft
319 Krug, Australien und Ozeanien
329 Scharrer, Agrikulturchemie I
330/330a Scharrer, Agrikulturchemie II
335 Braun-Klug, Fette und Öle
336 Braun-Klug, Seifenfabrikation
342 Körting, Heizung und Lüftung I
343 Körting, Heizung und Lüftung II
344 Moser, Musikästhetik
354/354a Valentiner-König, Vektoren und Matrizen
355 Neger-Münch, Nadelhölzer
356 Lüdemann, Fische
374 Döring, Einführung in die theoret. Physik IV
375 Preller, Geschichte Englands I
389/389a Diels-Mattick, Pflanzengeographie
391 Kolms, Finanzwissenschaft II
394/394a Schilling, Von der Renaissance bis Kant
414/414a Tafel, Hebezeuge
422 Gottschald, Deutsche Personennamen
423 Adler, Fünfstellige Logarithmen
432 Borchers, Metallkunde I
433/433a Borchers, Metallkunde II
439 Jaeckel, Würmer
440 Jaeckel, Weichtiere
441 Jaeckel, Stachelhäuter
442 Hannemann, Schwämme und Hohltiere
443 Gruner-Deckert, Krebse
444 Reichenow, Einzeller
445 Asmus, Physikal.-chem. Rechenaufgaben
447 Herter, Kriechtiere
452 Bahrdt-Scheer, Stöchiometrische Aufgabensammlung
468 Werkmeister-Grossmann, Vermessungskunde I
469 Werkmeister-Grossmann, Vermessungskunde II
476 Thum-Meysenbug, Die Werkstoffe des Maschinenbaues I
483 Henglein, Lötrohrprobierkunde
492 Stolz-Debrunner, Geschichte der lateinischen Sprache
499 Niese-Küchler, Autogenes Schweißen
500 Simmel, Hauptprobleme der Philosophie
521 Marcard-Beck, Dampfkessel II
536 Lehmann, Kant
538 Rumpf, Archäologie I
539 Rumpf, Archäologie II
561 Matthes, Werkzeugmaschinen I
562 Matthes, Werkzeugmaschinen II
564 Behn, Kultur der Urzeit I
565 Behn, Kultur der Urzeit II
566 Behn, Kultur der Urzeit III
571 Lehmann, Philosophie des 19. Jahrhunderts I
576/576a Moser, Gesangskunst
579 Müller-Schulze, Techn. Tabellen
580/580a Sedlaczek-Fischer-Buch, Walzwerke
583/583a Engel, Maschinen der Eisenhüttenwerke
585 Dehnert, Verkehrswasserbau I
589 Tochtermann, Maschinenzeichnen I
590 Tochtermann, Maschinenzeichnen II
594 v. Lengerken, Insekten
597 Dehnert, Verkehrswasserbau II
601 Mutschmann, Engl. Phonetik
619 Buchwald, Kristalloptik
665 Ludin-Borkenstein, Wasserkraftanlagen I
666/666a Ludin-Borkenstein, Wasserkraftanlagen II
668 Knopp, Funktionentheorie I
677 Altheim, Römische Geschichte II
679 Altheim, Römische Geschichte III
684 Altheim, Römische Geschichte IV
691 Fauser, Kulturtechn. Bodenverbesserungen I

692 Fauser, Kulturtechn. Bodenverbesserungen II
698/698a Schulze, Allgemeine und physikalische Chemie II
703 Knopp, Funktionentheorie II
709 Lehmann, Philosophie des 19. Jahrhunderts II
711 Kesselring, Berechnung der Schaltgeräte
714/714a zur Megede, Technik selbsttätiger Regelungen
715 Zietemann, Dampfturbinen II
716 Zietemann, Dampfturbinen III
718 Neger-Münch, Laubhölzer
728/728a Pirani-Fischer, Graph. Darstellung in Wissenschaft und Technik
735 Ekwall, Historische neuengl. Laut- und Formenlehre
746/746a Pfanzagl, Allg. Methodenlehre der Statistik I
763/763a Beer-Meyer, Hebräische Grammatik I
764/764a Beer-Meyer, Hebräische Grammatik II
768/768a Bieberbach, Einführung in die konforme Abbildung
769/769a Meyer, Hebräisches Textbuch
776 Kolms, Finanzwissenschaft III
780 Krahe, German. Sprachwiss. II
781 Weigert, Stilkunde II
782 Kolms, Finanzwissenschaft IV
786 Schulze, Molekülbau
807 Kropp, Erkenntnistheorie I
809 Moser, Harmonielehre I
826 Koch, Philosophie des Mittelalters
827 Schwaiger Elektromotorische Antriebe
831 Erismann, Allgemeine Psychologie I
832/832a Erismann, Allgemeine Psychologie II
833 Erismann, Allgemeine Psychologie III
837 Baumgartner, Gruppentheorie
845 Lehmann, Philosophie im ersten Drittel des 20. Jahrhunderts I
847 Herter, Lurche
851/851a Moede, Psychologie des Berufs- und Wirtschaftslebens
857 Capelle, Griech. Philosophie I
858 Capelle, Griech. Philosophie II
859 Capelle, Griech. Philosophie III
862 Werkmeister, Vermessungskunde III
683 Capelle, Griech. Philosophie IV
869 Freye, Vögel
875 Hofmann, Geschichte der Mathematik II
877 Knopp, Aufgabensammlung zur Funktionentheorie I
878 Knopp, Aufgabensammlung zur Funktionentheorie II
881 Humburg, Gleichstrommaschine II
882 Hofmann, Geschichte der Mathematik III
893 Treue, Dt. Geschichte von 1807 bis 1871
894 Treue, Dt. Geschichte von 1871 bis zur Gegenwart
902 Müller, Dynamik I
903 Müller, Dynamik II
910 Jaeger, Afrika I
911 Jaeger, Afrika II
915 Sperber-Fleischhauer, Geschichte der Deutschen Sprache
917/917a Böhm, Versicherungsmathematik II
920 Hoheisel, Gewöhnliche Differentialgleichungen
921 Jantzen-Kolb, W. v. Eschenbach. Parzival
929 Schirmer, Deutsche Wortkunde
930 Krull, Elementare und klassische Algebra I
931 Hasse, Höhere Algebra I
932 Hasse, Höhere Algebra II
933 Krull, Elementare und klassische Algebra II
936 Thum-Meysenbug, Werkstoffe des Maschinenbaues II
952 Schäfer, Transformatoren
953 Zipperer, Techn. Schwingungslehre I
961/961a Zipperer, Techn. Schwingungslehre II
965 Dehnert, Wehr- und Stauanlagen
970 Baldus-Löbell, Nichteuklidische Geometrie
978 Kleinlogel, Baustoffverarbeitung und Baustellenprüfung des Betons
984 Graf, Baustoffe des Hoch- und Tiefbaues
999/999a Kamke, Mengenlehre
1000 Jaspers, Geistige Situation der Zeit
1003 Hoheisel, Partielle Differentialgleichungen
1008/1008a Mellerowicz, Allgemeine Betriebswirtschaftslehre I

BANDNUMMERNFOLGE

1009 Bechert-Gerthsen, Atomphysik I
1014 Huttenlocher, Mineral- und Erzlagerstättenkunde I
1015/1015a Huttenlocher, Mineral- und Erzlagerstättenkunde II
1017 Döring, Einführung in die theoret. Physik V
1020 Niese-Dienst, Elektrische Schweißverfahren
1031/1031a Apel-Ludz, Philosophisches Wörterbuch
1033 Bechert-Gerthsen, Atomphysik II
1034 Kranefeldt-Jung, Therapeutische Psychologie
1035 Altheim, Römische Religionsgeschichte I
1039 Dovifat, Zeitungslehre I
1040 Dovifat, Zeitungslehre II
1044 Tölke, Talsperren
1045 Schubert, Technik des Klavierspiels
1051/1051a Stolberg-Wernigerode, Gesch. der Verein. Staaten von Amerika
1052 Altheim, Römische Religionsgeschichte II
1057 Roth, Thermochemie
1059 Hoheisel, Aufgabensammlung zu den gewöhnlichen und partiellen Differentialgleichungen
1061 Grodzinski, Getriebelehre I
1065 Haller-Dannenbauer, Von den Karolingern zu den Staufern
1070 Sauter, Differentialgleichungen der Physik
1076/1076a Endres, Verbrennungsmotoren I
1078 Troche, Stahlbetonbau
1082 Hasse-Klobe, Aufgabensammlung zur höheren Algebra
1084 Nußelt, Technische Thermodynamik I
1085 Lietzmann-Aland, Zeitrechnung
1086 Müller, Dt. Dichten und Denken
1088 Preller, Geschichte Englands II
1092 Wickop, Fenster, Türen, Tore
1094 Hernried, System. Modulation
1096 Viëtor, Deutsches Dichten und Denken
1099 Hoheisel, Integralgleichungen
1105 Hartung, Dt. Geschichte im Zeitalter der Reformation
1108 de Boor-Wisniewski, Mittelhochdeutsche Grammatik
1109 Knopp, Elemente der Funktionentheorie
1111 Naumann-Betz, Althochdeutsches Elementarbuch
1113/1113a Strubecker, Differentialgeometrie I
1114 Schubel, Englische Literaturgeschichte I
1115 Ranke, Altnord. Elementarbuch
1116 Schubel, Englische Literaturgeschichte II
1117 Haller-Dannenbauer, Eintritt der Germanen in die Geschichte
1121 Naumann, Dt. Dichten und Denken
1122 Feist, Sprechen und Sprachpflege
1123/1123a Bechert-Gerthsen, Atomphysik III
1124 Schubel, Englische Literaturgeschichte III
1125 Lehnert, Altengl. Elementarbuch
1127 Hartmann, Geschlecht und Geschlechtsbestimmung im Tier- und Pflanzenreich
1128 Buchner, Symbiose der Tiere mit pflanzl. Mikroorganismen
1130 Dibelius, Jesus
1131 Scholz-Schoeneberg, Einführung in die Zahlentheorie
1132 Frühauf, Überspannungen und Überspannungsschutz
1134 Kuckuck, Pflanzenzüchtung I
1135 Lehnert, Beowulf
1137 Heil, Entwicklungsgeschichte des Pflanzenreiches
1138 Hämmerling, Fortpflanzung im Tier- und Pflanzenreich
1140 Unger, Induktionsmaschinen
1141 Koller, Hormone
1142 Meissner-Lehnert, Shakespeare
1144 Gehler-Herberg, Festigkeitslehre I
1145/1145a Herberg-Dimitrov, Festigkeitslehre II
1146 Humburg, Synchrone Maschine
1147 v. Waltershausen, Kunst des Dirigierens
1148 Pepping, Der polyphone Satz I
1151 Nußelt, Technische Thermodynamik II
1152 Dehnert, Verkehrswasserbau III
1153/1153a Mellerowicz, Allgemeine Betriebswirtschaftslehre II

Autorenregister

AUTORENREGISTER

200 000 60/59 Printed in Germany

MIX
Papier | Fördert gute Waldnutzung
FSC® C083411

Zeitfracht Medien GmbH
Ferdinand-Jühlke-Straße 7
99095 Erfurt, Deutschland
produktsicherheit@kolibri360.de